ARCHITECTURE AND MODERNITY

A Critique

Hilde Heynen

现代性研究译丛

周宪 许钧 主编

建筑与现代性

批判

〔比利时〕希尔德·海嫩 著

卢永毅 周鸣浩 译

商务印书馆
The Commercial Press

Hilder Heynen

ARCHITECTURE AND MODERNITY:

A Critique

根据麻省理工学院出版社 2001 年版译出

总　序

　　中国古代思想中历来有"变"的智慧。《诗》曰："周虽旧邦，其命维新。"斗转星移，王朝更迭，上下几千年，"故夫变者，古今之公理也"（梁启超）。

　　照史家说法，"变"有三个级度：一曰十年期的时尚之变；二曰百年期的缓慢渐变；第三种变化并不基于时间维度，通称"激变"或"剧烈脱节"。这种变化实为根本性的摇撼和震动，它动摇乃至颠覆了我们最坚实、最核心的信念和规范，怀疑或告别过去，以无可遏止的创新冲动奔向未来。倘使以此来透视中国历史之变，近代以来的社会文化变革也许正是这第三种。

　　鸦片战争以降，随着西方列强船坚炮利叩开国门，现代性始遭遇中国。外患和内忧相交织，启蒙与救亡相纠结，灾难深重的中华民族在朝向现代的道路上艰难探索，现代化既是一种激励人建构的想象，又是一个迂回反复漫长的过程。无疑，在中国，现代性仍是一个问题。

　　其实，现代性不只是现代中国的一个问题，在率先遭遇它的西方世界，它同样是一个难题。鸦片战争爆发后不久，法国诗人波德莱尔以预言家的口吻对现代性做了一个天才的描述："现代性就是短暂、瞬间即逝、偶然"，是"从短暂中抽取出永恒"。同时代的另一位法国诗人兰波,则铿锵有力地呼吁:"必须绝对地现代!"如果说波德莱尔是对现代性变动不居特性的说明的话,那么,兰波的吁请显然是一种立场和态度。成为现代的,就是指进入现代,不但是形形色色的民族国家和社会,而且是千千万万男女个体。于是,现代性便成为现代这个历史概念和现代化这个社会历史过程的总体性特征。

现代性问题虽然发轫于西方,但随着全球化进程的步履加快,它已跨越了民族国家的界限而成为一种世界现象。在中国思考现代性问题,有必要强调两点:一方面是保持清醒的"中国现代性问题意识",另一方面又必须确立一个广阔的跨文化视界。"他山之石,可以攻玉。"本着这种精神,我们从汗牛充栋的西方现代性研究的著述中,遴选一些重要篇什,编辑成系列丛书,意在为当前中国的现代性问题思考提供更为广阔的参照系,提供一个言说现代性问题更加深厚的语境。所选书目,大多涉及现代性的政治、经济、社会和文化诸层面,尤以 20 世纪 80 年代以来的代表性学者和论著为主,同时兼顾到西方学术界传统的欧陆和英美的地域性划分。

作为一个历史分期的概念,现代性标志了一种断裂或一个时期的当前性或现在性。它既是一个量的时间范畴,一个可以界划的时段,又是一个质的概念,亦即根据某种变化的特质来标识这一时段。由于时间总是延绵不断的,激变总是与渐变错综纠结,因而关于现代性起于何时或终于(如果有的话)何时,以及现代性的特质究竟是什么,这些都是悬而未决的难题。更由于后现代问题的出现,现代性与后现代性便不可避免地缠结在一起,显得尤为复杂。有人力主后现代是现代的初始阶段,有人坚信现代性是一个尚未完成的规划,还有人凸显现代与后现代的历史分期差异。然而,无论是主张后现代性是现代性的终结,还是后现代性是现代性的另一种形态,它都无法摆脱现代性这个关节点。

作为一个社会学概念,现代性总是和现代化过程密不可分,工业化、城市化、科层化、世俗化、市民社会、殖民主义、民族主义、民族国家等历史进程,就是现代化的种种指标。在某种意义上说,现代性涉及以下四种历史进程之间复杂的互动关系:政治的、经济的、社会的和文化的过程。世俗政治权力的确立和合法化,现代民族国家的建立,市场经济的形成和工业化过程,传统社会秩序的衰落和社会的分化与分工,以及宗教的衰微与世俗文化的兴起,这些进程深刻地反映了现代社会的形成。诚然,现代性并非一个单一的过程和结果,毋宁说,它自身充满了矛盾和对抗。社会存在与其文化的冲突非常尖锐。作为一个文化或美学概念的现代性,似乎总是与作为社会范畴的现代性处于对立之中,这也就是许多西方思想家所指出的现代性的矛盾及其危机。启蒙运动以来,浪漫主义、现代主义和后现代主义,种种文化运动似乎一直在扮演某种"反叛角色"。个中三昧,很是值得玩味。

作为一个心理学范畴,现代性不仅是再现了一个客观的历史巨变,而且也是无数"必须绝对地现代"的男男女女对这一巨变的特定体验。这是一种对时间与空间、自我与他者、生活的可能性与危难的体验。恰如伯曼所言:成为现代的就是发现我们自己身处这样的境况中,它允诺我们自己和这个世界去经历冒险、强大、欢乐、成长和变化,但同时又可能摧毁我们所拥有、所知道和所是的一切。它把我们卷入这样一个巨大的旋涡之中,那儿有永恒的分裂和革新，抗争和矛盾，含混和痛楚。"成为现代就是成为这个世界的一部分，如马克思所说，在那里，'一切坚固的东西都烟消云散了'。"现代化把人变成为现代化的主体的同时，也在把他们变成现代化的对象。换言之，现代性赋予人们改变世界的力量的同时也在改变人自身。中国近代以来，我们多次遭遇现代性，反反复复地有过这样的深切体验：惶恐与向往、进步与倒退、激进与保守、激情与失望、理想与现实，种种矛盾体验塑造了我们对现代性的理解和判断。

现代性从西方到东方，从近代到当代，它是一个"家族相似的"开放概念，它是现代进程中政治、经济、社会和文化诸层面的矛盾和冲突的焦点。在世纪之交，面对沧桑的历史和未定的将来，思考现代性，不仅是思考现在，也是思考历史，思考未来。

是为序。

周宪　许钧

1999 年 9 月 26 日于南京

中 文 版 序

　　本书于 1999 年在美国首次出版,其基础是我 1988 年在比利时鲁汶大学通过答辩的博士论文。因此,写作该书之时的历史状况与当下颇为不同。忙于撰写本书之时,正值东欧共产主义终结这一政治转折时期(die Wende),我那因冷战形成的关于欧洲的心理认知地图以及对共产主义的理解从此改变。它变得更像是一种历史现象,而非对邻近国家现实状态的描述。这也改变了七、八十年代初像我这样的左翼学生热衷讨论的话题:苏联与中国,两种版本的共产主义之间的比较,它们既令人感到恐怖(集中营、"文化大革命"),又使人着迷(共享的生活方式、付诸实践的社会公平)。这类图景和参照对象,由于具有持续性的重大影响力,无论是清晰的抑或含蓄的,都构成了阅读本书所需的背景。

　　在《建筑与现代性——批判》中,我试图接纳关于现代性的不同概念,并将建筑置于这一多元的场域之内。在我还只是一个建筑学和哲学专业的学生之时,现代性对我来说就既是一种现代建筑运动的叙事,又是一脉丰饶哲学传统的中心议题。法兰克福学派的新马克思主义批判理论正是这一哲学传统的具体代表。本书追踪这些不同的触角,寻找一种合理的途径,在建筑学科与建筑实践应对现代性的持续性努力之中确定其位置。关于后现代主义的讨论——在 1980 年代是如此活跃和热烈——无疑影响了我的论断，但就我而言，"现代性"从一开始就应当是核心概念。我将"现代性"视为一个包罗甚广、由历史逻辑与理论推理相互交织的关键范畴。它是一个历史范畴，是因为即便在不同时代和不同学科之间该词的词义不断发生转变，成为"现代的"仍是无数现代主义作家、艺术家和建筑师的自白；它同样也是一个理论范畴，因为阐明现代性在这些形色各异的话语及实践中的意义，促进了对影响它们的政治、社会和文化推动力的理解。作为理论范畴的现代性观念，激发了一种依靠理性来不断发展我们这个世界的欲望，它确实在持续性地取得反馈，并且对建构政治的、社会的和文化的论争，以及以某种方式定义我们自身和我们的作品在这个世界上的位置有着重要作用。

　　自本书完成之后，现代性范畴一如既往地保持其中心地位。与此同时，地缘政治状况却发生了变化。21 世纪第二个 10 年的全球地图与 25 年前相比，展现出了不同的面貌。当气候变迁被视为我们面临的最大挑战之时，宗教与文化差异却已证明要远比开明的思想家认为的重要。经济的全球化已经掌控一切，导致彼此间的依赖，这种依赖性威胁着总体金融系统的稳定性（在欧洲，我们被告知应当提防中国房地产泡沫的破裂，因为它毫无疑问会影响那些持有我们抵押贷款的银行）。过去包括中国在内的所谓第三世界，如今已被重新定义为南半球的国家，其中依然包含大量贫困的经济体，但被某些人重新划为"北边"的东南亚国家不在此列。即便存在金融危机、经济衰退、社会不公以及连续不断的战争，这个世界在为人们提供食物、疾病治疗、保障最低生活标准以及降低文盲率等方面的能力依然在增强。这些成就中的任何一小部分都与中国过去十年的发展不无关系。我们应该承认，所有这一切都意味着，作为一项为实现全人类的解放与自由而存在的工程，现代性的许多承诺都依然像路标和灯塔那样闪闪发光，为未来指引方向。

　　过去十年间，理论话语也在发展。本书完成后我自己开始投身于性别研究和后殖民理论，它们是对内在于批判理论的批判原动力的进一步探索，而在我写作本书时，这些启示尚未全面认知。当时还很少有人意识到现代主义和现代性对男性视角和男权价值的偏爱，这压制了女性的观点和需求——这是我在后来才在《家事磋商》(*Negotiating Domesticity*)一书的章节和其他一些作品中阐明的事情。后殖民作家也进一步丰富了现代性话语。他们质疑现代性描述中的历史主义暗示——好像现代性将世界划分成了两种人群，"现代的"与其他"仍未"(not yet)成为现代的(前现代的或反现代的)。他们提出要讨论"多样的"(multiple)、"另类的"(alternative)、"全球的"(global)、"缠绕的"(entangled)现代性，而不是继续执着于这样一种"线性"(linear)版本的现代性。在一片混乱嘈杂中，我倾向于认为最后一种关于现代性的说法准确地描绘出了我们当代的状况。在这点上我赞同卢端芳的观点，她认为，我们"应当超越欧洲是现代性独一无二的原创者的假设，并且应当强调那些相遇、交叉和协商的地点"。缠绕的现代性因而谈论的是不同的文化、不同的国家、不同的经济体系和不同的区域是如何拥有它们独特的现代性形式的。由于持续不断的相互作用，这些现代性形式彼此纠缠，但同时也融入了其自身的历史发展、民族和宗教背景、政治抉择、社会演变和文化特殊性等特定逻辑。

　　即便上述一切使本书显得落伍和片面，我依然确信它对于中国当下建筑的意义——不是直接地，而是间接地。这主要是因为本书所阐述的思想谱系已经开始影响到中国的当代现实。事实上，如同第三章中所讨论的（尤其是在关于瓦尔特·本雅明的小节中），在1920年启发了建筑现代性的左翼支持者——恩斯特·梅（Ernst May）、汉斯·迈耶（Hannes Meyer）、布鲁诺·陶特（Bruno Taut）等的社会理想中，占主导地位的观念是与基于平等的共产主义和集体生活有关的。一些作者，如卡尔·泰格（Karl Teige）甚至将整个现代运动构想为一个将公社（dom kommuna）作为其终极理想居住方式的运动。1920年代期间，对于现代主义建筑与共产主义实践之间的关系褒贬不一，但它从未被彻底否定过。冷战期间，当"高级现代主义"（high modernism）和国际风格（international style）被视为典型的美国货、并被出口和传播到世界各地之时，这种关系开始受到质疑。美国与西欧的大量作者和建筑师热情洋溢地支持对现代主义建筑的重构。这种情况也出现在苏联和东欧，尽管方向不同。在共产主义世界里，功能主义、现代主义、社会主义现实主义和其他主义们之间的系谱关系因此变得模糊不清。直到最近，我们才发现试图在史学史层面将这些系谱关系梳理明晰的尝试和努力。与此相类似地，对中国的建筑思想谱系的揭示也还远远不够。如果说，出于政治联盟，苏联和东德等国先后在毛泽东时代的数十年间起到了领航者的角色的话（1989年后，它们被更混杂的、甚至是以美国为主导的话语而取代），这些榜样不会与本书所讨论的思想没有关系。因此，我相信本书的重要性，这是因为它强调了在欧美建筑论争中已成为重要组成元素的部分关联——例如政治和文化观念之间的联系,尽管也许不太明显,也与后来的共产主义话语及实践有关。如果本书的中译本能够引发新的史学史研究来揭示这种联系,我将感到荣幸。在此意义上,我希望本书能够为产生一种中国当代建筑学和都市性的批判理论而作出贡献。

希尔德·海嫩

2013 年 11 月

目　　录

献给罗布、安和安斯基姆

致　谢

　　本书付梓出版离不开许多人的帮助和鼓励。当它还处在一篇博士论文阶段时，和我交流的主要人物之一是 G. 贝克特（Geert Bekaert），他关于模仿的论文为引发我对摹拟问题（mimesis）的兴趣建立了基础。我要特别感谢我的另一位指导老师 A. 勒克斯（André Loeckx），不仅因为他支持我的研究工作，而且也因为他一直在充当着我的最具挑战性和穷追不舍的思想对手。还要感谢 H. 诺克曼（Herman Neuckermans），他给了我在鲁汶天主教大学（the Katholieke Universiteit Leuven）做研究的机会。

　　在做调查研究的一开始，我就享受了 M. 米勒（Michael Müller）在不来梅的热情接待，他是对研究本雅明（Walter Benjamin）很有帮助的向导。在与多个朋友们的讨论中我也受益良多，他们中应该提及的有 C. 黛尔黑（Christine Delhaye），B. 凡尔切夫（Bart Verschaffel），L. 德·考特（Lieven de Cauter）和 R. 劳尔门（Rudi Laermans）。我在荷兰《本雅明学报》（*Benjamin Journaal*）的编辑同事们，他们通过注解和评论，为书中有关本雅明和阿多诺的章节做出了贡献，他们是：R. 伯克曼（René Bookmens），I. 凡·德·伯格（Ineke van der Burg），K. 格尔多夫（Koen Geldof），T. 格勒内韦格（Ton Groeneweg），P. 库普曼（Paul

Koopman)，M. 凡·尼尔斯达特(Michel van Nieuwstadt)，还有已去世的 W. 凡·赫尔文(Wil van Gerwen)，赫尔文过早地离开了我们。

在 1991 年和 1992 年，我有机会在麻省理工学院建筑系的历史、理论和评论课程中，通过将自己的想法让学生细读来验证一些书中发展起来的思想。我要感谢 S. 安德森(Stanford Anderson)对我的邀请，D. 弗里德曼(David Friedman)对我的指点，以及 S. 博兹多根(Sibel Bozdogan)对我的友好和支持。与学生在一起，他们使我在麻省理工学院的数月逗留成为珍贵的经历。从盖蒂计划(Getty Grand Program)中获得的博士后资助使我把自己的博士论文转成了一部著作，在这过程中增加和修改的内容不少，尤其是对于新巴比伦(New Babylon)的案例作了详尽的阐述，这是由康斯坦特(Constant)的慷慨相助促成的。

还要感谢那些自始至终鼓励我并推动我完成书稿的人，他们是 M. 威格利(Mark Wigley)、M. 海斯(Michael Hays)、B. 科洛米纳(Beatriz Colomina)和 R. 普朗兹(Richard Plunz)。D. 加德纳(Donald Gardner)作为翻译者的价值是难以估量的。最终文稿中若有任何仍显生硬的叙述，那是我自己要全权负责的。

R. 康诺弗(Roger Conover)对我有能力写成此书颇有信心，J. 格里马尔迪(Julie Grimaldi)自始至终对我不吝相助，M. 埃维什(Mitch Evish)和 M. 阿巴特(Matthew Abbate)的编辑工作一丝不苟，J. 麦克韦西(Jim McWethy)完成了装帧设计，我对他们都深怀感激。

我还要把我的书献给我的孩子罗布、安和安斯基姆·戈里斯（Robbe，An and Anskim Goris），他们陪伴着我度过了成书过程中所有艰难和喜悦的时光。

导　　言

　　此书酝酿形成于我在研究现代建筑的各种思想时遇到的一个令人费解的问题。我的困惑是，现代性概念在现代建筑运动中并未有效地发挥作用。在我看来——尽管这些人都是在学习瓦尔特·本雅明或特奥多尔·阿多诺（Theodor Adorno）等人的批判性理论中培养起来的，但我发现，现代性的概念在希格弗莱德·吉迪恩（Sigfried Giedion）的著作中或是在《新法兰克福》（*Das Neue* 2 *Frankfurt*）这本杂志中似乎是幼稚的，很不相称的。这种在现代建筑运动和诸如法兰克福学派的现代性文化理论之间的鸿沟，始终困扰着我。比如说，当我们意识到恩斯特·梅（Ernst May）（《新法兰克福》期刊背后的建筑师）和阿多诺其实是同一时期在同一城市工作时（都在1920年代末的法兰克福），就会感到奇怪，因为没有任何迹象表明，他们当时有过学术上的交流。

　　对这个问题的不断探究使我逐渐解开谜团，了解了关于他们毫无交流的真实情况。然而，我对相关的理论问题仍兴味十足，这或许能从本书所呈现的材料中得到证实。建筑应如何存在？应如 3 何与各种社会条件相关联？我仍然对观察这些为回应现代性问题发展而来的形形色色的建筑状况格外地充满好奇。

　　因此，本书讨论的是现代性、栖居和建筑之间的相互关系。现代性在此用来作为由社会经济的现代化过程强加于个人的一种生活状况。现代性的经验包含了一种与传统的断裂，是对于生活方式和日常习性的深刻冲击。这种断裂所产生的作用是纷繁多样的，它们反映在现代主义之中，即一系列关涉现代化过程以及现代性体验的艺术与知识的思想和运动之中。[1]

　　现代性在广大的作者和评论家中有着不同的理解方式。有的将其看作是由一种资本主义文明与相应的文化以及相应的现代主义之间的对抗所决定的，然而，这对抗的两极又是在各种分歧中酝酿形成的：有些人将它们视作毫无关联，而另一些人认为其中存在着一种辩证的关联状态，即，现代主义仍是自觉或不自觉地、直接或间接地、积极或消极地对资本主义发展的影响作出反应。可以这样进一步区分和界定：有人认为它是一种旨在重新整合艺术与生活的先锋姿态，并可以辨别出纲领性的（programmatic）和瞬时性的（transitory）两种现代性概念，以及"田园式的"（pastoral）和"反田园式的"（counterpastoral）两种现代主义。

　　在哲学、社会学以及文化理论领域，这样的问题的确已被广泛地讨论。批判性理论如法兰克福学派曾引出了关于现代性和现代主义的复杂而又诡辩的话语讨论，而回过来看，20世纪建筑历史与理论的发展却独立于这一丰富的传统，甚至建筑领域许多近来的发展也都并未顾及如法兰克福学派这样的批判性理论的地位。本书的目的正是面对这样一种断裂，试图将一连串的知识话语连接起来：一方面，从批判性理论的视角讨论建筑，另一方面是基于批判性理论，通过建立这些话语与建筑的关联，对它们的立场做出修正。[2]

本书应在两个层面上展开讨论。

第一，它包括了关于建筑、现代性与栖居之关系的理论性讨论，一条基本依据辩证三合一（a dialectic triad）建构的论据贯穿 4 本书的始终。第一部分"建筑学面对现代性"，涉及这样一个问题：建筑学如何与现代性关联？第二部分"建构现代运动"，给出这样一个论点：现代运动的主要代表人物作出的那些回应，就是对上述问题的第一种解答。与此对立的解答在第三部分"镜中的映像"中展开，讨论现代运动之外发展起来的、与之相对抗的种种立场。第四部分"建筑作为现代性的批判"，可认为是上述的综合，对正反论点均予重新思考，并结合其他材料，引出对起始问题的更加温和的解答。然而，这个预计达到的综合，绝非就是建筑与现代性之间的全然整合或明确景象，而是一种暂时的阐释，以在复杂性和多层面上理解这两者之间难以捉摸的相互关系。

第二，本书的意图也是为建筑学学生们提供一份关于批判性理论话语的导读。有关本雅明、布洛赫（Ernst Bloch）和阿多诺的小节可以独立阅读。我还希望关于威尼斯学派的小节也能起同样作用，并为他们提供方法，以接近那些艰涩难懂的文本。

我选择的途径关系到经广泛酝酿形成的主题——从建筑、现代性和栖居间的关系，到一些特别案例研究的详细讨论。这就意味着，本书的涉及面可能既不是代表性的，也不是包罗万象的。然而我是有这样明确的考虑：只有通过对特定案例深层详尽的论述，才能获得关于当下问题的透彻理解。因而，本书并非要对相关作者和建筑师展开面面俱到的讨论，一些主要人物如勒·柯布西埃（Le Corbusier）和密斯（Mies）在不经意中出现，但实际上这些选择又都是有充分依据和理由的。

第一章的内容涉及了所有相关领域的作者，除此之外，其他章节都围绕某些关键人物展开。第二章聚焦的人物是吉迪恩和梅。选择吉迪恩首先因为他是《空间、时间与建筑》(*Space，Time and Architecture*，1941)的作者，是现代运动(Modern Movement)影子写手(ghostwriter)。作为国际现代建筑协会(CIAM，Congrès Internationaux d'Architecture Moderne)的秘书长，他个人与现代建筑关联深厚，结识所有的重要人物，并与他们频繁来往交流。正是部分缘于他的著作，现代运动被视作一个整体，因为在他的书中，现代运动的各种倾向都被纳入全新的时间－空间概念的大旗下。而探讨梅及其《新法兰克福》(*Das Neue Frankfurt*)，恰好展开互补性问题的讨论，包括现代建筑的社会目标，与此相关的住宅问题，以及寻求的一种新的生活方式。[3] 在法兰克福城，欧奈斯特·梅和他的工作小组于 1925 到 1930 年间在那里建造了大约 15000 个住宅单元。这在当时成为一道展示现代运动的最亮丽的风景线，以宣告这场方兴未艾的运动确有令人信服之处。正因这项实验，1929 年以关注于最低生存需求(*Existenzminimum*)为主题的国际现代建筑协会第二次会议就在法兰克福组织召开。

上述这两个例子很好地描绘出现代建筑最初议题中颇具典型性的思想与方法。在试图面对现代性挑战时，它们显现出了一种立场上的模棱两可，即一方面是加入艺术与文学中的先锋派阵营，而同时又固守着诸如和谐或持久这样的传统建筑学价值观。很显然，现代建筑运动的现代主义并非总是现代性的批判，而是采取了一种田园式的姿态，旨在抹平差异和冲突。

　　第三章探讨了一些能与这种田园主义保持一个批判距离的观念和态度,这里重点关注几位人物,他们都不赞同在迈向现代化社会的框架内还有发展一种和谐文化的可能性。这部分以对阿道 5 夫·路斯(Adolf Loos)关于栖居与建筑的一些观点的简短讨论开始。从年代来看,路斯先行于现代运动,但他的思想里却埋藏着一些种子,后来即会形成一种对这场运动中各种关于建筑与现代性主张的复杂性批判。路斯持有这样的观点,现代性唤起一种无可避免的与传统的断裂,导致的结果是个人生活经验的瓦解。他认为,这一演进使建筑学有义务拓展一系列语言,以回应大量截然不同的经验,如,私密相对于公共,室内相对于室外,以及隐秘相对于公开。

　　瓦尔特·本雅明,这部分中的第二位关键人物,采纳了路斯的一些观点,但对现代建筑作出的再诠释超越了所有同时代的人。他自然深谙现代性的第一种情况,即从根本上区别于传统的状况,在他看来,这种区别事实上来自现代性所导致的真实体验的匮乏。在本雅明的观点中,现代建筑正估计到了这一体验危机,因为它创造了各种无特定性格的空间,只有光、空气和通透性成为主导要素。因而,现代建筑中的推动力就呈现在一种"新野蛮主义"的创造活动中,这一胆大妄为的需要是用来回应社会提出的种种要求,一个将不再基于剥夺和排斥来运作的全新社会。

　　与本雅明一样,恩斯特·布洛赫是一位左派哲学家,在两次大战间,他转入法兰克福学派的活动范围,并恰巧对建筑的深层问题产生兴趣。布洛赫的哲学完全投入了乌托邦式的希冀之中,在他看来,生活的瓦解本质上是与资本主义的社会秩序——驱使表面上的理性和高效，厌恶幻想和装饰，以及一种将自己局限在立竿见影和显而易见的事物中的趋势——连结在一起的。布洛赫将现代建筑的"贫乏"视为资产阶级的资本主义的延续。他辩解道，正因如此，建筑学是没有能力为未来社会的形式提供乌托邦远景的。持这一观点，布洛赫发出了与本雅明不同的声音，拒绝相信现代建筑为自由和解放带来希望的声明。

　　第三章的结论关注于威尼斯学派的作者们——塔夫里（Tafuri）、卡齐亚里（Cacciari）和达尔科（Dal Co），他们之所以广为人知，是因为将早期批判性理论激进化，即，将该理论整合到一种关于资本主义文明与建筑文化之关系的总体分析中。这些威尼斯人看待现代性的前景，即便不是玩世不恭，也是持悲观主义态度的。他们从现代建筑及其议题的分析中引出一番颇为激烈的批评，认为任何一种综合的意愿，任何尝试创造一种统一文化的企图，都是强加的意识形态，因而也是错误的。由此，他们否认建筑能够以任何一种方式为人类解放和社会进步作出真正的贡献。在批判过程中，对于建筑学是否有任何可能将一种批判性态度与一项社会进步对应起来的问题，他们常常几乎全盘否决。

　　所以，第四章的目的是要发展一种立场，以避免落入两类陷阱：一种是过于简单地与现代性串通一气，另一种是玩世不恭到排斥任何可能的批判性。通过对康斯坦的新巴比伦方案（Constant's New Babylon Project）的评述，本章开始探讨这样一种野心勃勃的立场将遇到的困难。与最后的先锋派运动情境主义国际（Situationist International），也因而与亨利·列费伏尔（Henry Lefebvre）的批判性理论联系在一起。这个方案表明的是由追逐一种批判性建筑而引发的自相矛盾：尽管它一开始被设想为取代当代城市实践的一种接近现实情形，但又具有批判性的方案，但很快就被证明只不过是革命社会中的一幅幻象，仅在纯粹的艺术领域发生影响，而与当代城市实践无关。

　　阿多诺是这一章第二部分的主题，这是因为他的《美学理论》为讨论这些自相矛盾的现象提供了绝佳的工具。阿多诺的著作中包含了对于艺术与现代性之关系的颇为深刻的反思，这一方面依赖于他关于现代性的独特的哲学概念，另一方面也出于他对现代主义美学问题的清晰感知。他对艺术评判的评估，基于其对艺术有双重属性的信念——既是社会创造又是自主性的——由此产生一种抵御和批判的能力。转向关注阿多诺，使我们可能以一种顾及各种困境和矛盾的方式，引导建筑与现代性建立一种类似的批判性关联。

　　摹拟（mimesis）概念在阿多诺的思想中，也在当代法国的理论如拉古－拉巴德（Lacoue-Labathe）或德里达（Derrida）的著作中起着至关重要的作用。摹拟意指一些相似或相仿的模式，它与复制（copying）相关，但也是一种特指的、暗示了批判性时刻的复制形式。这一概念包含了思想图式的复杂性，为反思建筑作品中可能的批判性特征提供了一个富于启发性的参考框架。我在第四部分的最后一节探讨的是，摹拟如何为理解建筑的批判性可能提供了一把有益的钥匙，我将通过李伯斯金（Daniel Libeskind）的柏林犹太人博物馆和库哈斯（Rem Koolhaas）的（比利时）泽布勒赫（Zeebrugge）海运码头这两个新近案例，来展开这一问题的讨论。

　　从根本上说，现代性的问题对建筑学至关重要，这是本书的基本前提，并且还是一个更加理论的而非历史的问题。这种重要性已经超越了关于现代建筑运动的评价，延伸至对近来发现的一些话题的思考之中，而这些话题对于建筑讨论有着决定性的影响。按我的观点，为现代性建立一种广泛的反思，就能为这样一系列问题的诠释提供一把有效的钥匙：后现代性的状况，建筑与城市和区域的关系，建筑的历史和传统意识，建筑对于媒体和公共领域的介入。这些问题在本书中并没有打算如此面面俱到地展开，但我期望这至少可以表明，严肃地引入批判性理论是如何能够提供有价值的线索，并能强化和丰富关于建筑学社会作用的理论争鸣。社会发展的潮流一浪接着一浪，建筑无力左右，但如果建筑学不能规划一个壮阔的新世界，使我们自身所有的问题都可以在其中迎刃而解，那么它就难以挣脱命运的摆布了。而我相信，建筑学确有能力，以一种独特的方式，将我们面对的现代生活中各种冲突和不定表达出来，在这种表达中，它既可生成一种与现代性的关联意义，同时也可形成对现代性的批判。

人类必须

不断地

自我摧毁

以

彻底

重构

自身

泰奥·凡·杜斯堡,1918

1 建筑学面对现代性

现代性的诸种概念

什么是现代性(modernity)？这个在理论话语中扮演如此关键角色的词实际上是什么意思？从词源学上讲,我们可以从与"现代"(*Modern*)一词有关的含义中分辨出三个基本层次。[1]第一层也是最古老的一层含义是"现在"(*Present*),或者说当前的(current),暗示着它是与"以前"或者"过去"的概念相对的;比如,正是有了这层含义,我们可以理解"现任教皇"(*modernus pontifex*)这个词表示的就是现在位居圣彼得大教堂宝座的那个人,而这种"现代"的用法可以一直追溯到中世纪。第二层含义是"新的"(*new*),与旧的相对。在这里,"现代"用来描述被看作历经一个阶段的当前一段时间,它因其拥有某些新的特征而和以前的各个时期区别开来,该词正是带着这层含义,开始在17世纪盛行起来。到19世纪中叶,现代一词的第三层含义逐渐变得重要,这时它获得了"短暂的"(*momentary*)内涵,即"瞬时的"含义,与之对立的,不再是某个清楚界定的过去,而是一个永无定数的未来。

当前的,新的,瞬时的,在现代性概念中,这三个层次的含义对于当前都有着特殊的重要性。现代性使当前具有某种特定品质，使之区别于过去并指向通往未来之路。现代性也被描述为同传统断裂的状态，可代表拒绝过去传统的所有事物。

奥克塔维奥·帕斯（Octavio Paz）指出，现代性是一个彻底的西方概念，在其他文明中找不到对应物。[2]原因在于，这个概念基于西方独有的时间观：时间是线性的、不可逆的和进步的。在其他的各种文明中，要么采用一种静态的时间观——例如原始文明的永恒时间，过去是时间的原型，也是现在和未来的模式；要么基于一种循环的时间观——例如古典时代的时间观念，遥远的过去代表了一种理想，并在未来某个时刻还会重新返回。对中世纪的人来说，世俗的时间只是为永恒的时间作准备，以至于具体的历史过程仅仅处于比较次要的地位。正是到了文艺复兴时期，才有这样的时间观开始盛行，即，历史包含着一个发展进程并且可以影响它朝着某个方向行进。人文主义者们试图复兴古典时代的理想，并且前所未有地接近它。然而，这种努力仍无可避免地陷入重重困境。在 17 世纪著名的"古今之争"（*Querelle des Anciens et des Modernes*）[3]中提出了这样的问题：在努力追求艺术的最高理想中，"今人"是否可与"古人"媲美甚至超越他们？这次争论的主要结果就是进步的时间模式彻底取代了循环的时间模式，即，每一个时代都将被视为独一无二和不可复制的，并且是在之前各时代成就基础上的又一个进步。

启蒙运动时期，现代性的观念开始与批判理性（critical reason）的观念联系起来。批判理性的一个典型特征是，它没有任何不可剥夺的本质，没有任何不可置疑的基础，也没有任何真相的显露。除了"一切原则都要接受理性的审视"这个原则之外，它不相信任何其他原则。奥克塔维奥·帕斯说：

> 批判理性，由于其本身的严格性而突显其暂时性。没有什么东西是亘古不变的；理性只有在与变化和他者一起时才能被识别。我们并不是被同一性及其大量、单调的周而复始所统治，而是被他者、冲突以及令人眩晕的各种批判所规训。过去，批评的目标是真理，但在现代的时代里，真理就是批评，并且真理已不再是永恒的，而是变化的。[4]

现代性不断地与传统冲突，这使得为变化而战者的地位节节攀升，成为卓越的意义传播者。因此早在 18 世纪，现代性就是一种无法维系在固定系列特性中的状况。但正是到了 19 世纪，现代化又在经济和政治领域中获得了一席之地。随着工业化、政治动荡和与日俱增的城市化，现代性远远超越了智识概念，在城市环境中，在持续变化的生活状况中，在日常现实中，现代性与本已建立的各种传统价值和确切事实的割裂，既能亲眼目睹又可感同身受。现代的，成了在众多不同层面到处可见的事物。在这种情形下，我们应该对现代化、现代性和现代主义这三者作出区分。[5]现代化（modernization）这一术语用于描述社会进程，其主要表现特征是技术进步与工业化，城市化与人口激增，官僚主义的兴起与民族国家的日益强大，大众交流系统的迅疾扩展和民主化，以及日益扩张的（资本主义）世界市场。现代性（modernity）则指现代时期的一些典型面貌特征以及个体对这些特征的体验方式：现代性表征了与持续演进和变化进程相关的生活态度，一种与过去和现在都不相同的未来指向。现代性的经验以文化思潮和艺术运动的形式掀起反响，其中一些声称他们自己是赞同面向未来和愿望进步的，被冠以了现代主义（modernism）之名。这是一个不断变化的世界，男人们和女人们也在其中改变着自己。因此，在最广泛的意义上，种种理论和艺术思想的形成旨在使人们能够控制这个世界不断出现的变化，对于这些理论和思想系统来说，现代主义可理解为一个广普术语（generic term）。[6]

由此看到，一方面是众所周知的社会经济发展进程中的现代化，另一方面是以现代主义运动和话语的形式对此做出的主观反应，现代性就在之间起着调和作用。换言之，现代性至少是涉及两个不同方面的一种现象：一个联系社会经济进程的客观方面，另一个是与个人体验、艺术活动或理论反思相关的主观方面。

现代化和现代主义究竟如何关联——即，一个是客观的、社会赋予的现代性，另一个是主观形成的经验和论述，两者之间究竟是何关系——仍是一个悬而未决的问题。一些人倾向于将这两个领域截然分离，创建一种客观状况和主观经验的区分。如马泰·卡林耐斯库（Matei Calinescu）毫不犹豫地将两者分开，并以两种相互冲突的现代模式展开讨论：

> 从某一点看，19世纪上半叶期间，在作为西方文明史的一个阶段的现代性——一种科技进步、工业革命以及由资本主义带来的经济和社会全面变化的产物——和作为一个美学概念的现代性之间产生了一种不可逆转的分裂。自那以后，

两种现代性之间的关系已成为无法还原的对立状态,但却没有扼制、甚至反而激发了在其相互破坏的范畴中彼此间多种多样的影响。[7]

现代性的讨论是和资本主义文明与现代主义文化间的关系问题百般纠缠、难以分离的。已经投入这一争论的各种立场态度都会涉及对这一关系的理解:这是一个两者间互不相干的事情,还是说它们之间有一种批判性的联系? 或者说这是一种命中注定的关系,暗示着文化无可选择地要回应资本主义发展的需要? 对于建筑学来说,这是一个相当诡异的问题(a very loaded one),因为建筑是在两个王国里运作的:建筑毫无疑义是一种文化活动,但它也是一种只能在权力和金钱的世界里才能实现的活动。对于建筑来说,美学的现代性无可避免地要进入到与资本主义文明的资产阶级现代性的关联性之中。本书要展开讨论的,正是这种关联性中的内在特征。

为使分析更加确切,我要对不同的现代性概念加以辨别。第一种情况可在现代性的纲领性概念和瞬时性概念间展开。主张前者的解释是,现代性首先且首要的是一项计划(a project),一项进步与解放的计划,他们强调的是现代性中与生俱来的释解的潜力。这种计划性概念根本上是将现代性在对新事物的洞察中、在有别于前时代的当代视野中来审视的。主张这种概念的典型人物是哈贝马斯(Jugen Habermas),他是这样为现代性建立了他所谓的"未完成的现代性"(the "incomplete project" of modernity):

现代性的计划系 18 世纪的启蒙哲学家们在努力开拓客观科学、普世的道德与法律以及依其内在逻辑的自主性艺术的过程中建构而成。与此同时，这项计划意在使这些领域中的各种客观潜能从神秘难解的形式中释放出来。启蒙哲学家希望通过利用这一专门化的文化积累来丰富日常生活，就是说，为日常性的社会生活建立理性的组织。[8]

在这一有计划的途径中，可以区分两种要素。一方面，依据哈贝马斯，特别是参照马克斯·韦伯（Max Weber）的观点，现代性的特征由一种在科学、艺术和伦理世界中不可逆转的自主性的趋向所赋予，因而它必须"依照其内在的逻辑"来发展；然而在另一方面，现代性仍被视为一项计划，这多种多样自主领域发展的最终目标仍依赖于它们与实践的关联性，依赖于它们可能的"为日常社会生活的理性组织"的用途。哈贝马斯的观点将大量注意力放在了赋予未来之形式的当前思想中，即，关注现代性的纲领性计划的一面。

与此相反，瞬时性的观点强调隐藏在现代之中的第三层次的含义：瞬息的或片刻的（the transient or momentary）。这种敏感性的最初形成见于波德莱尔（Charles Baudelaire）的著名定义："现代性是暂时的，是稍纵即逝的，是偶然的，是艺术的一半，而艺术的另一半是永恒的，不变的"。[9]而这种瞬息无常在现代艺术的发展中又被强化了。正如让·鲍德里亚（Jean Baudrillard）所清晰揭示的，在艺术领域它被转变成了一种更加全球化的现代性观念。在为《法语综合百科全书》（*Encyclopedia Universalis*）撰写的一篇文章中,鲍德里亚将现代性(*la modernité*)定义为一种与传统相对立的特征性的文明模式。[10]创新的愿望和对传统压迫的反抗,是通常已经被接受了的、现代之中的一部分,然而,鲍德里亚使这些元素更加激进,在他看来,革新的愿望和对传统的叛逆并非就被归入哈贝马斯所谓的一种迈向进步的一般趋势之中,而是会逐渐成为各种自主的机制。因而在他的解说中,瞬息无常是首要的,他看到的是现代性的周而复始,其中的危机接二连三,而自身却逃之夭夭:

> 现代性在所有层面上都昭示着一种支离破碎的、以个人的创造力和革新方式下的美学形式,这在先锋派的社会学现象中到处可见……对传统形式直言不讳的破坏与日俱增……现代性被激化成瞬息的变换和无停歇的旅行,这样,它的含义摇曳不定。它逐渐丧失着每一样内在的价值,丧失着每一种关于进步的伦理和哲学的思想意识,而这进步观念原本是它起步的基石。它渐已成为一种为变化而变化的美学……最终,现代性纯粹而简单地与时尚联手,这也同时意味着现代性的终结。[11]

根据鲍德里亚的观点,现代性将变化与危机树立为价值准则,但这些准则却正持续不断地丧失着与任何进步前景的直接关联。结果是,现代性为其自身的衰落搭建了舞台。思考从现代性的瞬息无常概念到其最后的结论,我们可以引出现代性终结的声明和后现代状况的假设。这样,这个在现代主义和后现代主义之间掀起如此狂潮的讨论就不必被看作是全新事物,而是在洞察与观念间创造了一次激进的对立状态,而这些洞察与观念都已在早先关于现代性的争论中产生作用了。

自"后现代主义"(postmodernism)这一术语出现后,我们便可以明确,现代的最初含义——作为当前的现代——再也不能被无条件地运用了。后现代事实上尾随现代而来,因而比当前还要当前。按此逻辑,现代已经降至过去。然而,事物间是不会如此泾渭分明的,因为我们不应该断言后现代状况就这样如此简单地取代了现代性。它更像是通过凸现其似是而非的各个方面,开启了一个新颖而复杂的意义层次。[12]

第二种对现代性概念认识的辨析,涉及田园式的与反田园式的观点。[13]田园式的观点谴责现代性特有的冲突、不和谐和紧张气氛,将现代性视为为进步的协力之战,使工人们、工业家和艺术家们围绕在一个目标下。以这一类观点看,资本主义文明中的资产阶级现代性和现代主义文化中的美学现代性被赋予了一种共同的衡量标准,而潜在的冲突和差异性则被忽略了。政治、经济和文化被联合在一面进步的旗帜下,进步被看作是和谐的和持续的,就像它是为了每一个人的利益发展的,且没有任何关联要害的干扰。这种观点的典型是勒·柯布西耶的"伟大的时代已经开始。有一种新精神,有一种新精神中孕育的大量工作;它尤其要与工业产品相遇……我们自己的时代正在确立,一天天形成其自身的风格。"[14]而反田园式的观点恰好相反,它基于这样一种思想:在经济和文化的现代性之间存在着根本的差异性,如果没有冲突和分歧,那么两者都无法获取。反田园式的观点认为,现代性的特征来自

13

无法弥合的分歧和不可调和的冲突，来自支离破碎，来自一种整体生活经验的分崩离析，来自不可逆转的、无法重获共同基础的各个领域的自主性趋势。典型的例子是人们都已相信艺术的定义就是反正统（anti-establishment），而现存社会利益和先锋派艺术家之间的敌对性是无法避免的。"情境主义国际的宣言"（International Situationist Manifesto）给出了很好的注解：

> 教堂是用来焚毁那些被它称作巫师的人们，以扼制任何试图在芸芸众生的节庆中戏弄传统的念头萌生。而无耻的虚假游戏却在毫不知情的状况中大量制造，这已成为当下的主流。在这样的社会中，任何真正的艺术活动定会被归入某类犯罪行为，因此它只能维持着半地下的勾当，或只能作为丑恶行径公之于众。[15]

无论是计划性还是瞬时性，是田园式还是反田园式，现代性正是在所有这方方面面的关系特征中变得如此令人着迷。伯曼（Marshall Berman）认为，对一个个体来说，其现代性的经验特征，既来自有计划的要素和瞬息不定的要素之间的结合，也是摇摆于为个人发展而战和对无可挽回的眷恋和失落间形成的："要成为现代，就是要在这样一个环境里找到我们自己，这个环境允诺我们的冒险、权力、欢乐、成长以及我们自身和世界的转变——并且同时，这个环境还威胁着摧毁我们所拥有的一切、我们所知晓的一切和我们所属于的一切。"[16] 当要面对现代化的挑战做出回应时，他觉察到了 19 世纪的作家如波德莱尔、马克思和尼采，他们丰富的洞察和尖锐的语调,都源自他们与现代生活中的不确定性和矛盾性的持续斗争。在这些作家们田园式和反田园式观点间存在着一种张力,即,他们既是现代性的热情支持者,又是现代性的死敌,而恰恰是这一点,赋予了他们创造的力量。

在我看来,如果一个人想以有意义的方式与现代关联的话,那么,保持这种笃信和批判之间的张力一直是最根本性的。一个人并不能够简单地丢弃现代性,因为现代性已经如此深层地扎根于当代社会,以至于我们再也没有可能找到一个让其无足轻重的地方了。这也意味着,对于这个作为理应公开责难的庞大整体的现代性若被拒绝的话,就是一种保守和反动的态度,因为这不仅忽视了我们是"现代的"这样一个不管我们是否愿意但却既已形成的事实,而且还违背了我们关于蕴含在现代之中的摆脱束缚和获得解放的诺言。同时,也没有人能够为无视这个尚未兑现诺言的现实付出代价。当然,现代化过程并没有给所有地方的所有人带来福祉和政治上的解放,因此,一种批判的态度比任何时候都有必要,尽管必须承认,这种批判应该基于什么、应该如何展开并不是一下子就能十分的清晰。这是一个无论如何都难以回答的问题——在建筑学领域中也完全如此。

栖居远逝……

现代性经常被描述为一种"无家可归"的状态(a condition of "homelessness")。例如,彼得·伯格(Peter Berger)、布里吉特·伯格(Brigitte Berger)和汉斯弗里德·克尔纳(Hansfried Kellner）将他们关于"现代化和自觉性"的书取名为《无家可归的心灵》（*The Homeless Mind*）。[17]从知识社会学的视角看，他们描述了现代个体自觉意识的典型特征：生产技术的发展，社会生活中的官僚体制，这两项现代化进程中最重要的事业，都是以理性、匿名性和社会关系的日益抽象为基本原则的。这导致了社会生活的多元化：人们工作、居家、在俱乐部或在某个社区中，每一次都在不同情境中按照不同的规范或准则生活，有时甚至可能是相互冲突的。不仅如此，这些环境本身也必定随着时间不断地变化着：

> 现代社会的多元结构使越来越多的个人生活迁徙不定，持续变换，不断流动。在日常生活里，每一个现代的个体始终都在高度差异性的以及常常是相互冲突的社会环境中调适自己。在这个现代社会中，不仅是越来越多数量的个人从他们原初的社会背景中脱胎出来，而且还在于，没有一个随后到来的身份背景真的带来了"回家"的感觉。[18]

现代性将人们从他们的家庭、家族或他们的乡村社会中解脱出来，为他们提供了闻所未闻的选择自由，常常还有物质生活的改善；然而，这又并非是一顿免费的午餐，断然抛弃其生活所依循的传统世界，也就意味着从此失却了往日的意义和所有的心安理得。对于许多人来说，学会在此状况里生活绝非易事。

在哲学范畴中也是如此，现代性常常被描述成与定居截然相反的状况。这里值得再度学习一下马丁·海德格尔，这位此类批判中领导性的代表人物。

《筑，居，思》(Building，Dwelling，Thinking)是海德格尔 1951
年在达姆施塔特研讨会(*Darmstädter Gespräch*)上的演讲题目，
当时演讲会主题是"人与空间"(*Mensch und Raum*)。[19]初读起来，
演讲文本易懂，可以作为海德格尔思想的导言来阅读。海德格尔
以词源学的解释开始：他说，旧式英语和西日耳曼语中的建造
(building)一词"buan"，意为预栖居(to dwell)；不仅如此，"buan"
也与"我在"(I am)相关：由此，它不仅指建造和栖居，也指存在
(being)。而后，海德格尔发展了这样的思想，即，栖居是三者中的
核心术语。栖居意指一种与审慎的和守护的态度相关的存在方
式。栖居的主要形式是保存和看护，使事物在它们的根基中存在
着。我们必须培育和保存的，是栖居者与"四方"(*das Geviet*)、即
天、地、人、神四重整体(the fourfold of heaven and earth，divini-
ties and mortals)的关系。上天代表宇宙，代表四季往复，日夜轮
回；而大地因辅佐上天的生命赋予者而存在；神灵是召唤神性的信
使；而人之所以被称作凡人(mortals)，是因为他们终有一死，是因
为他们能使死亡成为死亡。这就引出四重整体的定义，芸芸众生
因栖居而拯救大地，将上天接纳为上天，期待作为神灵的神灵，并
能够使死亡成为死亡。换言之，所谓"栖居"的人，就是那个已经向
着"存在"的基本维度敞开了的人。

这里，我们再稍稍详细地看看海德格尔的概念"在的遗忘"
(Seinsvergessenheit)可能会更有帮助。尽管他在这个文本中并
没有直截了当地使用这一术语，但其中的思想的确起着坚实的作
用。对海德格尔来说，真正的"在"就是向这四重整体的开敞，就是
将这个四重整体守护在其本质之中。然而，这正是我们当下状况

下所缺失的东西。现代性的特质来自"存在"的忘却：人们不再去把握"存在"，他们也不再向这四重整体敞开。主导人们的是基于有用和效率考虑的工具主义态度，这种态度下，审慎与抚爱远远地离我们而去。

　　海德格尔关于真理的概念是与其"存在"的理念不可分的。他拒绝"符合"（*adequatio*）经典性的理论：在他的观点里，真理并非居于一致的陈述与事实之中，他的真理概念指向古希腊的"真势的"（*alētheia*）概念，真理在这里并不是一种事物状况，而是一种正在的呈现：即，正在揭开、正被带入开放的状态。这种揭开从来都是没有终结或限定的，在被掩隐的与被揭示的之间持续地活跃着，任何足够开放和易于接受的人都能觉察得到。[20]

　　《筑，居，思》中说道，只有获得了抚育和审慎的地位的人才能懂得如何栖居，因而也懂得如何建造。栖居，按海德格尔的看法，并非从"筑"（building）中衍生出来，而是来自较接近的另一种途径：真正的建造是根植于真正栖居的经验之中的。"筑"，归根结底是指一个场所被带入了围绕栖居的四个向度可见可及的状态之中，一个由四重整体相聚的场所。"筑"也意味着将一个场所从没有差异的空间中脱离出来，使大地显现为大地，上天显现为上天，神灵显现为神灵，凡人显现为凡人。建造的本质是"让其栖居"（letting dwell），它跟随的是"只有我们能够栖居，我们才能建造"。[21]海德格尔举了黑森林中一座两百年之久的农舍的例子，这座农舍建在避风的山坡上，朝南，悬伸的屋顶承接积雪，抵挡风暴；而室内一角的神龛并未忘却，安置分娩与安放死者的场所也已恰当布置。这样，农舍恰似四重整体，见证了最初的、最真切的栖居模式。

但这并未解决当下的栖居问题。海德格尔继续谈到：

在我们这个摇摆不定的时代，什么是栖居的状态呢？我们听见到处都在谈论住房短缺，并且言之凿凿……然而，更加艰巨而悲惨的是，住房短缺的问题无论多么痛心疾首，多么威胁重重，栖居的真正困境还不仅仅就在住房短缺之中……真正困惑的是，芸芸众生永远都在重新寻找栖居的本质，以至于他们必须永远学习如何栖居。[22]

在同一年的另一篇文章"人，诗意地栖居"（Poetically Man Dwells）中，海德格尔通过将其与诗性的关联，提升了栖居的主题。他在真实的栖居、保存四重整体以及诗意之间作了类比。诗，他将其定性为估量秉性（taking measure）；这种估量过程与科学活动毫不相干，因为它关联的是一种独特的维度。因而，诗人就是估量使天与地、人与神走到一起这个"之间"状态的人。从这个词的严格意义上讲，这是一个估测的问题：一个隐含着对"存在"维度（the scope of "being"）的估量过程，也就是对试图展开四重整体的估量过程。

这篇文章用与前一篇类似的观点来结尾："我们是否诗意地栖居着？很可能我们都毫无诗意地栖居着。"[23]依海德格尔的看法，这种非诗意的栖居源自我们没有能力去做出估量，源自我们受害于算术式的估测，无法满足对一种名副其实之真物的赐予。无论如何，真正的栖居是与诗意不可分的："诗意的，是人类栖居的根本能力……当这种诗意正当降临时，人类就是在这个地球上富于人性地栖居了，而后——正如荷尔德林（Johann Christian Friedrich Hölderlin）在其最后一首诗中说到的——"人之生活"是一种"栖居着的生活"[24]，如果我们严肃地对待海德格尔的文本的话，我们会得出这样的结论：在现代性与栖居之间，存在着一道实质上无法弥合的鸿沟。这至少是马西莫·卡奇亚里（Massimo Cacciari）在其"欧帕里诺斯隧道或建筑"（Eupalinos or Architecture）中所得出的结论。

　　卡奇亚里关注在文中他称其为"破碎"（Fragwürdiges）的概念，尤其值得质疑的是海德格尔所见的无家可归的状况，以及这种情形对于建筑学的种种可能的结局。按卡奇亚里的看法，海德格尔已经对我们这个时代诗意地栖居是否还有可能持有疑问，这也正是需要我们首先回答的问题。卡奇亚里对此是持否定态度的。现代文明的发展已使这个世界无法居住；"无—栖居（Non-dwelling）是大都市生活的根本特征"。现代生活再也不会与海德格尔所指的栖居有何相干了：一段无法弥合的距离，将大都市从与"四方"相称的，即天、地、人、神的四重整体相称的栖居中分离出来，由此，对卡奇亚里来说是明明白白的："家是过去的家，再也不是现在的家了"。[25]

　　此类观点的表达在这里并不是第一次。阿多诺曾说过几乎同样的话："栖居，如今在其真正意义上是不再可能了……住屋的事已成过去"。[26]不过，阿多诺的讨论与海德格尔和卡奇亚里所谈论的并非是巧合，对他来说，栖居不可能首先是一个伦理上的敏感问题："在家里而无回家之感一部分是伦理问题……错误的生活是不可能心安理得地过着的。"[27]无论愿意与否,我们都置身于社会系统根深蒂固的不公正之中,这种不公产生了如此切肤的不适感,使我们不可能在这样一个世界中会有回家的感觉。阿多诺观察到了这样一种隐藏在各种实际居住方式背后的现实情形。传统的布尔乔亚的家之也不可能掩蔽其虚伪的一面:他们为这个特权阶层提供的安全,被认为是与维护其特权所必要的压制手段无法分离的。功能性的"现代"住家、平房或公寓对于其居住者来说都是空洞而无内涵的躯壳,任何一种"设计"策略对改变此状都无能为力。然而,所有之中情形最糟的,是那些没有任何选择的人们——无家可归者、外乡人和难民,对于他们来说,甚至连栖居的幻想都是难以维持的。

栖居远逝……这些用于描述现代性体验的隐喻常常将栖居指涉为现代性的"另一面",在现代性状况下不可能的事情。不同的途径,即海德格尔的存在论述,阿多诺的伦理探讨,以及彼得·伯格、布里吉特·伯格和克尔纳的社会学研究——所有的结论都指出,现代性和栖居是相互对立的两极。在现代状况中,这个世界变得无法生活;现代意识即指"无家可归的心灵",外乡人和移民为每一个在现代的、流动的和不稳定的社会中的个体提供了一种模式。栖居的第一步是与传统、安全和和谐相关的,是与一种确保了关联性和意义的生活情境相关的。需思考,正是这些问题构成了建筑学所面临的种种困境。

建筑学的困境

　　建筑学无可回避地要解决存在于现代性与栖居之间的紧张关系。建筑学设计栖居，赋予其形式；其任务就是要物化我们栖居的世界。几乎无须赘言，这一原则必定造成建筑学讨论的尽头（vanishing point）。但是，如果现代的状况意味着栖居本身已不可能，那么设想一个人还能做些什么？如果"无家可归"的诊断是正确的，那么我们还有何可为？建筑学又能寻找哪一种出路？所有对这些问题已经给出的答案还远没有清晰可辨，并且，建筑学的作用究竟应该如何，它面对着现代性应该拥有何种地位，各种意见是南辕北辙的。

　　比如，在我刚刚讨论过的马丁·海德格尔的文本解读中，有两条不同的思想线索：克里斯蒂安·诺伯格－舒尔茨（Cheistian Norberg Shulz）的乌托邦及怀乡思想，马西莫·卡奇亚里的激进且批判的途径，两者代表了这一争论的两个极端。

　　诺伯格－舒尔茨是以海德格尔的四重整体结合成"物（thing）"的思想作为其出发点的，他由此推论，一物必须拥有三重品质：它必须唤起意象，必须是具体的，并且是有意义的。通过这样的操作方式，他将海德格尔的隐喻转译成了一种比喻的建筑学（a figurative architecture）的诉求，一种三重品质在其中都可得到辨识的建筑学。他认为，从海德格尔的观点看，如果人类体验到了有意义的存在，他就是"栖居"了。当一个以建筑学的方式设计的场所为定向和识别（orientation and identification）提供了机会时,这一意义的体验就成为可能。这意味着,建成的空间必须在这样的方式中被认可,即,具体的场所已经创建,场所已被一种独特的场所精神(*genius loci*)赋予特征。建筑学的任务就是要使这一场所精神成为可见的(图 1)。诺伯格－舒尔茨区分了四种栖居模式:自然的栖居(以聚落嵌入自然地景的方式),聚居(被赋予城市空间),公共的栖居(正如在公共建筑和机构中见到的),以及最后一种私密的栖居(宅屋的生活)。这些不同方式的栖居通过空间相互关系的作用被关联在一起(中心,路径,领域)。显而易见的是,这样一种思路完全回应了作为由日益扩展的同心环围绕的(住屋,街道,村落,区域和国家)栖居的人文主义概念。这一思想指向一个传统社会共同体的温馨的世外桃源生活,但却并不适用于一个满足现代社会功能需要的生活网络与社会关系。

图 1:挪威森林的住屋:一个归属于、根植于场所的建筑实例。(选自克里斯蒂安·诺伯格－舒尔茨的《栖居的概念》)

不过,诺伯格－舒尔茨为其一系列思想清晰明了所用的例证当然是有说服力的。他偏爱来自地中海和古典传统的图像,并且他有意强调,并对这些"比喻"建筑的形象与功能主义者的"非比喻"品质进行对比,后者只基于以空间的抽象概念替代具体的场所。诺伯格－舒尔茨将这具体的、与场所紧密结合的栖居,看作是人类向家园的归返:"当栖居完成之时,我们关于归属和参与的愿望得以实现了"。[28]

这里,赋予栖居以意义的范畴指向人与场所之间以及人与人之间的完全、归属、扎根以及有机的相互依存关系。一种比喻的建筑学可以促成这一切。诺伯格－舒尔茨显然相信,海德格尔谈到的无家可归只是暂时的症状,且功能主义者的建筑学对此负有部分责任。只要建筑师们改邪归正远离抽象的毒害,那么,真实地栖居的可能性仍是可能实现的:"一个建筑作品……帮助人类诗意地栖居。人类,当他能够'聆听'物之言语时,当他有能力以建筑语言的方式将其所领会的建成作品时,他便诗意地栖居了。"[29] 因而,对诺伯格－舒尔茨来说,"无家可归"与其说是当代人类的一种基本状况,倒不如说是一种偶然的失落,而这种失落是可以通过对建筑与栖居之关系的更好理解而得以弥补的。

马西莫·卡奇亚里对此问题的理解全然不同。对他来说,一个人能在这样一种工具性的方式下将"筑,居,思"付诸实践,从而建构起一种新的建筑语言,是不可思议的事。诺伯格－舒尔茨认为,海德格尔的"目标并不是提供任何的解说,而是帮助人类返回到真正的栖居状态",[30] 而卡奇亚里则认为,这篇文章"肯定了一个并不存在的、栖居－筑建－栖居的循环逻辑,从而推翻了任何先验的论断,即,想当然地认为这样的逻辑是可以确有意味的,或是可以外延的。"[31] 由此,这两位作者将这篇文章归入了两种完全不同的境地之中。

卡奇亚里的不同看法是这样展开的:因为人与世界之关系的疏离,因为存在的失忆,其结果是诗意的栖居变得不再可能,从而诗意的建筑也不再可能。真正的栖居不复存在了,真实的建筑也随之消失。唯一留给建筑学的事,就是通过一种空洞符号的建筑学去揭示这种诗意栖居的不可能。也只有一种可以反映栖居之不可能的建筑学,才可能仍然坚持拥有任何本真形式(any form of authenticity)的权利。

卡奇亚里是在密斯的作品中认识到这一沉默和反观的建筑学的:"玻璃是对居住的切实否定……从 1920 – 1921 年的柏林玻璃摩天楼方案……到纽约西格拉姆大厦,我们可以在密斯所有的作品中追溯,栖居的缺席恰在其中。"[32]卡奇亚里论证的结果特别引向了其与诺伯格 – 舒尔茨的分歧,那之间是不可逾越的鸿沟。谁能想象,还有什么比密斯静默的玻璃大楼(图 2)和诺伯格 – 舒尔茨的比喻建筑学之间更强的对比吗?两位作者间的差异源于这样的事实:他们对现代性的评价在每一点上都是冲突的——前者视现代性特征为偶然的、可逆转的,而以后者的观点,现代性特征是根本性的、无法逃避的。

于现代性而言,如此相左的类似评价还可在其他地方看到。一个很好的例子见于《莲花国际》(*Lotus International*)期刊上亚历山大(Christopher Alexander)和艾森曼(Peter Eisenman)的争论。[33]亚历山大坚持建筑首先必须满足人类情感,其基本目的是必须带来和谐体验。艾森曼则从另一角度强调理性的重要性,他考虑在现代世界中,建筑学必定面对一种根本上的不和谐:如果建筑

图 2:密斯在柏林的一个玻璃塔楼项目,1921－1922。(照片来源:包豪斯
档案馆,柏林)

学只是要使人们感觉良好,那就是一种不食人间烟火的建筑学。而在亚历山大的观点里,人文主义已经偏离了航向,需要被劝归以摆脱这种迷失,使自身重新置于整体论的世界观之中,因而,现代性只是一种暂时的脱轨状态。亚历山大争辩到,世上约有 1600 种文化,在大多数文化中,有一种世界观很普及,通过这种世界观,人类和宇宙多少被看成是互相关联、不可分离的。现代性或许是很不明智地离开了这一思想。亚历山大暗示,"宇宙的构成可能正是 22 如此,人类自身和构成实物的物质,或者叫空间物质(spatial matter),或随便怎么称呼,它们相互关联的复杂程度远超过我们的认识。"[34] 按亚历山大的观点,建筑为人类提供和谐体验,正是这一任务,才植根于他所假定的"隐藏秩序"中。

艾森曼对这种思想的反对采取了全盘否定的态度。他争辩道,并不是真正的完美就能满足我们最深层的情感需要,而且只能通过不完美才有完美存在的可能。不完美的——碎片的,不完整的,那些太大的或太小的——事实上可能更容易接近我们敏感又脆弱的情感世界,由此也形成了现代性状况的更切实际的表达。现代性必然涉及自我从集体中的疏离,涉及我们最后的不安感。建筑如果忽视这样一类经验便责任难逃;相反,建筑学的任务就是要承认它们的存在,并以它们自己的话语方式面对它们。

这些偌大分歧的观点——一边是诺伯格-舒尔茨和亚历山大的怀乡的和乌托邦式的观点,另一边是卡奇亚里和艾森曼的激进的和批判性的观点——为建筑学不得不面临的困境呈现了一幅准确的景象。卡奇亚里和艾森曼将自己基于现代性所固有的焦虑感之中,并且他们为建筑学做出了逻辑上前后一致的、暗示这种焦虑感的描述。然而，在他们的姿态中却存在着一种顽固僵化，这使得要毫无质疑地接受他们的结论显得有点勉强。倘若建筑满足了他们这些极其消极且沉默的要求，那么，真正使用它并在其中栖居的人们的具体需要和愿望，就不可避免地被抽象化了。有人会问，那怎样才算恰如其分？事实上，卡奇亚里和艾森曼两人所做的，是将艺术和文学世界中的思想转换到建筑中，但这又不能是原封不动地照搬过来。阿道夫·路斯曾警示过，一幢住宅不是一件艺术品。一幅画挂在博物馆中，一本书是你看完可以合上的东西，但一座房子是一个人日常生活中的全然环境（an omnipresent environment）：采取与在现代艺术和文学中同样的批判与消极态度是令人难以容忍的。

诺伯格－舒尔茨和亚历山大的观点对于评论者来说甚至更加不堪一击。如果我们还对过去一个世纪的哲学发展有所记忆的话，那亚历山大的整体论的形而上学是站不住脚的。如果这些哲学中还有任何一个共同点的话，那就是认识到我们都生活在一个"后形而上"的时代（a "post-metaphysical" epoch），换句话说，这些形而上学已经失去了可信性。亚历山大的"理论"试图走向神秘主义（人神灵交，mysticism）并且具有明白无误的集权主义倾向。在他的世界观中，没有容纳异质性或差异性的空间，照他的想法，每一个人都熟悉样这些一模一样的"普世"情感，[35] 且每一个人的经验都基本相同。而理论能否建基于这样的假设是令人生疑的。

对诺伯格－舒尔茨的理论也有类似的反对声。他以一种相当简化的、工具式的方式诠释海德格尔，即，场所精神以及人与住屋之间的有机联系获得了一种神话般的特征。植根和原真性（root-

edness and authenticity)被呈现为超然于流动性和无根的经验。[23]
不仅如此,诺伯格－舒尔茨似乎对这样的概念中隐含的暴力全然
没有知觉,因为并非巧合,这些语言就是纳粹意识形态中的基本词
汇。列维纳斯(Levinas)指出,在海德格尔的作品中,对场所、村落
和地景的赞美,以及对大都市和技术所表示的蔑视,为种族主义和
反犹主义提供了丰沃的土壤。[36] 在每一个假定了扎根于相关理想
的建筑理论中,都可以找到同样的苗头。

看起来亚历山大和诺伯格－舒尔茨都想在现代性之外找到一
席之地。在这一层面上,他们与海德格尔相仿,因为他的作品中包
含了对现代性的激烈批判,但又是在进程之外且对现代没有任何
承诺的范畴中展开的。海德格尔并没有从一个现代感的立场、从
一种整合到现代之中的批判意识去发展他对现代性的批判。当他
谴责现代性的时候,他没有在现代性自身的标准中去展开,相反,
他是试图为他的现代性之外的批判发现一个阿基米德式的杠杆作
用点。他将其批判基于过去(一个前苏格拉底哲学家的"在"的概
念),基于探寻一种"本源"和"真理",这种"本源"和"真理"拒绝无
情的生活方式中现代存在的虚假性。诺伯格－舒尔茨和亚历山大
还追随这一种策略;乍一眼看对他们来说,这是造就一种既民主又
易接受的话语的好时机,但再做近距离观察便发现,他们几乎就是
在离弃现代性的全部计划,而所有的解放与自由的可能性恰在这
一计划中。

不过,无论是亚历山大和诺伯格－舒尔茨,还是卡奇亚里和艾
森曼,他们共同遭遇的重要反对意见是,双方都未能提出任何有助
于阐释现代性之矛盾心态的理论。这个问题在亚历山大和诺伯

格－舒尔茨那里尤其明显，因为他们将自己置于现代性之外，不可能与现代性中的根本承诺产生共鸣。从另一面看，卡奇亚里和艾森曼的的确确将他们的见解置于一种现代的体验中，但他们只解决消极的必要性这类主题。他们讨论沉默，空洞符号，碎片化以及必要的未完成状况，不和谐和脆弱性，似乎所有的欢乐都从他们的话语中缺席，就像他们并不知道，现代性不仅仅是一个迷失的特殊时期，而且也为进步和发展带来机会。正是这个原因，他们最终表现出来的，是与亚历山大和诺伯格－舒尔茨同样的、对于现代性的负面评价，而乌托邦时刻以及对自由与解放的许诺，是脆弱、不堪一击的，却并未在他们的作品中得到承认。

　　因此，建筑学所面对的困境必然要关系到对现代性、对栖居的态度这些根本性问题。如果建筑选择和谐，选择有机地植入场所，那么，它很有可能会创造一种纯粹虚幻的"栖居"模式。现代性已经如此深切地侵入了个人和社会的生活，以至于真正的"栖居"——一种珍视四重整体的住居模式——是否仍然存在是值得怀疑的。也许我们正在探讨一个已被替代了的栖居概念，因为它依赖的是一种完全传统的经验。在任何传统缺席的情形中，它只能在一个想象的层面起作用；一种臆想，仅此而已。这样一来，为创造一种建筑理论而展开栖居观念的探讨时，便会无视现代性中固有的分裂环节。从另一个角度看，如果建筑学选择了揭示虚空，选择了沉默和支离破碎，它一定会拒绝深深扎根的需要和欲望，这些需要和欲望对于栖居是基本的，是必须与安全和遮蔽的需求联系在一起的。

　　这些困境是根本性的，无法忽略的。它们迫使我们采纳一种思想模式,可以应对这些现代性特有的焦虑状况,以使它们整合到任何关于建筑与栖居的话语之中。对此话语的探讨是绝对必要的,这在近年来的建筑争论环境中也十分关键,如关于后现代主义和解构主义的讨论。我所坚持的,是一种可以辩证地应对的思想模式,这种思想模式不拒绝面对建筑学的困境,并能承认现代性特有的各种冲突和模糊不定,而不是以一些暧昧的答案来稀释这些冲突和不定性。

我一直试图
以论证及客观事实
建立起
看似混乱
但却是真切的
隐而未显的整体
这是一种在我们当代文明中的
神秘的合成体

希格弗莱德·吉迪恩,1941

2 建构现代运动

一种建筑的先锋派?

在近期建筑历史发展的某一时段,至少有过这样的尝试:形成一种既有一致性又综合了复杂性的方式,来回应现代性的挑战。现代运动本身让人们看到,对于现代性体验以及现代化过程所带来的种种问题与可能,是如何以一种具体的建筑学概念得到正当解答的。在初期,这一概念与诸如未来主义(futurism)和构成主义(constructivism)等先锋派运动有着很强的联系,且立场一致,即,与传统对立,与 19 世纪资产阶级文化的虚妄主张针锋相对。然而,人们会感到疑惑的是,这样一个联盟能走多远?这些新建筑的基本概念究竟又是如何与艺术和文学先锋派的立场走到一起的?

艺术先锋派现象的确与庸俗艺术(kitsch)的兴起有着历史关联,[1] 因为先锋派与庸俗艺术都可被看作是对这种分裂体验的反应,这种体验正是现代性的典型现象。由现代性带来的传统价值观与生活状况的急速转变,将引导每一个个体去经历一次其内心世界与社会要求的行为模式间的割裂过程。现代的每一个人都在其"无根"（rootless）的状态中经历着：他们并未与自己和谐统一，对于一个以传统主导的社会中个体所拥有的那些不言自明的规范与形式的参照框架，他们也是缺乏的。这一点至少是所有领域的知识分子在论述现代性时的共同判断。

20世纪初，阿道夫·路斯就在其同时代人中有这样清晰的论述：由于文化不可能再建立在一种自明的传统延续性之上，因此，知识分子与艺术家的任务就是如何面对这一断裂并且去寻找一种新的文化基础。[2]由传统的衰弱带来的真空地带被先锋派声称为"我们现在所有的、唯一活着的文化"。[3]先锋派假定了纯净与本真的理想（ideals of purity and authenticity），矛头直指庸俗艺术的"伪价值观"（pseudo-values）。他们争辩道，庸俗艺术是令人愉悦的，它关注于轻松的娱乐；它是机械性的，不切实际的，充斥着陈词滥调。正因为如此，它掩盖着现代生活分裂特征带来的种种影响：庸俗艺术维持了一种保持完整的幻想，通过这个整体每一个人可以毫无痛苦地忘却他们内心的矛盾冲突。另一方面，先锋派也拒绝以无视那些切实存在的缝隙与断裂来否认这些冲突，而是公开地与之战斗。因而，先锋派在策略上采取了一种直截了当的抨击方式：在察觉到外在形式不再与内心感受相呼应的时候，先锋派选择毁灭这些形式以暴露它们的空洞。因此，这就进入一场坚持不懈地打破旧习的斗争。马里内蒂（Marinetti）的呼吁"让我们杀死月光"（Let's kill the moonlight）可以作为先锋派宣扬否定逻辑的一个典范：所有规范、形制和习俗都将被打破，所有稳定的事物都将被拒绝，所有的价值观都将被颠覆。

通过这些举动，先锋派使得现代性的基本原则更加激进——

对不断的变化与发展的强烈渴求,对旧事物的排斥以及对新事物的期盼。在诸多历史性的宣言当中,包括未来主义、构成主义、达达主义、超现实主义以及相类似的运动等,先锋派都以美学现代主义的"先锋部队"登场,其本身可以说还有更加广泛的基础(并非所有的现代派作家或是艺术家都毫无疑问地归属于先锋派)。[4]雷纳托·波吉奥利(Renato Poggioli)将先锋派特征归入这样四个阶段中认识:激进主义(activism)、敌对状态(antagonism)、虚无主义(nihilism)、催动状态(agonism)。[5]激进阶段意味着冒险与活力,渴望行动但并非一定与某个确定的目标关联。先锋派的敌对特点是指它的好斗性;先锋派总在抱怨,它推动着一场与传统、与公众以及与所有现存体制的持续战斗。与这一敌对状态共生相伴的是一种包括对所有规则和规范的、无政府主义的厌恶情绪,是一种对所有制度化体系的反感状态。由于对激进性与敌对性的义无反顾的追求,先锋派运动最终将其自身引入一条虚无主义的轨道,一条对纯净性持续不断的探寻之路,直至消逝于虚无方告终结。先锋派们的确乐意于献身文化进程的祭坛——如果要以自我摧毁的代价来获得对未来的掌控,先锋派的确已经整装待发了。波吉奥利所指的催动阶段,正是源于先锋派的这一受虐状态:面对自身毁灭的前景,先锋派可悲地沉湎于病态的愉悦之中,并且相信,只有在这里它才将找到其至高的成就。以这种方式,先锋派之名还内含着一种军事性的隐喻:它难逃被屠的宿命,以至于终有他人在其之后获得良机,开始重建。

从以上描述来看,先锋派的出现恰是现代性瞬时概念的绝佳体现,包含了对"文化危机"的最激进的表述。以卡林耐斯库(Calinescu)的话:"从美学上看,先锋派的态度暗示了对诸如秩序(or-der)、可理解性(intelligibility)甚至成功(success)这些传统观念最直白的拒绝……艺术理应成为失败与危机的体验——即使是蓄意而为。如果危机并未存在,那就必须创造出来。"[6]然而,依据彼得·比尔格(Peter Bürger)的观点,先锋派彰显出的密集能量的确表达了一种纲领性的意图。以其对达达主义和超现实主义的诠释,比尔格认为,先锋派参与到了彻底废除俨已成为制度的艺术自主性的行动中。[7]在他看来,先锋派的否定逻辑有一个非常明确的目标:终结艺术作为一种与日常生活隔离的事物,终结艺术作为一个对社会系统没有丝毫实际影响的自主领地。先锋派分子致力于达成对现实生活中的艺术的"扬弃":"先锋派分子主张对艺术的扬弃——在黑格尔意义上的扬弃:艺术不会如此轻易地被摧毁,只是转变为生活实践中的另一种变体得以保留,尽管原貌无存……而能够辨别它们的,是在艺术基底之上组织一种新的生活实践的努力"。[8]因而,先锋派并没有把过多的心思放于将艺术与当下的生活实践、与资产阶级社会以及它的理性计划的结合上。它的目标是一种新的生活范式,一种以艺术为基础的范式,并将构成现有秩序的替代之物。

这些使现代建筑运动具体呈现的论点与主题,是与先锋派毁灭和重建的逻辑相互关联的。这里首先涉及的,就是对资产阶级中庸主义文化的拒绝,这种文化喜用矫揉装饰和庸俗作品,并以折中主义的姿态出现,而现在取而代之的,是先锋派对纯净性与原真性的渴求。所有装饰因而都被认为不可接受;相反,在运用材料时必须表达其原真性,同时,建造的逻辑应在形式的惯用语汇(formal idiom)中清晰可辨。[9]在 20 年代,这些主题同时也具有了一种明晰的政治维度:新建筑(New Building)[10]开始关联到人们对一个更加均衡而平等的社会的渴望,在这一社会中,权力平等与自由解放的理想终将实现。

然而,建筑先锋们并未像艺术与文学领域中的战友们那样表现得那般坚定与彻底。大部分的建筑师从未宣称过这种理性的原则,哪怕是代表了资产阶级价值观的原则。正如迈克·穆勒(Michael Müller)指出,新建筑的倡导者们并非在原则上全然反对为事物理性地建立秩序,相反,他们是要争取一种彻底的理性化,以与传统中的非理性残留战斗。[11]

因而,把现代建筑运动等同于二、三十年代的建筑先锋派运动,将是一个概念上的误解。尽管现代建筑运动最为英勇的阶段几乎与构成主义和达达主义时期恰巧相合,且的确存在着历史上翔实记录的、关于这一时期艺术家与建筑师之间的各种联系,但现代建筑在其大多数宣言中都呈现出与艺术先锋派的彻底性与破坏性特征截然不同的面目。不过,这就使我们有效地以那些构建起现代运动话语的思想来面对先锋派的概念,因为这场运动几乎不是一个统一的整体,而是一场囊括了广泛而各异的思潮与趋势的运动,[12]其中一部分显然比其他的更加接近真正的先锋派意识。以左翼倾向为例,汉斯·梅耶(Hannes Meyer)就为其倡导者之一。[13]在运动肇始阶段,以建筑学之"否定"为宗旨的先锋派的推动力的确起到了十分关键的作用。然而,在随后的发展中,这一"否定"运动却逐渐被中和,被柔化。先锋派从一开始由现代性瞬间概念影响下形成的种种抱负,重塑为一个意义相当明确的纲领性计

划,在此计划中,个人自我目标指向的、不断再定义的需求将不再
至关重要。这种演变过程可以从希格弗莱德·吉迪恩的著作中窥
一斑见全豹。

S.吉迪恩:一个现代性的纲领性见解

希格弗莱德·吉迪恩(1888—1968)第一次关注其同时代的建
筑是在他35岁的时候,那是他获得艺术史博士学位之后,而他最
初所受的训练是要成为一名工程师。[14]他自己说,他对现代建筑的
迷恋缘于1923年他对第一届包豪斯展览会(*Bauhauswoche*)的一
次参观活动以及1925年他与勒·柯布西耶的偶遇。[15]从那时起,
他便全身心地投入到为这些新思想的争辩与宣传之中。吉迪恩在
其文章与著作中,毫不妥协地支持现代建筑的事业理想,他常常开
诚布公地以一个史学家的能耐努力为之:行文论据采用历史的书
写形式,涵盖了包括其自身所在时代的各阶段的发展进程。对于
吉迪恩的批评,也大多针对他作为一位史学家在其著作中的“操作
性”(operative)问题。[16]吉迪恩的观点形成于这样的假设:一种单
一而宏大的演进模式潜藏在建筑历史之中,这种演进或多或少在
一种线性方式中发展出来,并在20世纪的现代建筑中达到高潮,
这就是吉迪恩提出的“一种新的传统”。

在吉迪恩的重要著作《空间、时间与建筑》中,对这一线性历史
观,对纲领性与田园式两者兼有的现代性概念,都有着卓越的论
述。相比之下,在此前他的两本关于现代建筑的论著《法国建筑:
钢和钢筋混凝土建筑》(*Bauen in Frankreich*,*Bauen in Eisen*,

30

Bauen in Eisenbeton)以及《自由的居所》(Befreites Wohnen)中,这种受现代性的瞬时性体验所感染的、执意而反叛的思想与观点就要少得多了。

新体验与新视野

在《法国建筑》一书中,吉迪恩关注新材料及建造技术的影响,以此来描绘 19 世纪至 20 世纪法国建筑的发展景象。他论述到,涉及 19 世纪各种最重要贡献的议题,都集中在铁和玻璃的构筑物及混凝土技术应用的领域。这些新技术犹如建筑的"潜意识",在20 世纪"新建筑"的呈现中得以首次展露:

> (20 世纪)依然令人难忘的建筑是那些在建造技术发生突破性进展时出现的罕见案例。当时建造的目的完全是暂时性的,服务与变化是唯一的建造内容,它呈现的是一种毫无异议的持续发展。19 世纪的建造正是起着这样一种潜意识作用。从外表上看,建造活动仍维持着古老的荣耀;而隐藏在这表面之后的,是我们当下存在状态的基础正在悄然成形。[17]

渗透性(Durchdringung)是吉迪恩用于描绘新建筑多种特质的关键表述。这一表述源自一种近乎原型般的空间体验,那是在19 世纪的大梁构筑物(girder constructions)中获得的感受,如置身于埃菲尔铁塔[18]或马赛城运输桥(Pont Transbordeur in Marseilles)中,后者是一座特殊的桥梁,即一个浮动的平台连接着运河两岸（图3与图4）[19]。吉迪恩对这些构筑物的迷恋正是来自这种动感和这种空间错杂的体验。例如在对埃菲尔铁塔的描述中，他强调了由攀爬螺旋式楼梯产生的一种独一无二的"旋转"空间效果（图5）：其结果是内部空间与外部空间不断地相互交织，以至于最终二者之间的界限难以分辨。这一新的空间体验正是新建筑的基本特征：

> 在埃菲尔铁塔的云梯中，更确切地说，在运输桥的钢制悬梁中，我们遇到了当代建筑基本的美学体验：穿过悬浮于半空中的精美的铁制网状物，川流不息的事物、船只、海洋、房屋、天线、大地景观以及繁忙港口，它们自身界定的形式渐渐模糊：即，当我们从桥上走下时，它们在相互环绕的同时浑然成为一体。[20]

吉迪恩的这种沉迷在当时并不鲜见，甚至没有什么超乎平常

32　之处。19世纪的玻璃与铁制构筑——展览厅、火车站、拱廊、温室——从一兴起便引发了社会的强烈反响，它们成为从马奈（Manet）到德洛奈（Delaunay）这些现代派画家喜爱的创作主题（图6）；同时这些主题也带来了激烈的争议，伦敦水晶宫就是一个非常好的实例。[21]在建筑话语中，这些由工程师设计的构筑物的重要性并不是第一次得到公认，它们已被视为一部未来建筑学的序曲。不过，在希尔巴特（Paul Scheerbart）的作品及圣埃利亚（Sant'Elia）与马里内蒂（Marinetti）的未来主义宣言中，这些言论听上去就像一些对遥远而不切实际的梦幻图景的回应，而吉迪恩呢？他

图3 运输桥(1905)和马赛港。(引自吉迪恩,《法国建筑》,图1)

吉迪恩评论到:"一个悬索结构的活动的人行渡桥高架在水面之上,连接着港口两端。这一构筑物并不能被看作'机器'。它不但不能被排斥在城市景象之外,更是为城市景象增色。但是,它与城市之间的相互作用并不是'空间的',也不是'造型的'。它引发了与漂浮的相互关联,并与城市相融合相渗透。因此,建筑的界限变得模糊不清。"

却成功地将他抒情诗般的崇敬结合到了对现实且可付诸实现的建筑与空间的极具审慎并令人信服的分析之中。

吉迪恩用一种非常特别的方式来论述对这些迷人空间的体验:他使这些体验在转入对新建筑的描述的同时,也成为未来建筑发展的导则。事实上,他是以自己对新空间体验的叙述构筑起了新建筑的基石,这一点在他的渗透性思想中得到了确认(图7)。这一术语被运用在一系列不同的情境下,首先也是初始时是用于

图 4   运输桥,马赛。(引自吉迪恩,《法国建筑》,图 61)

图 5   埃菲尔铁塔(1889),支柱内部。(引自吉迪恩,《法国建筑》,图 2)

吉迪恩评论到:"与巨大塔楼不同的是,开放的框架体系影响至最小的尺度,而城市景观则穿行在它不断变化的片段之中。"

图6　罗伯特·德洛奈,埃菲尔铁塔,1909－1910。(巴塞尔埃马努埃尔·霍夫曼基金会(Emanuel Hoffmann-Stiftung);照片:巴塞尔公共艺术收藏馆,马丁·布勒)

描述各种不同的空间结构组织:以一个尺度和比例小得多的元素穿入一个清晰界定的体量中,如1926年马特·斯坦(Mart Stam)在阿姆斯特丹为罗金区(Rokin)所做的设计中有所体现;[22] 通过取消部分楼板使不同楼层的空间互相融合,或是通过透明墙面的运用使内部与外部空间相互交融,这些在勒·柯布西耶设计的众多住宅中都有体现(图8与图9),[23] 即,相当的体量间互相渗透,从而使各种并置的体量不再分你我边界而是相互咬合,以此组成最终的建筑，格罗皮乌斯（Walter Gropius）设计的包豪斯校舍也是如此。

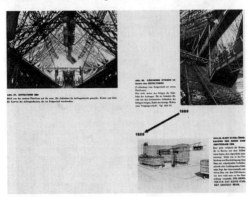

图7　《法国建筑》中的两页，表现了吉迪恩如何将他所提出的渗透性的空间新体验与新建筑的特征联系在一起，该项目是1926年马特·斯坦为阿姆斯特丹罗金区所做的设计。

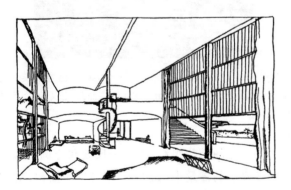

图8　勒·柯布西耶，海岸别墅（Villa on the Sea），1921年（转引自吉迪恩，《法国建筑》，图105）。

吉迪恩评论到："这些设计并非找到了某种建筑的形式语言，而是创造了上下贯通的竖向空间，宽敞的开放空间，以及因钢筋混凝土框架结构的应用，使得尽可能少的采用分隔墙变得可能。"

图9 勒·柯布西耶,库克住宅(Cook House),1926—1927(转引自吉迪恩,《法国建筑》,图109)。吉迪恩评论到:"从书房看大房间、楼梯以及屋顶平台。外部空间(屋顶平台)和内部相互渗透的各种空间融为一体。

　　因此,对吉迪恩来说,渗透性一词指涉新建筑的一种本质特征:使空间各个方面相互关联的能力。[24]吉迪恩并不是唯一一位将这样一种重要性与渗透思想联系在一起的人。《法国建筑》一书的装帧设计师拉斯洛·莫霍里－纳吉(László Moholy-Nagy)也有同样想法,认为空间的渗透性将会成为未来建筑的标志特征。莫霍里－纳吉在1929年所著的《从材料到建筑》(*Von Material zu Architektur*)一书中,组织了约200张图,并放置了一张效果强烈、取名"建筑艺术"的图作为叙述的高潮(图10)。他在图片说明中写道:"从两张重叠的照片(底片)中,一种空间渗透的幻象跃然而现,这种幻象可能下一代人才能得到真实体验,它就在玻璃建筑中。"[25]

　　在吉迪恩的这一话题讨论中,最引人注目的一点就是,将空间渗透性带向了一个与该词相关的所有隐喻含义的共生情境,[26]结果

35

图10   拉斯洛·莫霍里-纳吉的"建筑"(莫霍里-纳吉1929年所著《从
材料到建筑》一书结论中的图像;照片来源:扬·坎曼(Jan Kamman)/席
德姆(Schiedam))。

是,空间概念与社会现实之间产生了一种彼此关联,其特征由很多
领域间的相互渗透形成。由于吉迪恩的修辞性策略,渗透性就清
晰地代表了一种所有层面的等级模型正在弱化的趋势——既是建
筑的,也是社会的。在以下这一关键性段落中,渗透性概念的多层
含义一目了然:

> 人们似乎对"建筑"这一有限概念是否真正持久将信
将疑。
> 我们几乎无法回答这个问题:"什么是属于建筑的? 它始
于何处? 又终于何地?"
> 这便是相互渗透的场景:墙面不再严格地定义街道界面;

街道已变为动感的溪流；铁路和火车连同火车站已化为一个
整体。[27]

吉迪恩在此将建筑学作为一门学科的自主性问题与这样的观
察联系起来：空间实景，诸如街道与车站已不再代表明确定义的整
体；我们置身其中的体验本质上已是通过运动模式及要素的相互
渗透来确定了。他含蓄地暗示建筑不再与任何物体关联：如果建
筑想长久幸存，它必须成为更广泛领域中的一部分，在这领域中，
并非物体本身而是空间关系及比率问题成为至关重要的因素。这
一段落的标题由此应为"建筑？"，但这一问号却被该书的出版商省
略掉了——这成为吉迪恩一个不小的心病。[28]

吉迪恩在"建造成为设计"（Konstruktion wird Gestaltung）这
一口号中也暗示了一系列类似的思想，他原本想以此作为他的书
名的。[29]这一表述绝好地概括了他的基本想法：建筑不再与表征性
的立面和纪念性的体量有关，取而代之的目标是，应为各种事物设
计基于结构逻辑之上的关联方式。

我们从《法国建筑》一书中看到的是吉迪恩对于现代性瞬息问
题的敏感性，这在他接下来的这部著作中有更多展开。《自由的居
所》（1929）是一部以图片和评注来描绘新建筑目标及成就的小册
子。然而，从某些方面看来，作者在其第一本书中对毫无保留地接
纳这种新的空间感仍显踌躇，[30]而在这第二本书中就采用了一种
激进得多的姿态，毫不隐讳与传统思想的对抗。诸如，他反驳住房
应被赋予一种永恒价值的观念："住房的价值在于它的使用功能，
它终将在一段可度量的时间内被抹去并消退。"[31]吉迪恩认为这一

36

论点是合理的：当建筑生产是以工业为基础组织起来时，建筑成本和租金也随之缩减。住房不应形似堡垒，而应考虑为这样一种生活而建造：它需要充足的阳光，每样东西都有空间且能灵活安置。因而住房应该开放，应该折射出当代人的心智状态，即，视生活的所有领域都互为渗透："今天我们需要这样一座房子，它的整体结构是与我们通过体育运动、健身操以及一种感性生活方式影响下和释放下的身体感觉相契合的，也就是轻巧、透明并可灵活移动。这开放性的住宅因而也就意味着对当下社会精神状态的一种折射：从此再也没有任何彼此分离的事物，所有领域都是互相渗透的。"[32] 在这段文字当中，吉迪恩明确指出他是参照了圣埃利亚关于一栋住宅只能容纳一代人的思想。在圣埃利亚与马里内蒂1914 年所写宣言中确实有此陈述：

> 我们已经丧失了关于纪念性、厚重和稳定性的感觉；我们的感官已经充斥了一种对光、对现实、对转瞬即逝的体验……如此构筑的建筑是不能诞生出任何三维的或线性的习惯模式的，因为未来主义建筑的根本特质将是不断淘汰，稍纵即逝。房屋不会超过我们的生命存在，每一代人都必定要建造他们自己的城市。[33]

吉迪恩没有能像在其第二本书《自由的居所》中那样，将有计划的瞬时性（deliberate transitoriness）这一概念明确地强调出来，此书就修辞结构来看同样带有宣言式特征。开放、轻盈和灵活性（openness, lightness, flexibility），与另外五个新建筑的标语——

理性、功能性、工业、试验以及最低生存需求(rationality, func- 37
tionality, industry, experiment, Existenzminimum)联系在了一
起。吉迪恩叙述到,所有这些特点最终将导向建筑的解放(libera-
tion),不仅是从传统的影响下解放出来,更是从昂贵的租金中解
放出来。他甚至还补充说,妇女们也将会得益于这一住居的新景
象,因为这将使她们的烦琐家务减到最少,这样,她们就能将自己
从那些住房和家庭的狭窄视野中解放出来。

从某种程度上讲,这两部早期著作迎接了身处建筑领域先锋
地位的挑战。与建筑的传统观念和制度针锋相对,它们摆出了赞
颂新生事物、迷恋转瞬即逝的态度。吉迪恩甚至将这些思想所导
致的激进性引向了对建筑本质的明确质疑。在这方面最有趣的观
点是,建筑学很可能不再任其局限于设计象征性的建筑之中,而应
发展成为一个更加关注整个环境的综合性学科。同此,吉迪恩将
以打破禁锢在建筑身上的传统与体制作为建筑学的目标,从《法国
建筑》中一张工业景观图片的注解里,可以捕捉到这种策略的结果
(图11、图12)。这是一幅类似蒙太奇的、混杂元素叠合的景象(油 38
罐、铁路桥、冒着烟的工厂、大棚屋和电线杆)。"各交通层,仅凭需
要,用原材料,各种物体自然而然地并置在一起——为我们今后的
城市提供了在无预设条件约束下进行开放设计的可能[34]"。对笔
者来说,这些带有吉迪恩注解的插图是该书最引人注目的片段:文
中清晰指出,建筑很可能会与平庸的现实结合,并置和蒙太奇手法
将纳入设计的基本原则。在这一段落中,人们可以清晰地看到,
"蒙太奇"的思想——被比尔格认为是先锋派的核心概念[35]——已
在发挥作用了,即便这一术语的使用仍有模糊不清之处。

图 11   工业景观（选自吉迪恩，《法国建筑》，图 4）。吉迪恩认为，这一有着不同层级的交通系统的景象预示着未来城市的发展，不同领域之间的相互渗透是显而易见的。

图 12   石油罐、混凝土桥、街道、台架（马赛）。同一工业景观中的某一细部。（选自吉迪恩，《法国建筑》，图 3）

《空间、时间与建筑》：现代建筑的总则

在《空间、时间与建筑》(1941)的第一版序言中如此叙述到，这本书是"为那些已经被我们当下的文化状态所警示、并急于寻求走

出一条道路以摆脱这一矛盾趋势中的明显混乱状态"而著的。这些矛盾冲突的趋向是因思想与情感(thought and feeling)之间有不可逾越的鸿沟而造成的,反过来这又导致了19世纪技术与工业的飞速发展。在这点上,吉迪恩正以惯用的"诊疗术"指出了人类在思想王国的优越性与在感觉王国之间的差异。然而,他认为这一分裂是可以克服的:"即使这一切从表面上看来是混乱的,但还是存在着一个、即使还隐而未现、却是真实的统一体,一个我们当下文明中的神秘的综合体。"[36]吉迪恩看到了在新的时空意识发展中一种综合体的可能性。据他的说法,一种在科学领域普遍起来的新的时空感,在当代建筑以及绘画领域也同样盛行。这一新的方法不再以彼此分离的纬度对待它们,而是将其看作相互关联的现象。[37]吉迪恩引证数学家赫尔曼·闵可夫斯基(Hermann Minkowski)在其著作《空间与时间》导论中的话:"从此以后,空间与时间本身是注定要消失为纯粹的影子,只有这两者的某种联合才将维系出一个独立的现实。"吉迪恩认为,人们完全可能以绘画的发展展开一种不同寻常的并行讨论:几乎在同一时期,为了追求新的表达手法,立体派与未来派创造了他们的口号,所谓的"艺术等同于时空"。[38]

吉迪恩为此假说辩护道,通过对时代精神的呼唤,人们可以辨认出在不同学科之间相互并进的发展状况:"一种数学物理学的理论可适应于艺术领域的同等事物,这看似很勉强,但是我们却忘记了,这两者都是由生活在同一时代、遭遇同一环境影响并由相似冲动激励着的人们共同确定的。"[39]在关键章节"艺术、建筑与建造世界中的时空观"中,作者以一系列图示的策略,证明了在这两个不 39

同领域的发展之间存在着这种设想的密切关系。比如在书中,沃
尔特·格罗皮乌斯在德绍设计的包豪斯校舍(图 14)就与毕加索
的《阿尔姑娘》(L'Arlé-sienne)(图 13)并置在一块,[40]并论述到,
两件作品都具有透明性与共时性这两大特质,因而互为关联。(就
包豪斯校舍,设计创造了内外空间的共存以及墙体的透明性;而在
《阿尔姑娘》中,绘画表达的是层层叠加的表面间的透明性以及对
同一物体不同面的同时描绘。)

关于新建筑中时空概念重要性的中心论题,在五位现代建筑
大师的作品中得到了发展与验证,他们是沃尔特·格罗皮乌斯、
勒·柯布西耶、密斯·凡·德·罗(Mies van der Rohe)、阿尔
瓦·阿尔托(Alvar Aalto)以及约翰·伍重(Jørn Utzon)。[41]吉迪恩

图 13 毕加索,阿尔姑娘,1911－1912。(选自吉迪恩,《空间、时间与建
筑》,图 298)

图 14　沃尔特·格罗皮厄斯,德绍包豪斯校舍,1926。(选自吉迪恩,《空间、时间与建筑》,图 299;照片来源:柏林包豪斯档案馆,由露西娅·莫霍伊(Lucia Moholy)提供)

将这一崭新的空间概念视为新建筑最典型的特征,一方面,它是材料运用的优势与建造技术相结合的产物;另一方面,它又是立体派、未来派以及类似运动中艺术领域的种种发现。这些艺术的发展引导了一种全新的空间景域:它不再基于透视学,而是更加强调共时性(对一件事物在同一时间从不同角度进行描述),也更关注事物蕴含的动力,聚焦事物的运动状态并竭力在绘画中进行刻画。

　　这些因素之间——建造方面和艺术方面——的相互作用,开启了现代建筑全新的空间认知大门。房屋在视觉上不再根置于场地,而是看似漂浮其上,各种不同体量之间也是相互穿插,而不再是单纯的并置。这些特征与玻璃的大量使用——据作者称,玻璃

40

之使用主要是因其去物质化（dematerializing）的特性，由此产生内外空间看似互相渗透的效果——为建筑带来了一种"前所未有的多面性"，创生出了空间的运动感，一种似乎还被瞬间定格的运动感。[42]吉迪恩在早先于1914年在科隆举办的德意志制造联盟展览会上格罗皮乌斯设计的厂房的楼梯间之中看到了这种被定格的运动。但他认为只有1926年建成的德绍包豪斯校舍才是这种新的空间概念的最佳案例。这仍是格罗皮乌斯的作品。

现代建筑关于空间的新概念就这样以前所未有的方式公之于众，并确定了时间作为第四维度。以此隐含的建筑体验，具有一种时间－空间特质：它并非由一个固定空间的静态形式确定，而是由不断穿梭在变换多样的（空间）特征的同时性体验中形成——这些体验在传统意义上只能被前后相继地感知到。因此，现代建筑的典型特点就是，共时性、活力感、透明性与多面性；这是一种相互渗透的游戏，也暗含了充满想象的灵活性。

在吉迪恩的结论中，他强调了有机及非理性因素在建筑中的重要性，在他看来，过于抑制这些因素，将会遭遇过于强调合理性的风险。建筑学面临的任务，是要在理性的、几何学的一面，与有机的、非理性的另一面取得平衡，也就是说，要把握好思想与情感间的平衡。"我们这个时代最显著的任务，就是要赋予精神世界之创造物以人性，达到一种情感上的再吸纳。因为我们现在关于组织与规划的所有讨论，都首先基于对人类的再一次创造，也就是，要先缝合思想与情感的裂痕，否则一切都是徒劳。"[43]由此论点出发，吉迪恩在《空间、时间与建筑》中构建了这样一种事实：现代建筑，与以往建筑发展趋势最相关的合理继承者，是能够有助于为思想与情感间的鸿沟架设桥梁的,因为它基于的空间－时间概念,恰与科学、艺术领域的再融合一脉相承。这样,《空间、时间与建筑》一书的整体目标,就是要将现代建筑奉为一种"新传统"的典范。

从严格意义上说,《空间、时间与建筑》算不上是一部开创性的文本:该书并无新的突破,也未宣告一种全新的范式。这一范式中的一系列要素已经在之前一段时期里出现过:道德诉求(莫里斯、 41 路斯),时空概念及其建筑学中的应用(凡·杜斯堡、里茨斯基);将新材料、建造技术与建筑设计相互联系(勒·柯布西耶),建筑学与城市规划既相互影响又相互依赖的事实(国际现代建筑协会,即 CIAM 的多个文件),对有机与功能方面的关注(莫霍里－纳吉、包豪斯)。然而,只有吉迪恩,才将现代建筑运动中这多种元素紧密编织成一个整体,并且以追根溯源至巴洛克建筑的传统以及 19 世纪科学技术的发展,赋予这一整体以历史合法性。

然而,《空间、时间与建筑》并未在本质层面传达使现代建筑经典化的所有信号,在外部,它同样起到了激励社会对现代建筑不断认可的推动作用。该书于 1938－1940 年间在美国写成,经过了无数次的重印以及修订版之后,它已成为几代建筑学学生必读之书。因此,它标志着一个探寻与质疑阶段的结束,也就是一个在相互冲突的矛盾中激烈争论与试验阶段的告终,同时,它也标志了,清晰勾勒一个未来发展畅想的新时期正在开始。

从先锋到典范

从吉迪恩写作的内在脉络演进中,我们同样能洞察到从先锋派探索到建立秩序的发展过程。在其文本中，初看似乎只是专业术语的转换（以"时－空"替代"渗透性"概念），然而，进一步剖析就能发现，事情并非仅此而已。吉迪恩的观念演进发生在两个层面：第一，建筑学的社会角色的转移；第二，细心观察可以发现，《法国建筑》与《空间、时间与建筑》两部著作的论调迥异，是分属不同体裁的文本。

　　其中首先要关注的不同点，就是对建筑与社会间关系的理解方式。在 1930 年之前，新建筑被慎重地呈现为与社会发展紧密相连、甚至是直接参与其中的事物，"渗透性"这一术语以其暗含的社会流动性、解放和自由等意义的隐喻性使用，更影射了在其他多种事物中的这一状况。吉迪恩在《法国建筑》中明确指出，倡导时代进程中的建筑并使其可能实现的，已经不再是那些上层阶级，而是另一些非特权阶层。[44] 在《自由的居所》这本书中，有关于对最低生存需求的详细描述，被称为新建筑最重要的使命，也被看作是一种全新日常生活文化发展的起点。因此在这两部著作中，我们可以发现新建筑与社会解放的进程是息息相关的。而在《空间、时间与建筑》中，以上这一概念不再至关重要：因为暗含于渗透性一词的社会内涵不再被转接到时－空概念中，甚至社会与政治内涵连同所有对社会试验以及新建筑革命化目标的参照都已被清除干净。

42　关于"'建筑学'是否还有未来"的这一问题没有被提及；现代建筑的自由特征及其社会维度也未再以任何一种方式做高调描述；对社会政治意图的明确关照也不再显现。取代渗透性一词出现的，是涉及广泛涵义的、关于时－空概念的表述。这一概念并不包含任何明显的社会内涵，取而代之的是与现实"更深"层面相对应的建筑学领域的新发展——那个暗藏于混乱的表象之下的"神秘的合成体"。在渗透性与"时-空"这两个看似平行的术语背后,两种截然不同的关于建筑学的范畴及其社会作用的观点昭然若揭。

第二大改变是,整个文本要旨的变化,即语调的转变。吉迪恩早期的著作都反映真实的调查研究,并夹杂着疑虑与惊奇感,而与之形成对比的是,《空间、时间与建筑》却像一部预言书,如先知对自己真理在握毫不怀疑。正是因为这种自信,一个纲领性的现代性概念(aprogrammatic concept of modernity)就贯穿在了整本著作之中。这个纲领性概念并非与一种独特的政治思想有何瓜葛,而更关联着这样的信仰:现代建筑蕴含着建设一个新世界的潜力,它将征服现时的所有罪恶,接受未来世界的一切挑战。在《法国建筑》以及《自由的居所》中,作者试图要勾勒一种转瞬即逝的景象,以呈现新建筑就是在响应着不断呈现的变化与幻灭的诉求。但这种努力在《空间、时间与建筑》一书中却显得并不是那么重要了,在这部书中,吉迪恩仍然指向一种活力与运动的短暂性体验,但这不再是他建筑观中的决定性因素。他将新建筑的兴起描述为"一种新传统的成长",强调的是计划进程的一面:因为他在此酝酿现代建筑,与其说是推出一种似是而非的"新事物的传统"(tradition of the new),不如说更像是为一种尚未正名的"新传统"的登场开启帷幕。[45]这一"新传统"恰是吉迪恩所洞察到的、隐藏在这个时代乱象背后的统一体的最真切的表达,他因此也与任何肤浅的趋势以及所有欲使现代建筑坠入时尚潮流的企图展开战斗。[46]他要强调的是,建筑学既植根于过去,又与自己这个时代最深层的基础密切关联。这些要素成为他论证的核心,即,具有时-空特质的建筑学是唯一可行的当代形式。

由这一双重转变另辟蹊径，使得现代建筑运动逐渐与先锋派否定与毁灭的首要逻辑分道扬镳。在《空间、时间与建筑》以及吉迪恩之后的著作中，人们仍然可以寻找到先锋派概念的微弱印迹：判断"思想与情感间的裂缝"，拒绝"流行口味"的媚俗文化，吉迪恩与先锋派先驱立场一致；[47]然而从另一方面，他却放弃了艺术先锋派一个最根本的概念——瞬时性。[48]

吉迪恩在《空间、时间与建筑》中的论述，不仅基于一个纲领性的意图，而且还带有一种田园式的和谐倾向。他尤其将自己的论述建立在这样一种观点上：新建筑有着能与时代罪恶之首——思想与情感的断裂——开战的潜力，之所以新建筑能成功地做到这点，是因为它包含着对艺术与科学两方面的敏感性，赋予新的空间概念以形式，令其同时在两个领域并行发展。[49]以此方式发展必将有助于达到一种调和且综合的进程态势。

在其早期著作中，吉迪恩已经在力图推动艺术与生活的结合，以形成一种新的现实。在《法国建筑》一书中他论述到：

> 我们正被推入一不可分割的生命进程。我们视生活已越来越趋于一种运动着的、不可分的整体。各个领域之间的界限已经模糊……因为相互交叠，它们彼此渗透，彼此滋养……我们不论高低地珍视这些领域的价值，因为它们共同散射出最强劲的动力：生命！把握住生命的全部，不允许任何的割裂，这就是对于这个时代最重要的关怀。[50]

在《空间、时间与建筑》中,这种将艺术与生活两大领域结合起来的修辞学语言并不那么直截了当。但吉迪恩还是提出了,"我们这个时代最突出的任务,就是将精神世界所创造的事物赋予其人性,即,一个从情感上再吸收的过程"[51],这一目的就是整合——依靠艺术与建筑的途径使生活再一次获得完整。然而,就在这状态下,某种转换又会被再一次地窥探到。引述其1928年的观点可以看到,吉迪恩与先锋派的思想非常接近,即社会生活必须以艺术为基础进行组织。而在1941年的论述中,吉迪恩却将艺术与建筑学的作用仅限于去治愈社会发展给个体造成的疾痛,而不再声称建筑学的发展对于社会整体的形成有任何影响。如果有人称"先锋派"立场特征来自否定的逻辑以及面对社会状况的一种批判性态度,那么很显然,吉迪恩在《空间、时间与建筑》中提倡的建筑学已不能再被贴上这类标签了。

《新法兰克福》:寻找一种统一的文化

1925年,恩斯特·梅(Ernst May)被委任主持他的家乡法兰克福的城市建设。这实际上意味着,他就是住房与城市规划部的领导,并拥有广泛的权力来应对法兰克福城极度增长的住房需求。短短几年内,梅与他的同事们成功地建成了单元数很可观的住房。[52]通过这一项目,在大法兰克福(the conurbation of Frankfurt)中,每11户居民就能获得一套新住房,其大多数都在梅设计建造的、沿着一城市环路、外表十分现代的大型居住区(*Siedlungen*)中(图15)。这一庞大建造计划的完成,得到了一个名为《新

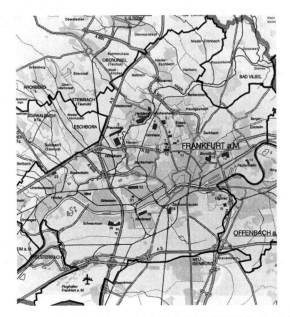

图15　法兰克福城现状地图——标出了由梅及他的团队所建的新住宅区:本章提到的有:(1)魏斯豪森住宅区、(2)柏汉姆住宅区、(3)罗姆斯塔特住宅区、(18)瑞尔霍夫住宅区、(22)海勒霍夫住宅区。(转引自沃尔克·菲舍尔(Volker Fischer)与罗莎玛丽·霍普芬(Rosemarie Höpfner)所撰专栏:《恩斯特·梅与新法兰克福 1925–1930》,第 105 页)

法兰克福》(*Das Neue Frankfurt*)月刊的推动。该刊物旨在拥有国际性读者群,其中不仅建筑主题在各专栏中被大量讨论与报道,而且还以"现代设计"为总目涵盖了广泛的话题,[53] 以至于戏剧、摄影、电影、艺术、工业设计以及其他领域统统论及。"教育"话题特别成为人们关注的焦点,人们一致认为,培养与教育已经成为创造新人的关键,新的文化正被如此热情地创造出来,而有能力理解并欣赏它的,正是这样的新人。

　　如吉迪恩一样,恩斯特·梅是早期国际现代建筑协会最重要的人物之一。在 1928 年瑞士萨拉兹(La Sarraz),他与其他成员创立了该组织,并同时负责拟定了于 1929 年在法兰克福举行的第二次会议的计划。借此机会,就本次议会主题,他准备了一份名为"满足最低生活水平的住房(*Die Wohnung für das Existenzminimum*)"的报告。在法兰克福取得的成功,对当时仍在幼年期的现代建筑运动获得社会信誉是何等重要。由于利用了魏玛共和国各种社会政策所创造的多种可能,一项在德国其他任何地区(柏林可能例外)都无法企及的住房计划实现了。数量如此庞大的住宅建 45 造所带来的影响是可想而知的,在当时人们的记忆中,路斯只建成了寥寥几栋别墅,而 1920 年代勒·柯布西耶在住宅方面最卓著的成就,也就是在贝莎(Pessac)建成的、包含 30 套住房的小型房产项目。梅建成了 15,000 套住房,这个数目从任何方面看都让人极为惊叹。

思想与意图

　　梅在《新法兰克福》第一期(图 16)的一篇文章中论述了他心目中关于现代性的愿景及其目标。[54] 在文中,他回顾了一些过去的大型城市,并将它们作为"统一的文化综合体"的典范:巴比伦、底比斯、拜占庭及其他,等等。但在他自己所处时代,这一"统一文化"的概念却无处可寻。在 19 世纪,文化演进迷失了方向,导致人类面临被自己创造的技术与工业所奴役的危险境地。然而,希望永不灭,出乎意料的是,世界大战带来了方向性的转

图 16 《新法兰克福》第一期封面，1926 年 10 月。

机，人们对待事物开始走出肤浅的拜金主义，这一转变为拥有"更
深刻的生活态度"铺平了道路，这就为形成一种全新的、均质且统
一的文化奠定了基石，而这一文化与历史上的这些文明典范相比
毫不逊色。

　　让我们看看，所有当下设计的论证是如何趋向结论归一
的！……千万股泉水、小溪和河流已汇到一起，就要形成一种
全新的文化，一种自成一体的文化。它似一条信念之河，将流
向更宽阔的河床。无论在哪里，我们都会竭尽全力去根除一
切无力的、模仿的、虚伪的以及错误的事物；无论在何地，我们
都会悉心关注为大胆的创新设计、诚实的材料应用以及真理
的探寻而不懈斗争的事业。[55]

为了取得新文化的突破性进展,所有步骤都需审慎迈出,这是梅为自己在法兰克福制定的任务目标,而考察《新法兰克福》这一刊物,就应回到这一语境:

> 仅凭人类意志力是不会带来新发展的,然而,审慎的手段能为我们铺平道路且加速发展,这正是月刊杂志《新法兰克福》的宗旨。办刊出发点即是大都市有机体的规划设计问题,并对其经济基础予以特别考虑。但同时,杂志又将其覆盖面拓宽到与设计一种崭新而统一的大都市文化相关的所有领域之中。[56]

梅所理解的"现代性",就是一种崭新而统一的大都市文化的创造。这一观念清晰地暗示了一个纲领性计划的现代性概念的主导地位,合理性与功能性(Rationality and Functionality)是最为优先考虑的品质。在这一语境下的"合理性"应包涵更为广义的解释:梅及他的同事们头脑中所呈现的文化,是预设在一个未来社会中的,这个社会组织合理,无冲突,人人权利平等,利益共享。[57]这一遥远的理想与法兰克福具体的住房需求结合起来,形成了这座城市住房政策的基本信条。

在这一努力下,《新法兰克福》中的建筑师们优先考虑的,是建造过程的工业化以及泰勒主义原理在空间上的应用:[58]他们显然坚信,在资本主义制度背景下发展出的这些技术的"理性"特征,与他们头脑中设想的社会"合理性"毫不相背——是一个建立在权利平等和同质性基础上的社会。法兰克福实验的目的,是与启蒙运动乐观的、田园式的思想意识高度契合的,其共同观点都认为,"进步"是一种在生活及社会所有层面都在逐渐增长的合理性的成果。在这一事物的关联模式中,对社会问题的考虑占据了非常重要的位置:随着个体日益得到解放,就应保障穷人和弱势群体住房需求的迫切状况得到缓解,这正是梅与他同事们共同奋斗的目标。在这一目标的驱动下,梅的事业与哈贝马斯所描述的"现代工程"也高度契合。无论如何,这一目标的实现既乘上了先锋派艺术家成就的东风,也推动了为广大民众日常生活的真实(建筑)设计在技术领域的发展。

梅与他同事们心中有关解放的思想并不单纯在物质方面,它同时也暗示了在人们日常生活文化方面的提升。面对工业革命的成果已影响到日常生活的每一部分,其思想目标就是促使人们增加对这一时代的各种积极因素以及各种可能性的了解,因为新建筑的发展势必要与这一新的生活状况相一致:

> 20世纪,围绕我们日常生活的成就为我们的生活带来了一种全新形式,同时也对我们的思维方式产生了根本影响。缘于这些因素,我们越来越清楚地看到,住宅的设计与建造也将经历类似于从马车到铁路、从汽车到飞艇、从电报到无线电、或是从老式的工匠作坊到现代大工厂的巨大转变——这是一个以过去时代所有的生产和经济生活一一转换至我们这个世纪的过程。[59]

对流动的、转瞬即逝的一切事物都持开放态度,是新的日常生活方式的另一大特征：

> 正因为当今的外部世界以一种最为强烈而迥异的方式影响着我们，我们的生活方式便随之以超乎以往任何时代的速度变化着。无须多言，我们的周围也相应改变。于是我们被引入的场地、空间和房屋的任何部分都可能随时变换，都可能机动灵活，都可能融入到不同的潮流之中。[60]

于是，新文化必须适应新时代的特征，因为它被看作一切新可能性的源头。第一次世界大战的经历已经使每个人都相信，将技术与科学的发展置于掌控之中的需要有多么迫切。战后时期这被视为一种机遇，以启动一个新的开端，是为建立一种能将现代化进程引向一个积极方向的新文化提供了机会。除此之外，现代性着实有诸多方面在保守派眼里是相当负面的——"无风格"，缺乏舒适感（*Gemütlichkeit*），快节奏的生活，与日俱增的爆炸式的表达与体验，以及与传统价值观的决裂——这一切都被视作设计这种新文化的激励因素。一切新事物都被热情拥抱——速度与运动（火车、汽车以及飞机日益剧增的影响），体育与休闲活动的平民化迹象，社会准则随着社会流动性增加而日益宽松。[61]这所有的一切都预示着一个进程的开启，一个通向人类社会全面解放的进程，男人与女人在享有更高的个人自由中拥有平等的权利。

梅在他这份月刊第一期中就宣告说，在"为大胆的创新设计、诚实的材料应用以及真理的探寻而不懈斗争"的口号中，无疑呈现出某种禁欲主义的倾向。这种倾向认为，只有揭去所有的额外之

图 17　《新法兰克福》月刊的封面，1928 年 1 月。

物，拒斥一切多余之事，才能获得事物的本质。因而一种极度简约的、纯净而肃静的建筑艺术，才是当代日常生活文化的正确基础。真理必须成为标准，而不仅是表现（见图 17）。马特·斯坦（Mart Stam）为这样的信条雄辩道：

> 所谓正确的途径，就是那些符合了我们需求的、勿用任何借口便满足了这些需要的、且未言过其实的事物。因而，正确的途径是以最低调的方式达成的，此外的一切都无足轻重……
>
> 为现代建筑的斗争就是一种为了人类的维度而与所有狂妄自大的斗争，与一切冗余之物的斗争。[62]

隐藏在这条道路背后的思想是，每一种事物都应在其最内在根本的层面予以理解。这种本质是遵循其自身功能，符合自身使用需要。当人们成功地赋予这一本质一种极尽可能的准确形式时，美就在那里了，恰到好处，没有"溢出"，也没有任何毫不相干之物。就是这样一种信念，使得"为保障最低生活权利"的住宅项目超越了一种对住房状况纯粹工具性的解答。[63]"新建筑"的设计师们并不仅仅因为外部的社会原因而对弱势阶层的住房计划感兴趣，他们同时也将其视为一种实现禁欲主义理想的机会——住房回归它的本质：纯粹，最小，原真状态。

然而，就在这段时期，《新法兰克福》月刊强调的议题明显有了微小的偏转。在早几年的法兰克福，并没有任何人试图分析过住房政策中经济与社会方面问题，因为这些问题很显然被看作是一些在为创造新文化的斗争中不言自明的方面。但渐渐地，这些主题开始游离于文化脉络之外而被作为自主性的问题了，比如，1928年一期关于住宅的特刊，住宅设计所需考虑的合理性与功能性讨论仍然是基于住居文化的一般概念，而1929年《廉价住宅》一期的出版，正值国际现代建筑协会（CIAM）代表大会在法兰克福召开，杂志就将重点集中在了关于公共卫生、社会和经济等议题的讨论上了。[64]毫无疑问，受当时经济危机形势所迫，建筑（设计）需更多关注经济要求，这就导致了设计过程更加强调房屋造价。[65]1929年后，当众人逐渐清醒地意识到一系列经济危机的后果时，公共住房基本被视作一项经济和财政议题，而设计中体现的合理性与功能性也转而变为成本效益的代名词。

尽管如此，功能主义在《新法兰克福》中一直被视为解放计划中的一部分。让普通大众住上体面的房子，从不堪的生活条件中解救出来，这些就是梅与他的同事们共同的目标。住进这些新家的人们可以享受到最低限度的现代舒适生活，并能与大自然直接

49　接触，而所有一切都在他们可支付能力之内（图 18）。建造过程的合理性与满足最低生活保障住宅工程的发展都是从属于这一目标，即是以（必然有限的）现有的手段服务于尽可能多的人群。恩斯特·梅曾这样写道：

假设我们将这一问题置于那群渴求且迫不及待地需要体

图 18　著名的法兰克福厨房，由格雷特·许特－利霍斯基（Grethe Schütte-Lihotzky）于 1926 年设计。这一厨房位于梅及他的团队所设计建造的居住单元内。（照片来源：美因河畔法兰克福城市历史研究所）

面住所的贫穷士兵当中,难道他们就应该容忍极小部分人住上宽大的居所、而大部分人还要遭受这一权利仍被持续剥夺数年的局面? 如果能够确保住房短缺的险恶状况可以在很短的时间内消除的话,那么即便再小,难道他们不应该拥有自己的一个小小的家,一个满足现代住宅基本生活需要的家?[66]

梅的论述清晰地表达出《新法兰克福》月刊编辑策略上的转移。"最低生活保障权利"这一术语不再暗示住宅已经回归至其本质,而是在两种险恶状况之间的一个选择:使大多数人拥有一个哪怕是再小的家,也比为极少数人建"宽敞的"家要好得多。然而,这种讨论也是《新法兰克福》计划作为致力于倡导一个真正充满活力的解放运动的另一表征,而这种解放常常意在颠覆意识形态立场的纯粹性。

先锋派与城市之间的辩证法

梅与他的同事们明确地使他们自己跻身于现代建筑运动的行列。这点在他们的成果中也能看到:在法兰克福,传统原则已被打破,一个全新的进程既以建筑设计的方式又以大型居住区以及城市的形态学和组织特征作为一个整体的方式展开。如图中,以海勒霍夫住区(Hellerhof)的两部分比较为例,始于20世纪初的公共住宅传统,与梅的创造性道路形成了非常明显的比对(图19、图20)。从第一部分中我们可以看到尺度很大的联排住宅被置于一片场地的中心,从外表看,它们像是城市里富裕市民的住宅,有着

图 19   海勒霍夫居住区鸟瞰照片。左侧住宅建于 1901 年；白色长条建筑的街区由马克·斯坦于 1929－1932 年设计。

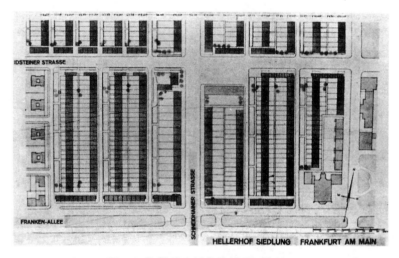

图 20   海勒霍夫居住区的平面布局。

坡顶和跌落式山墙，对称排列的窗户和门，蜿蜒的石材饰带，每一层都有四套公寓，都从小内院获得部分采光，其中两套是朝北的。

　　毗邻于它们的是马克·斯坦建造的住宅，几乎还没有超过一代人的时间，设计已经迥异于之前的这些住宅了：不仅在外部平面布局上完全不同——长长的、一色白墙的建筑体块上未有任何装饰，而窗户与阳台很宽大——房子与街道的关系也与众不同，在斯坦的设计中,住宅有明显的前后之分,且几乎所有的住宅都是东西向的。然后,最为显著的不同是它们的楼层平面图:在早期的住宅中,不同的房间尺寸大小几乎相同,而且是以一种随机的方式排布的(图 21);而在斯坦的设计中,我们观察到每个房间都具有完全不同的尺寸(每个房间的设计都尽可能与其设定功能相匹配),而

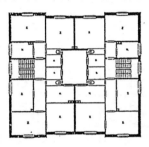

图 21   海勒霍夫居住区的住宅平面图。

且空间组织都是基于功能分布与朝向展开的(图 22)。此外,在斯坦的设计中,基础设施的标准相对高得多:现成配备有厨房、淋浴房以及中央供暖系统,同时每套公寓都带有一个私密的室外空间,诸如一个小花园或者阳台。

　　这种对比预示了梅在 1925 年任职于法兰克福住房署后所引导的新方向。梅与他的同事们成功地将建筑与艺术领域先锋派试验所获得的各种成就进行广泛运用,并将其部署到执行一项基于宏大社会抱负的建设项目之中。在这一过程中所持续的指导原则转而成为与真实的法兰克福城之间的实体纽带。其结果是在起着导则作用的现代设计原则与这项工程实施的具体文脉之间,建立了一种辩证关系,而梅在法兰克福所取得的成就的丰富性,也在这种辩证关系中得到了诠释。[67]

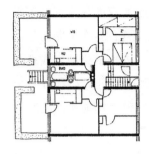

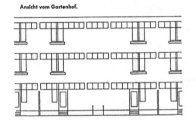

Ansicht vom Gartenhof.

Ansicht von der Straße.

图 22 住宅平面和住宅小区立面图，由马克·斯坦设计。

梅的规划是以卫星城（Trabantenstadt）概念为基础的。[68]卫星城的概念包含了一个核心城周围围绕了数个卫星城市，一般这些卫星城都与中心城相隔一段距离，但之间有非常好的交通连接。从某种程度上说，这一概念呈现了分散与去中心化的特点，但它又是以一种独特的有机模式建立起来的。这个城市毫无疑问地被分成独立的各部分：城市肌理并未持续延展，而是由绿地打断，结果呈片段状（图 23）。然而，中心城与卫星城之间的等级关系仍被保留，同时，因其中心事实上仍保持作为城市"核心"或者"心脏"的中心功能，城市的一般结构关系仍独具特征，它包含了所有在此发生的重要市政娱乐以及主要商务、行政、政党以及经济活动。这一带有中心化趋势的层级结构是与清晰的区划方式（zoning）相结合的。

FLÄCHENVERTEILUNGSPLAN FRANKFURT A·MAIN

BESTEHENDE BEBAUUNG
GEPLANTE   "
INDUSTRIEGEBIETE
FREIFLÄCHEN
BESTEHENDE KLEINGARTEN-
    DAUERKOLONIEN
GEPLANTE KLEINGARTEN-
    DAUERKOLONIEN

NORDEN

MASSTAB
0 1000   5000 M

SIEDLUNGSAMT, ABT. GARTEN- UND FRIEDHOFSWESEN,
FRANKFURT A·M·
MÄRZ 1930

图 23   法兰克福城市发展总规划图,由恩斯特·梅及其合作者设计。

在当时该原则还未有过任何清晰地陈述之前(《雅典宪章》仅在
1933 年才形成),大型社区建设中的这一功能分区原则就已成事
实。但毕竟,这一社区主要是以住宅组成的。[69] 而由此导致的结果
是这样一种明显趋势:在住宅(社区中的)、办公(坐落于美茵河畔
的工业区域)、商业、文化、教育(位于城市中心)以及作为重要连接
元素的公路铁路基础设施之间创造一种地理上的分区。[70]

　　从城市形态学层面上看,我们达成了一种有机设计模式与基

53　于经济与功能考虑的设计方法间的共生。后者的目标是为了将居住、工作、商业以及交通四种功能从传统城市互相交织的状态下清晰地分离出来。通过这一方式，不同的活动将从它们的原境中脱出，相互间重新组织成一种不同的关系。蒙太奇拼贴和有机设计汇入同一概念：层级化与中心性的特质都得以保存，同时城市的不同功能组成又相互独立出来。

　　城市发展的总体规划（Flächenverteilungsplan，图 23）无疑有力地见证了将法兰克福城作为单一整体的规划尝试。这样，住区的诠释就与塔夫里在"反城市的乌托邦"中所说的、仅与城市随机相连的孤立漂游的"岛屿"概念相去甚远。[71] 我们通过分析这些方案可以清晰地看到，梅所规划的法兰克福城形成了一个连贯的、以不同特征城市区块组成的空间整体。

　　在城市的中心区有着最高密度的开发，而环绕其周围的是 19
54　世纪开发的带状区域，并且在必要的地方建造新的住区。以建在带状街区东侧的伯恩海姆住区（Bornheimer Hang）为例，从建筑角度看，这一住区"外围"的一些细部让人不由联想到中世纪的防御性城墙：在山脊上，除东侧地带仍未开发，三至四层高的房子相继建了起来。然而，这些"外围"并未构成城市边界，而是成为绿带开端的标志，以组成城市整体的一部分。在原本已开发的出城放射状道路区域，出现了一系列附加进来的小型开发作为建成区，打断了城市绿带。《新法兰克福》上刊登了无数小型项目，包括林德包姆住区（Lindenbaum，由格罗皮乌斯负责建筑设计）。最终，由魏斯豪森更大的柏汉住区（Praunheim），其西部为罗马区（Römerstadt）而东部为瑞德瓦德住区（Riederwald），都属城市

"外环",构成了所谓的市郊卫星城(Vorortstrabanten)——与城市相关联的郊区,但又以自身权利而成独立整体存在。在"外环"与美茵河相遇的地方是工业区,即东部的费信海姆(Fechenheim)与西部的赫斯特(Höchst),而在美茵河南部,这一"外环"被断开,为城市绿带让路。

上述的一切都是为了说明,城市应该作为一个整体来阅读,城市绿带应被认为是一种"城市公园"的复杂体,而不是一种位于中心城与卫星城之间的非城市地带。[72]这一阅读即是要与将住区视为"孤岛"并且与现有城市毫无共同之处的解释针锋相对的。从形态学与建筑独特形式语言间每一层面的互动中,人们都可以清晰地观察到这样的目标:城市终被视为整体,并通过在新的形式表达与现有城市现存传统之间发展出一种辩证关联模式,来开创这个新的纪元。

而对住区本身的肌理特征以及形态组织来说,其中显然包含着一种演变进程。在1929年之前开发的住区布局相当明显地受到田园城市规划原则的影响,然而,之后的开发项目就以开放式行列式住宅(*Zeilenbau*)排布为基础,更富理性主义色彩。

在梅的城市规划设计中,罗姆斯塔特住区(1927－1929)是其中最负盛名同时也最有说服力的一个案例(图24)。这一住区规划背后的基本理念是,充分利用景观特质:住房布局延山坡等高线做跌落式展开,而与尼达谷(the Valley of the Nidda)的联系又是由在住区和河谷间的一道道时有断开的"长坝"形成(图25)。哈德良大街(Hadrianstrasse)、住区道路以及区块间的小径形成了一个明显的等级区分,建筑恰又用于强化这种等级差异。住宅公共

55

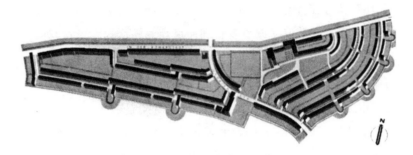

图 24　罗姆斯塔特住区轴测图，1927 年。

图 25　罗姆斯塔特住区航拍照片。（转引自克里斯托夫·莫尔（Christoph Mohr）与麦克·缪勒（Michael Müller）的《功能主义与现代性》（*Funktionalität und Moderne*），第 135 页）

性的正面与私密性的背后之间的不同,就被正人口的精心设计
(如,入口门上设计的雨篷以及防止过路人溜入其中的设计处理)
故意强调出来。然后,住区的内部街坊却不再延续 19 世纪的封闭
类型。通过将与"长坝"齐高的又长又直的街道交错布置,冗长而
单调乏味的景象就可以避免(图 26)。所有的这些元素都清楚地
铭刻了恩温(Raymond Unwin)的设计原则。[73]

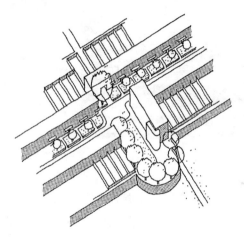

图 26　罗姆斯塔特住区围墙变化处的轴测图。(转引自 D. W. 德雷斯
(D. W. Dreysse),《梅－住区》(*May-Siedlungen*),第 13 页)

　　然而,一连串重要的新景象也纷纷呈现,在街道布局及建筑元
素的关联中,弧线的与长方形的形状机智地衔接:在长坝西侧部分　56
的建筑在同样高度上以圆形收头——这一侧与笔直街道相连(图
27);而相应东侧的建筑以直角收头;圆形收头、圆形窗以及四分之
一圆的过渡性设计用于解决与哈德良大街北部街坊的高差,这一
街坊正对着那条笔直街道的出口;南面街坊设计的直角与矩形窗

图27   扩大的围墙内侧的公共空间,过街楼下的通道通往人行小径。

迎向各条弧形街道与哈德良大街的连接处;富有张力的建筑设计;
非规则的街道界面(靠南的一排住宅没有入口花园,而靠北一排的
住宅却有)。波浪形的哈德良大街由内凹处设置曲线体量而使弧
线形态得以凸显,其作为交通干道的功能因而一目了然,[74]同时也
暗示了一种充满生机活力的形象。

　　综上所述,罗姆斯塔特住区成功地将一系列早期有机设计原
则,与一种由充满活力的新建筑语汇所创造出来的共时性与时代
潮流的感知结合了起来。

　　另一个将新旧形态设计原则成功结合的案例,是瑞尔霍夫住
区(Riedhof,1927年及之后的几年建成)。此住区首先也是应用

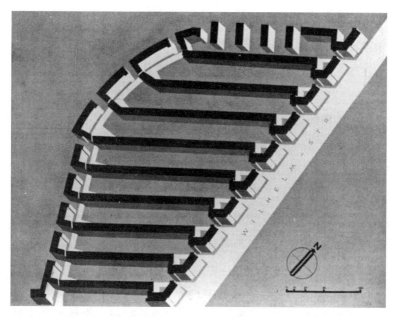

图 28 瑞尔霍夫住区轴测图。

行列式布局原则,即开放式行列布局来规划的(图 28)。开放式行列彻底改变了 19 世纪围合型封闭式矩形街区布局。封闭式街区的建筑前后界面迥然不同,但在先锋派建筑师们看来,这种平面布局有明显缺陷:带来部分建筑朝向不尽如人意,采光和通风条件差,建筑转角处理笨拙。而行列式设计正是以打开街区来弥补封闭式的缺点,使住宅不再有面对面的布置,这样每幢建筑都有明确的朝向,建筑的前后立面都独立朝外。赞成行列式布局原则的主要意见在于,建筑可获得良好朝向,并可在任何地方创造独特的住宅,它还暗示了,不仅资金得到节约,而且每个人都受到了平等的对待。

57

　　开放行列式住宅设计没有等级之分；它不存在中心性，而是基于系列性，同一居住单元组织同一行列，会使人想起工厂流水线。而在瑞尔霍夫住区中，这一设计原则做出了极其有趣的修正。行列式布局从理论上说是可以无限延伸的，但在此设计中，它却被限定在了清晰的边界上：在每一排的东端都会有一个钩形的围合，其一开始增加行间距，围成庭院，而第二步它制造一个空间距离的锐减，结果形成了收窄的端部，与住区道路和斯特莱斯曼大道（Stresemannallee，之前是威廉大街 Wilhelmstrasse）之间的所有连接点恰巧相合，构成了住宅综合体的东部边界。沿着斯特莱斯曼大道，钩形围院的最后一翼形成了一个绵延不断、高耸挺直的城市立面，并留出了与住区道路相连的、规律性的入口。

　　在西侧，每一条住区道路通向主环路（Heimatring）（图 29）。这些节点上也都留出了建筑入口——每一行住宅都延伸至主环路，最后以一直角折向住区道路，形成了环路的城市立面。这些突显的收头设计意味着，在住区中什么是"内部"什么是"外部"的边界限定已清晰地建立起来，而对住区本身，却并无等级关系，也不再像罗姆斯塔特住区那样存在明确定义的中心。这部分缘于行列式布局的非等级特征，但部分也因为社区服务设施的缺乏，例如罗姆斯塔特住区就不同，其中的哈德良大街就有中心性特征（街上分布商店、餐饮店以及学校等设施）。

　　行列式规划原则不仅由这些特定的界面得到修正，而且也为每条道路都以细微的方式获取特征而做出调整。事实上，每排建筑都非常有规律，但每条街道都因种植不同种类的树木——或者也因街道名的不同出处，诸如栗子树下大街，洋槐树下大街，而性

图 29　瑞尔霍夫住区，主环路（Heimatring）。

格各异。此外，道路长度的不同也增强了它们的各自特性。

　　梅负责的最后一个住区规划是魏斯豪森住宅区（Westhausen，1929－1931），此时行列式规划原则的应用已显现出全然正统的方式：所有行列式住宅都有统一朝向——低层住宅以南北方向排列，它们的立面东西朝向，而多层公寓住宅则东西向布置（图30）。低层住宅建筑与道路呈直角关系，由一条步行道连接住宅楼的入口。一排含七个单元的住宅楼建于道路的一侧，另一侧与平行于道路的绿化带相邻，并也有步行道衔接（图31、图32）。在步行道的一侧，人们可以进入住宅楼，而另一侧则通向属于多层公寓楼的花园。尽管有别于罗姆斯塔特住区，但在魏斯豪森住宅区的外围同样有一些特殊的处理：社区北部边界的特征是建筑行列有轻微的错落，而位于西侧的、由克拉默（Ferdinand Kramer）设计的多层住宅,其行列的朝向有一个四分之一角度转向(图33)。

总体说来,魏斯豪森住宅区的形态规划并非如罗姆斯塔特住

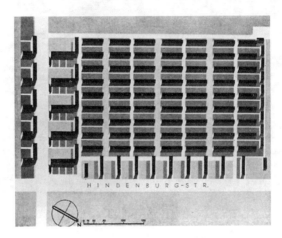

图 30　魏斯豪森住宅区轴测图。

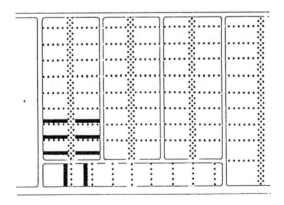

图 31　魏斯豪森住区公共空间组织平面图:街道、人行道、绿化带及私家花园(转引自 D. W. 德雷斯(D. W. Dreysse),《梅－住区》(*May-Siedlungen*),第 20 页)。

图 32 魏斯豪森住区，从人行步道进入住宅与花园。

区那样，利用了地形景观的优势。在视觉上，它与位于住区最近的尼达谷（the Valley of the Nidda）没有任何联系，克拉默设计的多层住宅面对尼达谷却也没有丝毫呼应。在尼达谷（Niddatal）划出的一条巨大的区域及步行道形成社区与城市中心区的缓冲带，然而，人们从魏斯豪森住区只能穿过繁忙的路德维希－兰德曼大街（Ludwig Landmannstrasse）才能到达市中心。魏斯豪森住区的布局结构是完全无等级的，没有明确的中心，仅有一处设计鲜明独特——位于社区西南角带有高耸烟囱的洗衣房。[75]

从田园城市概念到开放行列式规划的演进，很大程度上是缘于逐年增加的、对于这些住宅开发模式的融资问题，同时它也和日

图 33　费迪南德·克拉默设计的魏斯豪森住区内的街区，北立面。

益盛行的、迈向理性主义的激进趋势相一致。[76]包括罗姆斯塔特和瑞尔霍夫在内的早期住区规划之所以脱颖而出，是因其使用多样住宅类型而带来了迥然不同的城市空间设计，也是在合适场所恰当运用建筑设计手段的结果。1929 年之后，一种极简主义的趋势毫无疑义地出现了：在魏斯豪森住区中，极少有不同类型的住宅（图 34、图 35），城市空间的差异性更多限于在设施用房的设计中体现（对于特殊的转角、门房以及地下通道等都不再有建筑形式上的重点设计）。

　　尽管如此，魏斯豪森住区依然呈现出《新法兰克福》成就中众多非同一般的特征：井然有序又富于想象的公共空间布局（住区绿化带，以及由人行道、绿化带和私家花园构成的空间序列）；对建筑

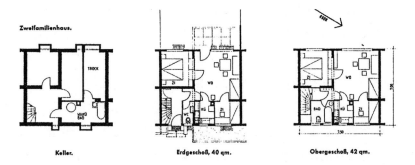

图 34 魏斯豪森住区低层建筑平面图：一层与二层各有一套公寓。

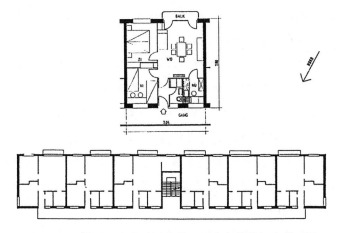

图 35 费迪南德·克拉默设计的四层公寓楼的标准平面图。

细部的感受（以底层抬高、小型入户花园以及进门雨篷设计来防范好奇的路人）；高标准的舒适性以及在考虑有限空间中的出色的住宅平面设计。[77]系统的连续性中夹杂着形式多样的公共区域，由此创造出中立而均质的住区环境，作为居民们平等、自由和可流动的生活基础。在这里，生活是匿名的，但空间是为满足每一居民的各

种个人需要提供的。大型社区的形态学基于行列式原则的极端的

62　理性主义，但同时又伴随着对开放的空间设计的细心考虑，不同的
公共区域通过简单的方式得到清晰的区分。如街道、小径、公共绿
地等城市空间在韵律和比例的间奏之中更具品质；这些空间的尺
度（住宅的行间距，行与栋的长度，小径、道路与绿化带的宽度）既
非任意设定亦非依最小原则，相反，它们最终的效果都尺度适宜同
时具有很强的功能性。小型入户花园、矮树篱以及为固定晾衣绳
而设的轻金属架，颇有技巧地形成了公共空间、半私密空间和私密
空间之间的过渡。这些对细节的关注保证了成本效用的标准并不
意味着一切非关键性的部位就暂不考虑了。

　　这样的结果是，一种所有要素均得以呈现的大型社区规划，虽

63　然会逐渐导致功能主义原则的琐碎化和工具化，但其中蕴含的鲜
活思想以及设计师的热情，却即刻给人留下深刻印象。同一单元
的一次又一次重复带来了毫无情趣的单一性，但也营造了一种团
结共生的氛围。[78] 这种极简与禁欲主义色彩的设计手法，与其说是
为了降低成本的需要，不如说是一个迎接居民参与到一种全新的
现代生活方式中来的心愿。

　　总而言之，《新法兰克福》中的建筑是沉稳的，毫不偏激的，它
与传统的对立虽显而易见，但并非处处如是。拒绝一切装饰形式

64　以及运用平屋顶和大阳台的设计理念，都明确地表达着一种革新
趋势，正如工业建造技术的使用、功能平面设计、高品质的设施配
备甚至是在颜色的选择上，都同样反映了这一趋势。

　　即使如此，传统依然让人感觉继续存在于表象之后。在强调
设计的和谐相称时，在社区有机平面规划中，都可以看到为创造一

种平静而富有秩序的城市意象所作出的努力。[79]每栋住宅的体量都十分完整,之间的边界清晰,而窗洞一般开在短小一侧,沿立面均衡布置。住宅单元在建造中通常是非对称的,但是事实上它们通常以相互镜像复制,创造出以轴线与对称为主导的景象。

一般说来,《新法兰克福》中的建筑就其设计而言并非十分激进,它缺少一系列其他先锋派建筑师作品中不言而喻的基本特征,如吉迪恩有关现代建筑概念中的关键要素——灵活性、流动性以及活力——在此并不占有主导地位。关于勒·柯布西耶提出的建筑五要点(底层立柱、水平长窗、自由平面、自由立面、屋顶花园),[80]只有最后一点是在法兰克福城中兑现的。"底层立柱"——因其将建筑与地面之间的关联性降至最低而成为一种卓然的反有机设计的特征——极少被采用;水平长窗在住区的住宅中也鲜有出现,只有瑞尔霍夫住区是个例外(这一特征通常出现在更大型的项目中,如罗姆斯塔特住区中的学校设计)。梅设计的住宅平面也并非基于"自由平面":空间依据功能联系,并继续采用承重墙;立面并不"自由",而是依照内部空间需要以及安静而对称的原则进行设计。

将凡·杜斯堡提出的时-空建造(图36)——吉迪恩"渗透"概念的一个极佳案例——与汉斯·雷斯提科夫(Hans Leistikow)提出的柏汉住区彩色方案进行比较,如图示,用这种"着色的正等轴测投影法"(colored-in isometric projection)进行比较,也能得出相近的结论(图37)。就着色这一点,我们已能辨别出两者间一系列显著的差异:[81]在凡·杜斯堡的画中,色彩是用来尽可能地区分平面的相互不同,以达到"消解"体块的作用,由此强调的

图 36   凡·杜斯堡，"时－空建造 III"（*Space-Time Construction III*），
1923 年。

是"面在空中飘浮"，而不是它们组合而成的体量。但对于柏汉住
区规划方案，一般来说，等大投影法中色彩的作用并非是要"消解"
体量：色彩沿转角仍延续，各个面是按照以何种角度被观察到来确
定相互差异的（换句话说，白色是用于"朝外"的面，红色与蓝色用
于"朝内"的面：这样，由远处看，白色即为居住区的主导色）。再看
66   凡·杜斯堡的图，"内"与"外"是相互渗透的，之间的界限并不清晰
划定，而在柏汉住区中，"内"与"外"是明确的界定。

由此可见，《新法兰克福》的建筑形式语汇，不能被称为先锋派
设计原则最激进的范例之一。[82]也许这也是为什么吉迪恩对法兰

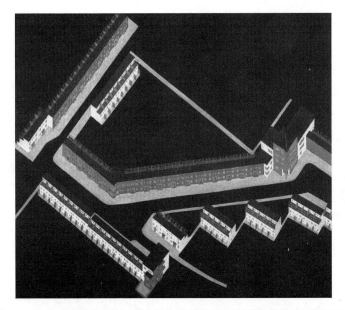

图 37 汉斯·雷斯提科夫，柏汉住宅区彩色规划图（图片来源：美因河畔法兰克福城市历史研究所）。

克福城表现出兴味索然的原因。[83] 在这里建成的建筑，并没有达到吉迪恩所察觉到的、如勒·柯布西耶在佩萨克的作品那样的创新水平。[84] 尽管如此，从整体来看，《新法兰克福》在处理城市以及城市空间问题上仍展现出了极富热情的使命感，它并不因为有独一无二或光彩耀眼的建筑特征为人们铭记，其独特品质在于，它为如何在一个较大尺度上（城市空间、公共领域等）设计恰当而有吸引力的建筑树立了榜样。法兰克福的住区群形成了一个以中立姿态组织多样性的居住环境，其中私密性与关联性兼而有之，人们在此能找到所有类型的住房及公共空间，以公园与运动场所的可达性建立与市中心的良好联系。综合考量这些品质特征，《新法兰克福》所取得的成就仍堪称典范。

作为先锋派的《新法兰克福》

《新法兰克福》月刊明确地认为自己正参与在国际性的先锋派之列，这不仅能从其雄辩的言辞中推断出，同时也（时常）能从其投稿人中证实，其中不乏著名人物，有艾尔·利西茨基（El Lissitzky）、威利·鲍迈斯特（Willi Baumeister）、吉迪恩、阿道夫·贝内（Adolf Behne）、汉斯·施密特（Hans Schmidt）、马索尔·布劳耶（Marcel Breuer）、约翰内斯·伊藤（Johannes Itten）、奥斯卡·施莱默（Oskar Schlemmer）等。其中典型的事例是达达派的库尔特·施威特斯（Kurt Schwitters）在 1929 年第二届国际现代建筑协会会议期间受邀在法兰克福做了一次表演。[85]

月刊的这一国际性特征从一开始就被强调了。正如梅所说的：

> 如何规划法兰克福城是我们研究的主要目的。然而，这并不意味着我们要将圈子里的人限于这座城市。相反，我们的目标是让我们国家的任何一位重要人物以及国外那些与我们的理论与实践有着类似目标的人们都能看到我们的所思所为，这些篇章将起一种激励作用，进一步充实我们在此的创造。[86]

这段陈述清楚地表达了与国际先锋派的紧密联系，却未能改变这一事实：在《新法兰克福》中存在着相当特别的危机。与视觉艺术家或者戏剧导演不同，这个小团体仍要应对限制他们开展自由运动的社会政治与物质环境。他们的业主——市政府——的需求和期望，以及法兰克福城已有的物质状况，都是无法忽视的因素，而他们所操控的范围则是相当狭窄的。 67

不言而喻，《新法兰克福》不应被归为一个倡导破旧的先锋派团体。反对传统和崇尚新异固然是法兰克福实践中的决定性要素，但这些要素的地位却与真正极端主义运动的激进主义状况不能同日而语。梅如此解释这个团体与传统的关系：

> 我们希望能为美茵河畔我们这座美丽城市的多样传统感到自豪，也为她走过艰难与繁华岁月且已欣欣向荣感到自豪。然而，我们绝不通过模仿以往的成就来表达对传统的敬意。相反，我们要通过其自有的方式去揭示传统，即，赋予新事物以明确的形式，既立足于当代世界，也基于我们关于当代生活真实状况的种种结论。[87]

如果将这一段话与1909年《未来主义宣言》并行阅读，如，后者呼吁消灭博物馆、图书馆以及各种学院，就可以非常明确一点，梅的态度要比马里内蒂的更显矛盾。回溯起来，也正因这一矛盾性，使法兰克福的成就如此地与众不同。它将解放与平等的诺言转化成一种建筑语汇，即，轻盈、开放且中立，而同时，城市的记忆并未就此抹去——城市既有的历史层系没有受到否定或蚕食，而成为新生事物成长的基石，最终，新旧事物交映生辉——这恰恰是先锋派不惜一切代价所坚持的逻辑观念所无法成就的。

　　将现代性作为一种"危机文化"的激进化趋向，也是法兰克福所缺乏的特点，因为它的重点很清楚，是要在尽可能短的时间内关注尽可能多的建造任务。对于梅及他的同事来说，可操作的现代性概念因此更是一种纲领性计划，而不是一个瞬时性问题。在《新法兰克福》中，很难找到任何一处如卡里内斯古（Calinescu）所描述的，"先锋派铺就了终将自我毁灭之路"的迹象——当然，除非人们就以此方式来裁定他们对政治状况的天真估计，而笔者认为这将是不公平的。人们或许可以说，法兰克福先锋派的确在其计划中包含了一种"将艺术融入生活现实"（the sublation of art into the praxis of life）的观念，就是说，正因他们的审慎意图，使得他们在艺术与建筑中的各种实验，在其日常生活环境设计中，在促进大众居住文化的进程中，成就了累累硕果。然而在他们眼中，"艺术转化为生活实践"——这种达达主义或超现实主义所持有的意图，却不意味着任何潜在的理性社会组织方式。在《新法兰克福》中，并不存在任何关于社会秩序之工具理性的对立面，相反，他们所提倡的工业化、标准化以及理性化，是完全与依据一种工具理性的准则所推进的、社会的现代化进程同步发展的。

　　即便如此，梅与他的同事们并无意支持一种沿资本主义道路的发展方式。很明显，他们的用意是为形成社会秩序的理性主义与功能主义提供舞台，实现超越现有资产阶级社会秩序的最终目标。[88]与吉迪恩一样，他们深信建筑能在这一社会更新中扮演关键角色，因为它有能力缝合本已断裂的主、客体文化间的联系。[89]在他们看来，一种有效且功能良好的建筑的日常性存在，将有益于刺激每一个个体以一种更加紧密的方式,对效率与功能这两种客体文化特征作出回应。[90]

《新法兰克福》小组以在更广泛话语上创造一种新文化作为己任,这种文化将涵盖社会以及个人生活的各个方面。但实际上他们从未成功地完成过他们着手的事情,因为他们一直为之准备着的决定性的社会变革却从未发生。这部分缘于政治与社会的逆行发展,使各种原本短期存在的机会纷纷终结。

这些机会是德国资本主义发展到一定阶段的产物。经过一战后动荡的几年,随着追求社会民主政治的魏玛共和政体的建立,1923 年起的一段稳定时期由此开始。稳定经济与社会形势政策的一个方面是引入房租税(*hauszinsteuer*)——一种对战前房地产所有人的租赁税;由于通货膨胀,这一税收将初始租金额翻了数倍,其中相当一部分的收入被用在了公共住房建设中。然而,建造费用的空前上涨以及利率飙升意味着,即使在 1929 年经济危机出现之前,法兰克福的住宅项目不得不经历再度检验。基于造价及利率水平计算出来的新住宅的租金,已经迅速超过工人阶层可以负担的水平。[91] 1929 年后,州政府在公共住房上所投入的资金流也愈发受阻。毫不奇怪,在法兰克福大规模建设接近尾声之际,梅也恰巧在 1930 年秋离开去了苏联。

这些情形促使一大批作者开始对《新法兰克福》做出重新诠释,认为它并非为住宅解放做出真正的贡献,而是走上了将愈来愈多的限制和规范强加于社会生活的路途。[92] 胡安·罗吉古兹·罗斯(Juan Rodriguez-Lores)与 G. 乌里克(G. Uhlig)对此问题曾有更为详细的讨论,他们特别参照了存在于两方面间自相矛盾的

关联性：一方面肇始于左翼分子的改革方案，另一方面在很大程度
上是源于和应对资本主义逻辑的技术工具，他们论辩到，以梅为代
表的这样一种改革者的策略，尽管最初的意图是要抗争这一社会
组织形式，从根本上进行改革，但其结果却是为了让工人阶级能更
好地融入资产阶级主导的资本主义社会之中。一个无阶级社会的
预设目标并未得以实现，就这一点来看，现代建筑暗含的承诺已成
一纸空谈，由此产生的期望也仅在美学王国中得到完满，而在现实
层面，则仍是挫败。[93]

　　回望历史，这一批评从某种程度上来说是正确的。《新法兰克
福》的积极分子们天真地以为，建筑王国的转型已足以让他们自己
照亮更为广泛的社会改革进程。然正如我们现在所知，这完全是
一种虚望。不过，该项目未能完成，却不仅是因为政治与经济的大
事件带来的不利转向，同时也是因为发起者的失误判断和错误期
望。举例来说，即便是雄心勃勃地依据总体需求设计整个城市，可
在未能触及所有制根基的资本主义制度环境中，这是否有任何实
质意义是令人质疑的。乌里克与罗吉古兹两人都赞同塔夫里的观
点，认为住区规划的实施证实了一种逃避策略：因为它们自然解决
不了由市中心日益商业化导致的这些城市根本问题。

　　另有一些矛盾在《新法兰克福》话语中也早已隐含。比如，假
设存在着一种同质的四海为家的大众（a homogeneous metropoli-
tan public）这回事（或者是未来可能出现的类似整体），而且这一
整体将有可能以一种恰当的方式与新建筑设计相匹配（图38）。
但事实上，这一假设是无法同时兼顾自由、流动以及瞬时这些特质
的重要性的。当人们是以倡导每一个体的自由、并要为变化创造

图 38 "同质的四海为家的大众"（转引自克利斯多夫·莫尔与迈克·缪尔，《功能主义与现代性》，第 189 页）。

最多可能性的时候，就几乎无法按逻辑推断出，所有这些个体都将作出同样的选择，并将按照同一方式进行变化，然而，这期望当时是隐含在关于世界大众同质化趋向的推测之中的。

正如过去那样，梅仍将整个文化视为一个整体，这种持续不断地为社会现实赋形的处理方法应该遭到质疑了。梅的概念中并没有考虑到现代社会不可回避的利益矛盾与冲突，其田园式的思想无法迎解资本主义发展中的内在矛盾。因此，当经济驱动成为实现文化计划的阻碍时，他不能作出足以与之抗衡的回应。

但最终，法兰克福已取得极为重要的成就，这些批评并不会改变这一事实。从一种田园式和整体计划的现代性概念起步，一系列的干预行动实际上已经完成，并永远地丰富了这座城市，而理论上的一种有操作性的单维度与简约性，却并没有延伸至建成的现实中。事实上，在新建筑与城市现状之间的对抗，产生了一种带有批判性乌托邦色彩的矛盾状态——既要对解放与自由做出许诺——也要对作为人们记忆积淀的城市、作为对未来不可或缺之基石的城市悉心尊重。正是由于这切切实实的理由，像魏斯豪森、罗姆斯塔特和瑞尔霍夫等这些开发项目，不仅为法兰克福的历史，也对整个建筑与都市化领域做出了意义深远的贡献。

彻底

失望的同时

又

坚定不移地

宣誓

效忠于

这个时代……

瓦尔特·本雅明,1933

3 镜中映像

断裂的体验

1890 年,赫尔曼·巴尔(Hermann Bahr)发表了一篇短文,在
这篇文章中,他阐明了年轻一代在其生存的文化中所遭受的挫折
感,表达了他们的迷失感,以及他们与周围世界之间毫无真实联系
的感觉。他声称主导这种感觉的是一种苦恼与绝望的情绪:"剧烈
的疼痛渗入我们的时代,苦恼已经变得无法忍受。普遍存在一种
对救世主(Savior)的大声呼唤;迫害无所不在。灾祸已降临人间
了吗?"然而,直面这种天谴之灾,任何人都不应放弃。一个新的时
代将会从那些孜求真理者的挣扎痛苦中得以显现,这就是现代时
期(the age of the modern):"救赎来自悲伤,宽恕源于绝望,这个
可怖的夜晚之后,白昼将要来临,艺术将栖息于人间——这一辉煌
璀璨、激动人心的复兴,塑造了对于现代性的信心。"[1]

巴尔指出,现代已经存在了,并且随处可见。但它既没有深入
灵魂,也尚未赢得人心。生活的条件已经发生了根本性变化且将
继续发生变化。然而,人们的思想却没有随之改变。这解释了为
何文化生活中会有那么多的虚伪谬误(falsehood),那是必须被清

除的谎言。对真理的渴望最终会使人的外部环境和内在需求再一次取得和谐,创造出人与其生活环境之间新的一致性(identity)。内外的藩篱不得不被推倒。巴尔为净化(purge)而呐喊:应当清除一切陈旧的事物,应当清扫过时的精神(old spirit)蜷缩其中的封尘角落。无知(Emptiness)是必要的,这种无知来自于对过去一切教义、信仰和知识的删除。所有精神的虚伪谬误——一切不能与蒸汽与电流协调的东西——都必须被驱除。在那时,也只有在那个时刻,新的艺术才会诞生:"从外在生活进入内在精神的入口:这就是新艺术……正如每个人都体验到的,除了真理之外不存在其他法规……这将是我们所创造的新艺术,它将成为新的宗教。对艺术而言,科学与信仰完全是同一件事。"[2]

巴尔怀有一种希望,希望旧文化垂死的痛苦即预示着新文化分娩时的阵痛,这种新文化将消除外在表象与内在精神之间的差异,并以真理、优美与和谐为基础。从巴尔对约瑟夫·霍夫曼(Jo-sef Hoffmann)为他建造的住宅的期望中,也可以看出这种对总体文化(unified culture)的渴望。对巴尔而言,建筑师应该竭力在住宅整体和所有细节中展现主人的个性。理想中的住宅应该是一个揭示居住者内在的真实性的总体艺术(*Gesamtkunstwerk*):"应当在门的上方题写这样一行诗:表达我全部身心(whole being)的诗句内容及其形式,应该与(住宅)色彩与线条所展现出的东西是一致的,每把椅子、每面墙纸的设计以及每盏灯具都应该一而再再而三地重复这种诗意。在这样一幢住宅的任何角落,我都将如同在镜子里面一样,审视自我的灵魂。"[3]在许多方面,巴尔的修辞技巧都像是先锋派用来倡导纯净性与原真性的那些技巧的先驱。在诊断（diagnosis）出断裂是由现代性引起之后，他拥抱一种以与陈旧决绝为基础的新的开端。然而，使其与后来的先锋派不同的是，他明确表达了关于统一性的田园诗般的观念，这是一种将要建立于艺术、科学与信仰之间的统一。

在其于 1903 年撰写的著名论文《大都市与精神生活》（The Metropolis and Mental Life）当中，乔治·齐美尔（Georg Simmel）采用了一种更疏离的方式讨论了同一个现象，即生活的外部环境与个人的内在情感之间的矛盾。在齐美尔看来，大都市环境的特征在于其中每个个体都在承受大量持续变化的刺激（stimuli）的轰击。为了保护其生活而对抗这种刺激的洪流，个体以理性的态度相回应。毕竟，在理性的层面上，人类要比在感觉与情感关系的层面上更有能力适应变化："大都市类型的人——当然存在许多的个体差异——发展了一种保护机制，使他免于那些可能将其摧毁的外部环境的潮流（currents）和差异（discrepancies）的威胁。他凭借的是他的头脑而非心灵。"[4]

齐美尔洞悉了社会领域中的合理性的支配地位与货币经济之间的关系[5]；这两个系统都依靠人与事物之间的纯功能关系。在货币经济中，交换价值优先于使用价值。这意味着个别物品的特殊性质被简化到纯粹量化的程度：物品（objects）的价值不是来自它们的内在品质，而是来自它们量化的市场价值。对齐美尔而言，在人际关系领域也明显存在类似的现象：他认为情感关系曾经一度依赖人们所关心的个性（individuality），而在大都市典型的理性关系中，人（之间的关系）被等同于数字（之间的关系）。个体在这类关系中变成了可供交易的实体（entities）：

> 金钱只关注共性：它寻求交换价值，将所有品质与个性化约为这样一个问题：多少钱？所有人与人之间的亲密情感关系都存在于他们的个性，然而在理性关系中，人像数字一样被计算，就像一个对他自身而言无关紧要的元素。[6]

不过，齐美尔坚持认为，大都市的匿名和冷漠与小城镇或乡村的隐蔽和安全相比，并不意味着某种单调乏味，因为市民们对于彼此之间及与环境之间的保留态度，造就了这样一种情况，即，与任何其他地方相比，城市都允许更大程度的个人自由。

对齐美尔而言，还有另外一种特征是大都市生活所特有的："客观"与"主观"精神之间日益增长的分裂。客观文化（Objective culture）——科学、技术、学术以及艺术领域的全部成就——发展如此之快，以至于个体自身主观性文化的发展无法跟上它的脚步，劳动分工意味着个体发展在某种程度上日益专业化和单向化。这种差异在大都市表现得尤其明显，大都市的客观文化体现在制度建设、教育组织机构、基础设施和行政体制机构之上，显然，个体的个性是绝不可能与这些具备压倒性优势的现实相匹敌的。

齐美尔所描绘的图景暗示了一种对赫尔曼·巴尔之期望的本质性批判。巴尔假设艺术和文化可以与科学和技术结合形成一种新的综合，而齐美尔的分析则暗示，这种对新的和谐的期望缺乏根据。或许有人会认为，巴尔代表了纲领性的和田园诗般的现代性观念，这种观念在现代运动中也是非常珍贵的。而齐美尔则在另一方面证实了，社会现实恰恰将在达成这种综合理想的路途上造成阻碍。后者的观点获得本章中接下去将探讨的论者的认同。

阿道夫·路斯:传统延续性的断裂

阿道夫·路斯(Adolf Loos,1870－1933)在建筑史上有着真正与众不同的地位。他在世纪之交为《维也纳新闻》(Viennese Press)撰写的文章,使他获得了文化批评家与散文家的美誉。他嘲笑一切他认为过时的和虚伪的事物。他的主要攻击对象是分离派的建筑师,诸如霍夫曼和奥别列奇(Olbrich),以及那些实用艺术(applied arts)的实践者。[7]凭借着闻名于世的犀利语言,他抨击工业家和艺术家们为了提升工业产品的品质而创立的德意志制造联盟(Werkbund),[8]也抨击维也纳资产阶级守旧倒退的惯习和伪善的态度。他改革并推动了诸如浴室的广泛使用("提高水的使用效率是我们至关重要的责任之一"),[9]并认为当务之急是使盎格鲁－撒克逊文化在奥地利落地生根。[10]

路斯的建筑没有立刻为他赢得与其文章同样的声誉。这主要是因为,他的建筑与现代建筑运动的理想之间存在本质的分歧,因而也与吉迪恩和佩夫斯纳的史学逻辑(historiography)相左。对待路斯的态度经常是矛盾的,一方面因其《装饰与罪恶》(Ornament und verbrechen)一文的反复引用而被视为一位"现代建筑运动的先驱者",[11]并为世人熟知,备受尊崇——这是他写的唯一真正出名的文章。[12]另一方面,他的其他文章和建成建筑很长一段时间内受到严重忽视,几乎无人讨论。尤其是他发明的"空间设计"(Raumplan),一种三维的设计方法,几乎得不到他同时代人的一丝回应。

栖居、文化与现代性

路斯讲过一个关于穷富人（poor rich man）的故事。这个穷富人依靠自己的努力脱离了社会底层并最终变得富裕。这使得他有财力去装修他自己的宅子，并且可以选择一个知名设计师为他提供意见。他对装修后的结果很是满意，并无比幸福快乐地搬进了新宅。然而，当建筑师本人亲临视察自己的作品时，却立即发现许多"眼中钉（eyesores）"，并将它们请入阁楼：哦不，太可怕了，那些靠垫与沙发在颜色上极不搭调，这人到底是怎么想的，怎么可以把这些丑陋的家庭肖像画挂放在书架上？面对这滔滔不绝的批评，穷富人不得不屈服，每一次建筑师的来访都会使更多他所珍爱的私藏消失。这个人就这样变得越来越可怜，的确，他的家现在是如此完美，以至于没有任何需要增减的细节。唯一的问题是他再也无法忍受继续住在里面了："他估摸，这意味着要学着像行尸走肉般地生活。是啊，的确如此！他完了，彻底完了！"[13]

路斯讲述这个故事，是为了揭露分离派建筑师的本质。在他的眼中，赫尔曼·巴尔的理想家园如同一个石棺（sarcophagus）。他指责其居住者只能被动接受，而不能改变任何事物，最后活得如同行尸走肉一般，因为他不再被允许拥有任何自己的欲望或意愿。路斯主张在建筑和栖居之间进行一种严格的区分：建筑不是对其居住者个性特征的反映，相反，它应当与栖居分离。它的任务是让栖居成为可能，而不是去为栖居作出规定。栖居应该与个人的历史及记忆相关，与其喜爱之事物的距离相关。作为栖居的表达，对家宅的布置就是栖居的表现，它应当能为它的居住者提供反映他们个人印迹的可能性，随时随地可以做出变化。

心怀眷恋，路斯回忆起了他童年时代曾经住过的宅子，那是一栋没有遭受"时髦"（stylish）装修侵蚀的住宅：

> 感谢上帝，我没有在一个时髦的家庭中长大。在那个时候没有人知道什么是时髦。现在，不幸的是，现在我家里的每件东西都不一样了。但在那些日子里，有这么一张桌子，它是一件不可思议的、令人狂热的、复杂的家具，一张可以伸缩的桌子，上面那锁扣做工是极棒的。但它是我们的桌子！我们的！你能理解这意味着什么吗？你知道我们在这张桌子上曾经度过多么美好的时光吗？……每件家具，每样事情，每个物品都有一个故事要讲述，这是一部家庭的历史。家宅从来没有完成的时候；它与我们一起成长，我们在它里面长大。[14]

居住是个人的事情，必须与家庭生活背景中的个人成长有关。它不能由某个室内设计师来支配。

不过，为了在自己的家中过正常的生活，必须将室内和外部世界相分离，必须赋予公私之分、内外之别一种明确的形式。这才是建筑师的工作："住宅的外观应该是质朴的，它的丰富性应该充分体现在室内。"[15]室内外的二元性是通过出色的界面设计——也就是墙体来实现的。对路斯而言，正是室内和室外的差异区分使建筑成为建筑。建筑师不应在住宅上强加任何统一的"风格"（style）；他们不应试图在体量、立面、布局以及园艺设计中强加单一的形式套路（formal idiom）。例如，约瑟夫·霍夫曼的史托克列宫（Palais Stoclet，图39），它的宝贵品质在于设计上的整体一致性，以及连续的统一和细部与整体之间微妙的和谐关系。在路斯看来，重点是在住宅中明确区分不同的区域，并在它们之间划定明确的边界。建筑物的品质来自于不同区域的结构化，来自定义它 77 们的关系时把握划分和转换之间相互影响的方式。决定用什么东西来填充这些不同区域的，是住宅的居住者而不是建筑师。

图39　约瑟夫·霍夫曼，斯托克勒宫，比利时，1905－1911（图片引自期刊《现代建筑形式》（*Moderne Bauformen*）13，1914）。

　　路斯将饰面（cladding）作为建筑的基础。空间给人的体验主要由它的天花板、地板以及墙壁的饰面形式所决定，换而言之，是由材料的感官效果所决定。一个建筑师首先从空间可视化开始设计，只有在第二步，注意力才转向支撑饰面的结构骨架。因此，建筑的整体性构筑是第二重要的。对路斯而言，至关重要的真实性 78

需求与建筑设计中是否暴露结构无关（而现代建筑运动的主流则主张两者之间有关系），而是与饰面本身作为饰面的真实清晰的显现有关。一种建材不能让观看它的人对其特性或者功能犹疑不定，即，饰面不能代替它所覆盖的建材。抹灰不能伪装成大理石，砌砖墙也不能用石材来掩盖。"法则如下：我们必须以这样一种方式来工作，不可混淆饰面材料和被饰面材料的处理方式"[16]。据此，真实性并非意味着一种内部与外部严格的一一对应；相反，它取决于这样一种逻辑，如果造的就是虚假的面具，那么就让它看起来像面具的样子。

路斯不断地在另一个层面上运用饰面的原则。他再三声称现代人需要面具（masks）：他们的公共形象和实际个性并不一致。[17]这个想法之于他对现代性的评价而言是本质的。在他看来，现代性是传统实在性（actuality of tradition）的同义词。这种实在是很特殊的，因为不可能再谈论传统中不间断的连续性了。经济的发展和进步使每一个体与他们文化之间的有机关系被打破了。传统的自然演进因而不再是一种完美而平稳的承续。

文化对路斯而言意味着"人的内部存在和外部存在之间的平衡，这种平衡保证理性的思考和行动"[18]。现代人，不如说都市栖居者，是无根的（rootless），他们不再拥有任何文化。传统不再是一件理所当然的事情。内在经验和外部形式之间的平衡消弭了。这就是为何试图创造一种当代"风格"——就像分离派与德意志制造联盟的艺术家所做的那样——是没有意义的原因。这种刻意的创造并不源于任何现存文化，因此，它注定是肤浅和虚伪的。如果真的存在现代风格这种事情的话，那么它将是无意识的创造。[19]时代真实的风格,与时代自身特性和谐一致的风格,是存在的,它与时代自己的文化的真实特征是一致的,但它不在人们以为的地方:"我们已经有我们自己时代的风格了。它存在于像联盟成员(德意志制造联盟)那样的艺术家尚未触及的领域。"[20]

这种风格最与众不同的特征就是它对装饰的删减。在文化发展中有一种固有倾向,就是将装饰排除在日常生活用品之外。路斯主张,"文化发展等同于从日常生活用品中去除装饰"[21]。当代家用物品的高质量和好品味意味着减少装饰。真正接纳当代文化的人们将不再认为装饰是可以接受的。[22]分离派与德意志制造联盟不断生产的装饰性的设计产品,是一种退化与虚伪的迹象。

对路斯而言,由于先前文化独特的有机统一已经被现代性所打断,现代文化可以进步的唯一方式就是承认现状,并接受内部体验与外部形式之间的关系不可能完美,两者间存在裂缝的事实。最有教养的人是那些可以适应每处环境、有能力以得体的方式来回应所有场合、并融入各类群体的人。[23]这种品质的取得,得益于在内与外之间有意识地设置分隔或者面具。面具必须以一种尊重习俗(conventions)的方式来设计。路斯将这些要求总结成一个术语"得体"(Anstand, propriety or decency):"我只要求建筑师一件事情:在他建造的每样东西中展现得体。"[24]

如果外观低调,那么这栋房子将显现得体。[25]从理论上讲,这意味着它和周围的环境相适应并延续了它身处的城市传统。有职业精神的建筑师会敏感地对待古代匠师所贡献的历史背景,并同时将他们的建造态度适应时代的需求。提供变化的余地很大:古老的工艺已经消失了,技术进步有其自身诉求,功能需求也随之提

高。传统并非神圣不可侵犯(sacred cow),而是一种促进发展的
至关重要的原则,必须能够自然地去适应工业时代的要求。

路斯认为,传统是建筑的本质,但它不应被混淆为肤浅的形式
外表。传统并不意味着因为时间久远就只能依赖古老的东西,它
也不是简单地拷贝民俗主题或者将田园风格运用到城市中。路斯
毫不让步地谴责乡土艺术(*Heimatkunst*)的从业者。[26]传统,对他
来说,必须确保文化走向独特与完美。这才是建筑师应有的传
统观。

然而,这种观念决不能被运用在艺术领域。艺术是属于另一
种秩序的事物。艺术高于文化,或者不如说,艺术家超前于时代。
建筑因而不是一种艺术,这是由于它首先考虑的是得体(deco-
rum)、舒适(homeliness)与栖居(dwelling):

> 与艺术品相反,住宅应该取悦每个人。艺术作品是艺术
> 家私人的事情,而住宅不是。艺术作品的产生不需存在对它
> 的需求,而住宅则是为了满足需要。艺术作品不对任何人负
> 责,而住宅对每个人负责。艺术作品想要使人们脱离舒适,而
> 住宅为人们提供舒适。艺术作品是革命性的,而住宅是保守
> 的。艺术作品向人们展示未来的方向和对未来的思考,而住
> 宅顾及的是当下。人们喜欢所有让他们感到舒适的东西,讨
> 厌所有想要让他离开他熟悉的、安全的环境以及让他感到不
> 安的东西。于是,他喜欢住宅而讨厌艺术。难道这意味着住
> 宅与艺术之间没有共同点,而且建筑不属于艺术吗?是这样
> 的。只有极少部分建筑属于艺术:坟墓与纪念物。所有满足

某种功能的事物都应该从艺术的范畴中被排除掉。[27]

　　建筑属于文化范畴，艺术超越文化范畴。基于这个标准，对"应用艺术"的每种形式都必须进行评判：将艺术运用到实际的日常生活中，就意味着对艺术的亵渎以及对实际生活的错误估计。正如卡尔·克劳斯（Karl Kraus）所指出的那样，一个人必须首先要有能力去辨别咖啡壶与尿壶，才有可能给予文化它所需的空间。[28]

一种差异的建筑

　　阿道夫·路斯的建筑作品是他寻求制造差异的进一步证 80 据。[29]区分生活的不同方面，设计对比和边界——这都是其建筑作品想要达到的目的。它试图为公私之间、室内外之间的转变赋予形式。它控制男人与女人、主人与客人、家庭成员与佣仆之间的关系。这种建筑展现了多种多样的表现：外观处理遵循严格的几何形式，材料使用（大理石、木材、毛毯）注重感官效果；房间布置富有戏剧性；建筑细部及其参照却是古典的。这种建筑不能概括为单一主题，而总是同时涵盖多个主题。

　　达尔科声称，路斯的建筑"从不试图去调和不同局部和情境之间的差异。它不隐藏它的多样性；最多将这种多样性完全揭示出来：它探查分隔与边界，因为它将它们看成是建筑实践的原则性特征。"[30]这一系列惯用手法事实上是路斯建筑的典型特征。无论是环境还是文脉，功能还是材料，他都会毫不迟疑地利用另一套形式语言，并在同一个设计中并置不同特色。他这样做所带来的精确性是他所有建筑的动人之处。通过不同的氛围的交替使用以及明与暗、高与低、大与小、亲密与肃穆之间的对比，他的住宅获得了独特的特性。

这种空间体验的多样性以一种特定的感觉被统一起来，因为这种经验是由"空间设计"所带来的。"空间设计"是一种三维的设计方法，被路斯视为是他对建筑学最重要的贡献。[31] 对路斯而言，设计包括复杂的三维活动：就像七巧板一样，首先定义不同高度的空间单元，然后使它们拼成一个完整的体量。对"空间设计"的最好描述来自阿诺德·勋伯格（Arnold Schoenberg）：

> 无论何时我面对一幢由路斯设计的建筑……我都看到……一种直接的三维观念，那是除他之外，或许仅有具备相同才能的人才可以把握的东西。这里的所有物体都是在空间中制定、想象、安排、设计的……好像所有形体都是透明的；又或者好像是人的心灵之眼（mental eye）同时面对空间的所有的细节与整体。[32]

正如贝崔斯·科罗米纳（Beatriz Colomina）所主张的，"空间设计"使形式具有戏剧性，这是路斯式居住建筑的典型特征："住宅是家庭戏剧的舞台，是人出生、生活以及死亡的地方。"[33] 这种戏剧性可以在路斯创造的到达与离开的编排中看到：通过方向上的不断转折使得人不得不停顿一会儿，通过黑暗的入口与明亮的起居

区域之间的转换可以有意识地进入到一个舞台布景——日常生活

的舞台的感觉。例如，莫勒住宅（Moller house，维也纳，1928 年）的起居空间序列围绕一个中厅布置（图 40、图 41），经过一个狭小的入口，来访者不得不向左转，上六步台阶到达衣帽间；经过有些令人窒息的入口后，这里就像一个可以首次呼吸的空间；接下来的路线是，来访者再一次爬上楼梯——这一次有个转弯，只有这样才可以到达相当于整个住宅心脏的大厅。各个带有特殊功能的房间围绕着这个天花很高的沙龙布置排列：在正立面上与这个前厅相邻的，是一个高出几级踏步的女眷客厅（Damenzimmer），在背立面上与这个前厅相邻的，是与它处于同一高度的音乐室，紧靠音乐室的是同样位于背立面但比它高四个踏步的餐厅（图 42）。 84

　　每个房间通过不同的材料和比例区别开来。女眷客厅位于正门上方向外突出的窗户处，采用的是浅色木镶板，而位于此处的固定沙发则以格子纹的布料饰面（图 43）。这里就像一个凹室，同时在面向大厅方向又很开敞。音乐室以深色为主色调，家具沿周边布置：奥古曼复合木（okumé）镶板，抛光的黑檀木（ebony）地板，位于靠近花园一边立面的固定沙发采用了蓝色材料（图 44）。不考虑它与餐厅和前厅之间视觉上的联系，也不考虑实际上可以从花园进入，占主导的暗色使得这个房间具有一种内省的（introspective）特质。这种印象通过在天花板的四周稍有凸出的部分也使用奥古曼复合木镶板饰面并藏入间接光源而得以加强。餐厅是一个明亮的、开敞的房间，直接通向露台（图 45）。这个房间的天花板四边抹灰，由四根突出于房间转角的柱子所支撑，这些柱子与墙裙板一样是石灰华饰面。根据尺寸定做的碗柜和墙体的其他部分也使用音乐室中同样的奥古曼复合木板饰面，餐具柜上方则使用 85

图 40   阿道夫·路斯，莫勒住宅，维也纳，1928，正立面。（图片：阿尔贝蒂娜（Albertina），ALA 2445）

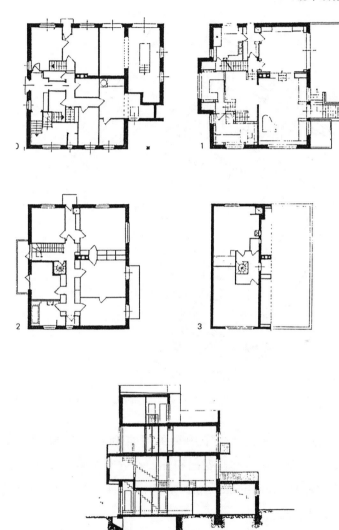

图 41　阿道夫·路斯,莫勒住宅,平面和剖面。

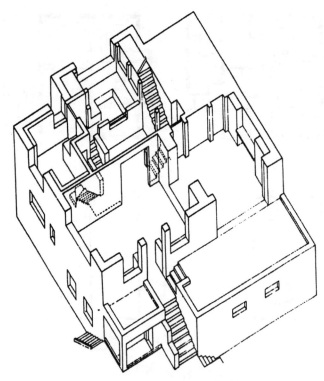

图 42　阿道夫·路斯，莫勒住宅，室内布局轴测图。

了镜子。餐厅的重点是位于中央的餐桌和托纳餐椅（Thonet chairs），餐厅和音乐室都与花园相连。在这个主要楼层上，只有男主人书房（Herrenzimmer）和厨房是封闭的。从大厅处的开放楼梯可以到达卧室层。

　　这里的空间布局带有一种明显的戏剧性效果。进入这幢住宅的路线由一连串的空间和指向组成，为访客到达大厅做好物质上的准备（图 46）。在两种情况下，来访者会暴露于来自女眷客厅的

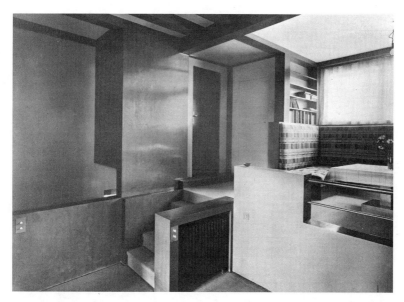

图43 阿道夫·路斯，莫勒住宅，女眷客厅。（图片：阿尔贝蒂娜，
ALA2455）

监控之下：一是当来访者到达前门时，二是当来访者登上台阶时。
同时从女眷客厅还可以通过大厅和音乐室眺望花园。所有这些给
予女眷客厅一种特权地位——因其宽大的水平窗和正立面上类似
凸窗（bay-like）的形式，这种地位得到了强化。

沿街立面采用一种肃穆对称结构，其封闭的特性使得住宅看
上去像一个与世隔绝之物（图40）。容纳女眷会客室的凸出体量
挑出前门上方，且位置不高，这使得正立面呈现出一种稍欠平衡
的、摇摇欲坠的外观。而这幢住宅的背立面却在与露台、台阶以及
大面积窗户的相互影响下显出一种与花园的亲密联系，主要给人 88

图44　阿道夫·路斯，莫勒住宅，从餐厅看音乐室。（照片：阿尔贝蒂娜，
ALA 2457）

一种友善的开放感（图47）。

贝崔斯·科罗米纳观察到，路斯建筑中的窗户不是简单地为向外看而设计的。[34]它们的功能首先是作为光源；更甚者，它们经常是不透明的或者高于视线。此外，路斯喜欢在窗户下面放置长椅或长沙发，使其成为就座与阅读的理想角落，但在这里人可以真正的转过头去向外眺望。所有这些意味着，室内是以隐蔽的和私密的区域而被体验的，室外的空间无法渗透到住宅内部。在室内，经常没有分割墙，取而代之的是两个空间之间的巨大开口，但清楚标示每处与室外的转换过渡的，是通过门而不是墙上的开口。室内与室外之间的转换经常由几级台阶、一个平台或者一个阳台来

图 45 阿道夫·路斯,莫勒住宅,从音乐室看餐厅。(照片:阿尔贝蒂娜,
ALA 2454)

图 46　阿道夫·路斯,莫勒住宅,从衣帽间到中央大厅的楼梯。(图片:阿尔贝蒂娜，ALA 2456)

图47 阿道夫·路斯,莫勒住宅,面向花园的立面。(图片:阿尔贝蒂娜,
ALA 2447)

调整修正。

　　这栋住宅独特的对比特征为访客建立了基本的空间体验:狭
小压抑的入口与高挑轻快的大厅之间的对比,是该主楼层室内空
间的整体印象;另外还有小而轻松随意的女眷客厅与正式严肃而
内向的音乐室、明亮而开放的餐厅之间也形成强烈的对比;从女眷
客厅可以关注住宅整体,而音乐室和餐厅则与花园有着密切的联
系。建筑的外观的特征则来自于入口正立面与面向花园立面之间
的清晰对比,胁迫性的正立面拒绝来访者的接近,而花园立面则更
显亲切、友好。这种设计强调了由街道所表现的"外部"世界公共
领域和由花园所支配的私人的"室外"之间的分裂。

路斯住宅中最令人惊奇之处是，使家庭生活体验和中产阶级的舒适性能与分裂的影响作用结合在一起，这是其独一无二的方式。相互之间对比强烈的不同房间联系在一起，通过"空间设计"的绝对力量取得平衡；然而，不同的房间仍然使人不断地感受到整体的解构。例如，路斯很善于使用镜子，特别是由于镜子会产生一种空间被扩大的感觉，它们在令人意想不到的地方产生的反射使人不安，使人失去方位感。有时候，镜子或者反光表面与窗户相结合，以削弱墙的作用，因为这削弱了墙作为室内外分隔物的明确功能。[35]通过使用材料和细部，例如天花板的四周，地板图案以及墙的饰面等，使得协调房间的"空间设计"的开放性，与明确区分房间的单个空间限定之间形成一种明显的相互作用。[36]这也有助于使空间产生了多重性的体验：一方面，会让人感到这些是存在明确限定的空间，有清晰的保护边界；另一方面也会让人觉得，自己也许正被宅中别处的一双看不见的眼睛所注视。在这里，舒适感无法得到绝对的保证，定期出现的分裂现象会使人心烦意乱。

同样，模棱两可（ambiguity），即将直白的内容与其他不协调的元素结合起来，也导致了关于圣米歇尔广场（Michaelerplatz）路斯住宅（Loos house）（维也纳，1909－1911）的争论（图48）。这幢建筑的底下几个楼层服务于该项目的委托方戈德曼与萨拉斯制衣公司（Goldman & Salatsch），其复杂的空间结构将不同高度的房间以不同的方式相互联系在一起（图49）：直接从街道上进入4米高的主厅，楼梯在平台处一分为二将人引进作为会计办公室的夹层；从这个平台下几步楼梯可以进入贮藏室，而上几步楼梯可以进入恰好位于正立面的英国式凸窗处的接待室和试衣间。这个"夹

图 48 阿道夫·路斯,圣米歇尔广场路斯住宅,维也纳,1909－1911。(图片:阿尔贝蒂娜,ALA 2408)

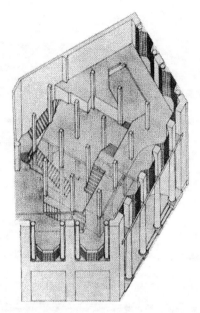

图 49　阿道夫·路斯，米歇尔广场住宅，零售商店室内的空间设计
（Raumplan）轴测图。（出自赫尔曼·切赫（Hermann Czech）和沃尔夫
冈·米斯托鲍尔（Wolfgang Mistelbauer），《路斯住宅》（Das Looshaus）
〔Vienna：Löcker & Wögenstein, 1976〕，p.107.）

层长廊”层高 2.6 米，这里还有一个熨衣车间（高 4.8 米）和缝纫车
间，由于裁缝坐着工作，所以缝纫车间的层高仅 2 米。

　　“空间设计”在正立面的低层部分有其独到的处理方式。面向
圣米歇尔广场的主立面的入口门廊处有四根非承重的塔斯干柱
子。这些由单块石头制成的大理石柱上部是比古典标准小得多的
金属饰带。这些柱子向上延伸成为大理石方柱，依次与一道质朴
91　的线脚檐口联结在一起。塔斯干柱间是空的，而方柱之间等宽的
间隙则为夹层长廊的凸窗所占据。塔斯干柱和方柱的高度比大约

为3:1。相反,在侧立面上相同位置的低层立面部分上下划分比例则为2:2,不过,侧立面与主立面金属饰带同高的位置也有一个同样宽度的水平饰带,这个饰带将凸窗分为两个部分,这种处理保证了不同立面之间具有某种连续性。主立面上巨大的柱子在侧立面的凸窗两侧则以一种小尺度的方式重复出现。

这个综合体的商业空间上方是办公室与居住,其入口开在左侧立面上。居住部分没有使用任何复杂炫耀的手法,是低调内敛的典型:裸露白色粉刷外墙上开朴实无华的窗户——路斯的同时代人将这视为"虚无主义"(nihilistic)。与此相反,这幢建筑的商业部分却有意引人注目。路斯在此充分施展出了他认为现代建筑师所应真正具备的全部手段技巧:炫目的材料、巨大的玻璃窗格、引经据典以及一种被意外的不和谐所打断的有重点的节奏。大理石柱子丝毫不起承重作用,但它们赋予门廊以形式,将建筑与广场取得联系,丰富了公共领域。塔斯干柱是古典柱式中最简单的一种,与其创造一种新的形式,路斯宁愿以一种新的方式使用既存的 93 元素。门廊以上,在夹层的高度,室内充满了没有用处的空间:柱子的端部为简洁的金属梁,其上是夹层位于方柱之间的凸窗。通过这种方式,在柱间空间到其上部完全围合的墙体之间形成了一种转换过渡。檐口标示出立面低层部分与高层部分之间的边界。塔斯干柱在侧立面上以一种较小的尺度重复,就如同侧立面凸窗中的水平饰带与金属梁的呼应一样。

决定立面韵律的大致比例部分是由圣米歇尔广场其他已有建筑的比例所决定的——赫贝施坦宫(Herberstein palace)、霍夫堡皇宫(Hofburg)以及圣米歇尔教堂(Michaelerkirche)(图50、图

图50　阿道夫·路斯,米歇尔广场住宅,与旁边的赫伯斯坦恩宫(Herber-stein Palace)一起组成的街景。

图51　阿道夫·路斯,米歇尔广场住宅细部,与米歇尔广场另一侧霍夫堡(Hofburg)细部的关联。

51、图52)。正立面下半部分的比例(3∶1)与侧立面下半部分的比例(2∶2)之间的差别强调了两者孰轻孰重。该建筑商业部分使用的材料很丰富:柱子是由整块绿色纹理的西普利诺(Cipollino)

图 52　阿 道 夫 · 路 斯，米 歇 尔 广 场 住 宅 细 部，与 米 歇 尔 教 堂
（Michaelerkirche）细部的关联。

大理石制成，商店立面的其他部分也是由同样的材料作为饰面的。

路斯自己对该设计的评价最好地表达了他的意图：

> 为了把圣米歇尔广场这幢建筑的商业与居住区分开来，
> 两部分的立面在设计上有所差别。我试图利用两种主要的方
> 柱以及更小的支撑去强调韵律，没有韵律将没有建筑。实际
> 上轴线并不适于强调这种区分。为了避免这幢建筑成为夸张
> 的纪念碑，也为了强调使用者的职业是裁缝，虽然是业内先
> 锋，我将窗户设计成"英国式"的凸窗。窗户分隔成微小的格
> 子，是为了保证室内的私密性。[37]

这里强调的是建筑设计的对比方法，是区分不同生活领域的
方法。表现的真实性与其在多大程度上成功地制造了有效的区分
有关。这其中伴随着不和谐与虚无主义的面向，但正是因此，这些

建筑恰恰忠实于生活。与其用虚幻的和谐欺骗人们，路斯宁愿选择一种冷酷无情的设计，这种设计不是掩盖，而是突显任何的不连续性以及分裂的瞬间。

不连续的连续性

和传统的关系，是路斯的著述和建筑作品的中心主题。他并未将现代性当成一种新的开始，一种有意与传统决裂的独一无二的时期，而是相反，将现代性看作一种非常特定的对传统的延续。与先锋派的想法全然不同，他的作品中找不到任何对既存秩序的拒绝，任何对推倒重来（tabula rasa）的渴望，或者对我们文化遗产的否定。路斯的态度是纲领性的，他主张提倡一种正确的现代性观念，来对抗他同时代大多数人的看法，这些人被他看成是伪君子和空中楼阁的缔造者。

然则，他所辩护的连续性带有分裂和不连续的痕迹，这种痕迹是正在发生的文化演进的见证。在他的观点中，现代文化是以现实化（realization）为基础的，而现实化不再是一种或能保证内部与外部和谐的先验条件：不存在无缝的衔接，或任何不同生活瞬间之间自发的连续与和谐关系。不言而喻，在山野间刀耕火种的农民生活并不适合现代城市居民。现代城市居民已处于无根的状态，因此不可能再主张其自身固有的文化。这就是为什么必须制定一套纲领，使这种自明性的缺失能够以一种恰如其分的方式起作用。路斯的纲领基于对面具的需要。现代人在有着多种场景和可能性的复杂社会中履行职责，他们不得不寻求庇护，以允许其内在个性与外在形式区分开来。只有这种方式,可以使人适应所有这些不同的要求而无须被迫暴露其全部个性。这种对个性的"掩护"首先通过穿着,其次是住所。

家必须隔绝于外部世界。大都市的环境及其根据社会地位、速度以及效率所提出的诉求,与以基于熟悉、亲密以及个性史的栖居观念背道而驰。外部世界,是金钱的公开的世界,其中一切都是可以等价交换的,而内部世界,这个私密的世界,一切都是不可转让、无法等价交换的。必须在这两个世界之间进行区别。[38] 只有远离大都市,与之没有关联时,栖居才有可能发生。如果栖居想要在现代世界中继续存在下去,那么它的基本条件是隐姓埋名——这是分析路斯住宅时所得到的暗示。

很明显,路斯意识到现代性和栖居之间必然是水火不容的。现代性不能容忍一种与生活总体性相符的栖居。栖居不再遍及生活的每个瞬间,它被迫退却到它自己的领域中,保护自身,远离公共领域的诉求,远离由于无根性和人造物所导致的破坏力量。栖居只能够依附于室内:只有在那里,记忆才能获得无可置疑的贮存条件;只有在那里,人的性格成长才得以显现。只有通过这种退却,栖居才能自我实现并获得真实性。

这种策略有效地弥补了因自明性的缺失而导致的恶果。比如,选择由专业人士装饰的风格化的室内,在这种室内,栖居不是以个人记忆和生活经历为基础的体验,反而是在与居住者个性毫无关系的人造外壳之中僵死。路斯使用"亵渎"(blasphemous)这个词来谴责这种风格化的僵死。他讲到,想象某个家庭场景,一个年轻姑娘刚刚自杀,四肢外张地躺在地上,如果地板是凡·德·维尔德设计的室内的一部分，那我们所面对的将不仅是一个格调高雅的房间，而是一种"对死者的亵渎"。[39]当"风格"和"艺术"压倒栖居时，亵渎便发生了。风格破坏栖居，剥夺它的个性，而艺术则自视过高，不屑于设计像房屋这样简单自明的东西。

　　路斯对装饰的激进斥责是这种批评的连带产物。不要装饰——拒绝刻意创造一种新"风格"——在他的观念中是一种对无根化和碎片化生活的恰当回应。通过使用装饰，人们试图将生活的不同方面联系在一起，从而将内部和外部世界连结成一个连续的整体。去除装饰后，关于这种和谐统一仍有可能的想法幻灭了。只有承认传统的连续性不是一种不被打断的连续性，才能保持对传统的真实态度。只有将它与生活的其他方面区分开来，栖居才能继续存在下去。

　　因此，路斯的现代性观念是激进的，反田园精神的（anti-pastoral）。他从未幻想过这样一种未来，即生活中的所有不同领域将会融合成为一种和谐的统一体。对他来说，完全不存在一种能够将工业家、艺术家和工匠联合在一起的理想状态。这些不同领域的代表在世界历史的舞台上将履行不同的职责。路斯在艺术和文化、私密和公共、栖居和建筑之间做出了明确区分，他认为，这种区分对现代状况而言是本质性的。

瓦尔特·本雅明：一个无阶级社会之梦

　　在 1969 年，他去世的那一年，阿多诺写了最后一篇关于他朋友瓦尔特·本雅明的生活和作品的评论。[40]文章的题目名为"背道而行"(A l'écart de tous les courants)，这个题目涉及本雅明思想的一个重要方面——事实上他的思想无法归入任何一种特定的哲学或者文学潮流。受到诸如新康德学派(neo-Kantianism)、犹太神秘哲学(Jewish Kabbala)以及辩证唯物主义等不同思潮的影响，正是包含着不同的思考模式，本雅明的哲学保持了一种古怪的个性。

　　本雅明 1892 年生于柏林，是犹太商人之子。他在不同的大学学习过哲学、心理学以及德国文学。1925 年，他的大学教授资格论文(*Habilitationsschrift*)被法兰克福大学拒绝了[41]，于是他下决心作为一个自由作家谋生。纳粹掌权后，他开始流亡，从那时候起他的处境非常不稳定。社会研究所(Institut für Sozialforschung)[42] 提供的资助勉强够他在巴黎生活和工作，此后战争又迫使他离开了这座城市。1940 年 9 月 26 日的晚上，在去西班牙的路上他自杀了，他原本是计划途经西班牙到纽约并为纽约的研究机构做报告的。

　　本雅明留下的作品由三本著作和大量评论组成，有短有长。《拱廊街计划》(*Passagenwerk*)一书虽然未完成，但却是其最杰出作品。这本书花费了他生命的最后 13 年时光。尽管对本雅明的认可有些姗姗来迟，但现在他是公认的最重要的现代性哲学家之一。1955 年，特奥多尔·阿多诺和葛蕾特·阿多诺(Gretel Adorno)才出版了本雅明的文集(*Schriften*)的第一版，而他的作品直到 60 年代才终于在更多圈子为人所知。至 1968 年的学潮时，本雅明被当作一个真正的偶像受到顶礼膜拜。对那些希望发展出一套有关智识作品(intellectual Work)与政治参与(political en-

96

gagement)之间关系的唯物主义理论的人而言，本雅明是一位激进的理论家，当时对他著作的流行阐释，主要基于其最具纲领性的一些作品，这些作品属于一种特殊的马克思主义流派；作为本雅明哲学一个方面的典型，它们偶尔会暗示给人一种神学的一形而上学的思维模式。[43]

随着本雅明著作的陆续出版——这一过程直到 1989 年才完成，对他作品的接受不再是一边倒了。在大量的二手文献中[44]，矛盾状态（ambivalence）似乎作为其作品的显著特点而成为一个不断被重复提到的主题，他的著作一方面被认为有一种对失去之物无法克服的忧郁和悲伤，另一方面，又有一种激进的、乌托邦式的信仰，相信先锋派的力量已经为实现真诚的人类社会铺平了道路。然而，近来许多评论家已经尝试去识别本雅明作品集中多样性、内在矛盾性以及碎片化特征背后的某种一致性，并认为他的矛盾心理具有一种潜在的连贯性，甚至已自成一种体系。[45]在此不得不涉及弥漫在其作品中的许多哲学洞察，即使它们未能以一种清晰的方式获得系统的表达。其中的争议是，这里存在一些特殊的——更不用说不寻常的——关于语言、世界以及历史的概念，它们并不属于西方哲学的标准范畴，而是以一种犹太观念和唯物主义观念的奇特混合为基础，结合了体验的理论和大众文化中对于革命冲动的开放性。通过这种结合，这些对立的原则导致了一部独一无二的、多面的作品集的产生。

即使稍显呆板，建筑理论仍是十分积极地吸收了本雅明的观念，[46]尤为关注他对现代建筑的阐释。本雅明深信，这种钢和玻璃的建筑实现了现代文明内在的承诺，因为它是一种对现代文明典

型的"贫民性"（Poverty）的真实表达，由此预示了一种透明的和
无阶级的社会的诞生。在他对建筑的展望中，我们可以找到其 97
关于现代性矛盾态度的精髓。要恰如其分地理解他关于这个主
题的思想，首先必须探究支持其体验理论和历史理论视角的语
言哲学。

摹拟与体验

本雅明关于语言的观念与那些普遍流行的符号语言学（semi-
otics）的思想存在着本质上的差异。[47]在他看来，语言不是仅仅基
于能指（signifier）与所指（signified）之间习以为常的关系。除了
这种被他称为"符号学的"的语言的交际层面（communicative di-
mension）外，他区分出了另一种被他视为语言起源的"摹拟的"
（mimetic）层面。语言的摹拟层面比符号学层面更难定位。最好
的描绘方式是推断语言的拟声（onomatopoeic）特征：正如像"叽
叽咕咕"和"滴滴答答"模拟了它们所指示之物的发声。从更宏观
的角度来看，语言作为一个整体可以被看成是对世界的模仿（摹
拟）。

对本雅明而言，我们了解和使用的语言是一种对原始语言
的微弱反映。原始语言以相似性（similarities）为基础来命名事
物，其本质——所有语言都是如此——是命名（the name）。这是
摹拟的目标，并因此与拥有相同名称的人与物之间的相似性关
系联系在了一起。然而在当前使用的语言中，这种摹拟结构
（mimetic structure）无法再被直接识别和呈现：它不再以每个单

独的词语来表达。但本雅明坚持认为，不论它减弱和减少到何种程度，摹拟结构仍然决定了语言是什么。它不仅可以在口语及其意义之间找到，也可以在书面语及其意义之间，以及书面语与口语之间得以呈现。在阅读行为中，我们开始意识到这一点。阅读不仅仅是将单个词语的字面意思连贯起来。在阅读行为中有一种抽象的一致性，本雅明将之称为"非感官性相似"（unsinnliche Ähnlichkeit）[48]，这可以在文本（text）和理解它的瞬间所"照亮"的现实之间的相似性中观察到。这种非感官的相似性具体表现在词语结合所形成的格局之中：正如占星家解说宇宙星丛（constellation），据此发表预言，词语相互之间的关系和作用创造出了与现实之间的一种呼应。或者，如西里尔·奥弗曼斯（Cyrille Offermans）所言：

> 对本雅明来说，同样对阿多诺也是一样，文本是一种力场（force-field）：一种产生于词语中的语义能量（semantic energy）的交换。有意识的使用语言……等同于创造这种力场……文本的建构越有意识，词语的使用越有动机，那么词语的任意性越小，词语与事物之间的抽象关系和偶然关系越少。如同在文本中，事物的体验变得切实有形，尽管没有单个词语可以仅依靠自身达到实现在场。[49]

正如本雅明所理解的那样，人类摹拟的本领表现在两个方面：其最原初的含义与人们将自身与他物比较或扮演他物的能力有关，就好像小孩子在玩耍中扮演面包师和足球运动员，或者火车和毛驴一样；在较少用到的衍生意义上，摹拟可被看作与我们辨识具有明显差异的事物之间的关联性与相似性的能力有关。由于"相似性是经验的推理法"（Similarity is the organon of experience），[50] 因此真正的"经验"，这个术语用本雅明的话来说，应该被视为一种摹拟姿态（mimetic gesture）。

这种观念对本雅明关于经验的理论而言是至关重要的，在他的经验理论中，他区别了两个与经验相关的德语词汇 Erlebnis 与 Erfahrung。Erfahrung 的意思是生活的经验，指的是一种对经验的完整储备，这种储备来自于个人对情感、见闻和事件的吸收。建立这种经验储备的能力很大程度取决于传统实存。就此意义而言，经验可说是集体的和无意识的。Erfahrung 与对关联性和相似性的感知并将其付诸行动的能力有关。另一方面，Erlebnis 则是指情感，这些情感被还原为一系列原子化的、没有联系的瞬间，它们之间没有任何关联，也无法被整合为生活经验。[51]

这些观念贯穿本雅明的作品，而在对波德莱尔研究中，他进行了详细的探究。这是他的《拱廊街计划》研究工作的副产品。本雅明声称，"经验结构"（structure of experience）正在发生某种变化，由此开始他的论点：在"冷漠而令人不知所措的大尺度工业主义时代"，在"标准化、非自然的大众文明"之中，真实的经验成为稀有之物。这是因为，经验（Erfahrung）"无论是在集体生活还是私人生活中，都是一种传统之实存。与其说它是记忆中雷打不动的事实，倒不如说它是记忆的汇集，这种记忆常常通过无意识的资料经年累积而形成。"[52]

当 Erfahrung 逐渐开始与传统产生关联之时，Erlebnis 则指的是感觉表象。这些被一种警觉意识所阻拦并立刻做出反应：存在一种即刻的回应，产生的印象或多或少存储于有意识的记忆之中（Erfahrung）；然而，在（无意识的）回忆（Gedächtnis）里，它却无迹可寻。相反，形成部分回忆（remembrance）的印象是创建经验（Erfahrung）的材料。它们具有重复的特征，时常由感觉构成印象[53]，从长远来看，它们对个人经验的影响比来自 Erlebnis 的瞬间和肤浅的印象要深刻得多。

现代性的标志是主体摹拟能力的衰退，以及随之而来的传统之影响力和经验之重要性的衰退。日常生活越来越缺乏适当的条件以取得生活经验。例如，报纸呈现信息的方式使得其读者显然不会有意识地将这些信息和他们自身的经验整合在一起。事实上，对本雅明而言，恰恰相反："新闻"的全部目的就是让当下事件远离那些它们可能影响读者经验的领域。处理信息也因此在某种意义上对立于经验的获取；新闻报道与创造传统无关。伴随着飞快的节奏和过度的刺激，城市生活是这种发展的产物：瞬息的、具有轰动效应的、持续不断变化的各种事物都是 Erlebnis 的秩序的一部分，而另一方面，Erfahrung 则是以重复和连续为基础的。[54]

在他著名的艺术随笔中，本雅明用作品中"光晕"（aura）的凋敝来描绘经验枯竭的过程。新的视听科技（摄影、电影、录音）在技术层面实现了复制的可能性，这使艺术作品的地位经历了一种根本性的变化。艺术作品在复制的过程中失去了它的独一无二（uniqueness）和原真性（authenticity）——它的独一无二在于其此时此地的存在，在于其历史发展的物质基础（material substratum）。本雅明以光晕（aura）这一术语来总结这种独一无二和原真性：

在机器复制时代凋敝的是艺术作品的光晕。这是一个具有征候性的过程,它的意义超出了艺术的领域。我们可以这样概括说:复制技术使被复制的对象脱离了传统领域。通过制造出大量的复制品,它以复制品的多样性取代了独一无二的存在。[55]

光晕的凋敝,在本雅明看来,是一个以社会性决定的事件。它满足了社会大众"更接近事物"(get closer to things)的需求。毕竟,"无论多么靠近",光晕总是包含了"一种保持一定距离的独特现象"。[56]复制的技术所摧毁的正是这种距离感。

这里所描述的(被复制的)艺术作品成为商品的过程,与本雅明在别处称之为"经验的枯萎"(the atrophy of experience)过程是类似的。在这篇文章中,他采取了一种相对乐观的态度来对待这种现象。他主张,作为复制技术普遍应用的结果,这种新的感知方式有可观的潜力实现解放,并使大众对待艺术的态度由倒退的转变为进步的。对艺术复制品的体验,例如一部电影,不再以聚精会神的自我隔绝,而是以左顾右盼的集体参与为特征。这一改变导致了这样一种结果,当观众观看一幅画作时,不再是他作为个体沉浸于艺术作品之中,相反,是艺术作品本身融入了观赏的大众。

在本雅明看来,现代性是以经验结构(structure of experience)的剧烈变化为特征的。在他的部分写作中,悲痛和深沉的忧郁成为主要的情绪,他本人对这种趋势也感到遗憾。[57]在其余写作中,他的语气要稍微乐观一些。其中,经验的衰退被当作是在资产阶级虚假遗产毁灭后人性重建的天赐良机。本雅明的语调似乎不断在悲喜之间来回摇摆。在他关于经验衰退的论文中并未暗示一种对现代性的绝对否定的诊断。

　　与这一点尤其相关的是他于 1933 年写的论文《经验与贫瘠》（Erfahrung und Armut），这篇文章或许包含了本雅明清算主义（liquidationist）立场中最激进和最迷人的阐述。在这篇文章中，他认为，在他周围所观察到的经验的贫瘠，应该作为一个人类改头换面的新机遇而被把握。这种机遇带来并生成了一种新的野蛮主义，战胜了一种不能再被称为人的文化。而这正是大多数清醒的先锋派的艺术家们，诸如贝尔托·布莱希特（Bertolt Brecht）、路斯、保罗·克利（Paul Klee）以及希尔巴特（Scheerbart）所理解的，他们与利用过去的元素来美化人性的传统人文主义观念作斗争，作为传统观念的替代品，他们关注赤身裸体的同时代人，这些人像身无条缕躺在肮脏的尿布上的婴儿那样啼哭。"在这个时代景象完全幻灭的同时，却又向其毫无保留地表白了忠诚"，[58] 这便是这些艺术家的作品的特征。

反常理的历史梳理

　　1940 年本雅明自杀前完成的最后一篇文章的题目是《论历史之概念》（Über den Begriff der Geschichte，英译题为 On the Concept of History）。以集合十八个主题的紧凑形式，该文本涵括了本雅明关于历史的非正统观念。他在这篇文章中拒绝将历史阐释为人性进步的叙事这样一种观念，并反抗一种空洞而同质化的时代背景。在某一著名段落中，他将进步的观念揭示为一种

幻想:

克利的画作《新天使》(Angelus Novus)(图 53)展示了一
个天使似乎正在远离他所凝视的事物。他的眼睛正在凝望,
嘴巴正在张开,翅膀正在展开。这正是历史天使的写照。他
的脸朝向过去。在我们认为是一连串事件的地方,他看到的
是一场单一的灾难。这场灾难不断地堆积残骸,并将它们抛
在他的面前。天使想在此处停留,唤醒死去的事物并将破碎 101
的世界还原为整体。可是,一股从天堂刮来的风暴猛烈地吹
打着他的翅膀,以至于再也无法合拢。这场风暴将他不可抗
拒地推向他所背对的未来,而他面前堆积的残骸则越堆越高,
直逼天际。这场风暴就是我们所谓的进步。[59]

图 53　保罗·克利,新天使,1920。(耶路撒冷以色列博物馆收藏)

　　历史不是人性进步的故事，而是堆积残骸和碎片的故事。历史由鲜血与苦难组成，文化的历程也载录着野蛮暴行。起源于剥削和压迫的社会体制生产出了我们的文化传统，在分析过去时千万不能忘记这一点。因此，历史唯物主义者的任务不是从胜利者的角度（这是经常发生的）而是从受害者的角度来书写历史。"反常理的历史梳理"[60]是他的任务。

　　过去与过去的苦难呼唤救赎。当下对过去有一种责任。这是因为不同时代之间不仅仅以一种纯粹编年的秩序相联系，而是存在潜在的关联。例如，经历法国大革命的感受如同古罗马的再现。在不同的历史瞬间之间存在着一种连带和因果关系，这实际上是一种保守说法——对本雅明而言，每个特定的历史瞬间都包含全部，即，作为整体的过去与实现历史的乌托邦终极目标的可能。历史唯物主义者的任务是使这点清晰易懂。他的任务是，以一种建构的态度使时间凝固，将其单子（monad）般的研究主题阐述明白，其中已蕴含了"炸碎"历史连续体的潜能：

　　　　在思考突然止于一个孕育张力的构型（configuration）的位置，该构型受到震动，思考由此而具体化为一个单子。只有当历史唯物主义者与作为单子的历史主题相遇，他才能接近它。在这个结构中，他辨识出了（历史）事件的一种救世主般的休止迹象，或者，换句话说，一次为受压迫的过去而战的革命性机会。他审视这个机会，以便在同质化的历史进程中分离出一个特殊的时代。[61]

理论上,每个特殊的历史瞬间都隐含着实现乌托邦式终极目标的可能性。革命阶级意识到了这一点:他们的任务是抓住引爆历史连续体的机会,并跃向一个新时代。在此意义上,他们就像犹太人。对犹太人而言"每一秒救世主弥撒亚都可能迈入天堂之门(strait gate)"。[62]

关于历史的理论这个主题,构成本雅明书中数篇文章之一,其中出现了一种有意将神学—形而上学思维模式与历史唯物主义者的明确承诺交织在一起的状况。前者在本雅明更早期的作品中明显存在,后者则是本氏写于三十年代的许多作品的特征。这篇文章清楚地证实,在本雅明的作品中这两种完全不同的方法并不是前后相继出现,而是同时叠加在一起并且相互影响的。相对正统思想而言,本雅明绝不愿意屈服于历史唯物主义和神学—形而上学的世界观之间的矛盾。对他来说,如果历史唯物主义想要真正理解过去和将来,那么就不得不利用神学的思考方式。可以毫不惊讶地看到,对于"真正的"马克思主义者来说,本雅明版本的历史唯物主义并不正宗,这就像犹太神学家眼中本雅明所谓的弥赛亚主义(messianism)一样。

在本雅明的思维结构中,弥赛亚主义是一个至关重要的元素。列文·德·考特(Lieven de Cauter)提出一种有说服力的主张:一旦我们意识到弥赛亚秩序是本雅明一切写作的基础这个事实,他的全部作品都可以看成是一以贯之和易于理解的了。[63]这种想法暗示了,历史不应被视为位于空洞且同质化时间中一张记载年代连续的年表,而应该是一个三元过程:原初的天国乐园,普遍衰弱(堕落)状态时期,以及作为制高点的乌托邦目标(即救赎)。最根本的是，这三个时刻并非像受到神学启示的历史唯物主义者所揭示的那样，是包含不同意义层次的三个发展阶段。任一历史时刻追根究底都包含这三个瞬间：起源，无论变得怎样微弱，仍能在堕落的过程中被看到，就如同救赎实质上也是弥赛亚碎片的一种呈现方式。

一旦我们意识到这种天堂、堕落、救赎三位一体构成了本雅明作品的内在结构，他的经验理论和他对现代性的诊断中的矛盾性特征就变得更加容易理解了。他如此描绘在堕落的过程中经验究竟发生了怎样的变化：在从天堂乐园跌落的过程中，人类的语言与亚当命名事物是相类似的，而以一种摹拟的态度对待世界占据统治地位。然而，在此堕落的过程中，包含了逆转（reversal）的潜在萌芽。我们可以从悲痛、对失落之物的忧郁以及即便仅能通过回忆的方式也要尽可能多地保存（失落之物）等角度来描绘这种堕落。我们也可以根据其固有的逆转（Umschlag）潜力来描述堕落
103 的状态——这是本雅明在更为激进的文本中所采取的路径；换句话说，作为一种状态，其革命的潜能应该被意识到并获得发掘。

一个时代的建筑学或者面相学

一个时代的建筑物能够最清晰地呈现这个时代赤裸的现实：根据《拱廊街计划》一书，建筑是社会深层"神话"的最重要的见证。[64]本雅明的目标是以建筑的相面术（Physiognomy）来解读19世纪的时代特征：希望通过分析文化的"表皮（surface）"——流行时尚和建筑物——识别其更深层的、更本质的特征。

　　这种努力对于本雅明的作品来说至关重要。他将巴黎的商业拱廊作为19世纪主要的建筑成就。在这些有着典型巴黎称呼的覆顶街道上——新桥拱廊（Passage du Pont-Neuf）、歌剧院拱廊（Passage de l'Opéra）、薇薇安拱廊（Passage Vivienne）、德达拱廊（Galerie Véro-Dodat）[图54与55]、全景拱廊（passage des Panoramas）[图56与57]、舒瓦瑟乐拱廊（passage Choiseul）——可以找到隐喻、类比和梦幻形象的无穷无尽的来源，并同时被移植成为一种城市的，大都市形态的物质现实。于是，《拱廊街计划》可以被解读为一部关于词语"走廊（Passage）"或者"拱廊（arcade）"的历史内涵百科全书式的展示：本雅明将无穷无尽的意义、联想以及内涵等枝节投射到他的研究对象之上。[65]他将拱廊视为一幅辩证的图像——它是一幅瞬间的闪回，其中历史的、过去的、现在的和未来的一连串基本面相以一种高度浓缩的形式被综合在一起。与单子类似，它完整地折射出十九世纪的现实情形。

　　拱廊的存在可以归于这样几个原因：零售业的崛起，尤其是奢侈品交易，另外还与新的建造技术有关：首先是铸铁和玻璃建筑的建造技术。这种新发展的结合导致一种新的典型十九世纪的城市形式：拱廊形成了位于街道的"室外世界（outdoor world）"与住宅的室内空间之间的过渡区域。它们的确构建了一种没有"外部"的"内部"：它们的形式只能从内部获得理解；它们没有任何外在形式，或者至少没有我们可以很容易视觉化的外在形式。在此意义上，对本雅明来说，它们与我们的美梦很相似[66]：我们可以从拱廊的内部了解它，但它的外部形式对于身处室内的人来说是无法了解的，也是无关紧要的。

图 54　德达拱廊，巴黎，1823－1826。（照片：安内米·菲利普[Annemie Philippe]）

图 55　德达拱廊。（照片：安内米·菲利普）

图 56　全景拱廊,巴黎,1800。(照片:安内米·菲利普)

玻璃屋顶的透明性赋予拱廊特殊的品质。这使得室内与室外之间有可能相互渗透(Durchdringung),拱廊成为街道与住家之间的过渡地带。玻璃屋顶使拱廊成为极其适合游荡者(flâneur),即,那些没有目的地在城市中散步闲逛者的一种空间:如果街道构成社会大众和游荡者的某种"生存空间"的话,那么这种隐喻在空间层面的投射就是拱廊:

　　街道是社会集体的住所。集体是一种保持警惕的、不停移动的存在,它在房子之间体验、学习和创造的东西,并不比 106

图 57　全景拱廊。（照片：安内米·菲利普）

个体在房子内部的要少。比起中产阶级客厅墙上的油画摆设，集体更欢迎光鲜靓丽的公司招幌。标有"禁止招贴"（Défense d'afficher）的墙面是它的卧室，喝咖啡的场地是其观察"家人"的弧形窗，街头公认晾衣物的围栏是它的大厅，通向幽暗后花园的出口是它的走廊，而房间的入口就是城市的入口。城市的客厅则是……拱廊。街道比其他任何场所都更像普通百姓家装修破落的室内。[67]

比拱廊更有启发意义的是 19 世纪那些由铸铁和玻璃搭建起来的、举行大型博览会的巨型大厅。在这两类案例中,本雅明观察到一种对商品幻象(phantasmagoria)的颂扬:这是城市大众凝视"新奇之物"(nouveautés)的狂欢,是商品崇拜的开始。这些庞大的博览宫殿是"商品崇拜的朝圣地"[68];"'商品'这种暧昧植被在此恣意蔓生"。[69]白天灿烂的阳光和夜晚摇曳的煤气灯光催生出一种近乎仙境的光晕,包围环绕着商品。事实上,它们创造了一种幻觉,"资本主义文化的幻象","在 1867 年的世界博览会上获得了最夺目的展现"。[70]

但是,这不是全部。本雅明将铸铁和玻璃建筑看成是一种梦境意象(dream image)。这种梦境意象展现了一种弥赛亚式的三元结构(triadic structure)。它的内在具有欺骗性的一面,对商品崇拜的赞颂;同时它又有乌托邦的一面,提供了一幅无阶级社会的图景:"每个时代都可以在梦幻中憧憬下一个时代,后者貌似融合了史前的、即无阶级社会的元素。"[71]在本雅明看来,拱廊和博览大厅那典型的梦幻般的特征,为 20 世纪更清醒的现实开辟了道路。[72]新建筑在 20 世纪繁荣起来了;它具有透明性和空间的渗透性,它期待着新的(无阶级)社会,其特征是比过去任何时代都深入人心的明晰性和开放性。

罗尔夫·蒂德曼(Rolf Tiedemann)将这场唤醒运动看成是实现《拱廊街计划》原初目标的一个要点:通过将 19 世纪的文化现象定义为"梦影"(dream figures),本雅明的目标将资本主义从集体的"睡梦"中唤醒。[73]在他看来,这个唤醒的过程已经在其当代建筑中部分地发生了:在新建筑所包含的建筑学中,以及在路斯、门德尔松和柯布西耶的建筑之中，本雅明意识到一种新的空间概念，它包含了与无阶级社会的透明性相呼应的品质。这种对现代建筑的评价不仅与他对新野蛮主义的倡导紧密关联，而且也与为遭受现代性风暴激烈冲击的苦难人性寻求重生密切相关。

　　在他的艺术文集中，本雅明声称建筑可以被看成是作品新的接受方式的原型。建筑物既吸引、又分散了所有人的注意力：对建筑的感知更多的是通过触觉（通过使用建筑物）而非视觉。这种感知模式与由工业文明所加强的新的生活条件是一致的。个体以一种心不在焉的方式适应了这些生活条件，而不是通过全神贯注的近距离考察："汽车司机将比艺术史学家更快地适应车库的现代形式。他的注意力完全放在其他地方（例如，可能是抛锚的汽车），而艺术史学家则费劲地尝试从风格上分析车库。"[74]

　　本雅明将这种接受模式归因于一种"典范价值"（canonical value）："在历史转折点，人类感知器官的任务不能通过视觉方式来解决，也就是说，不能仅仅通过凝视来解决。在触觉的指导下，它们逐渐被习惯控制。"[75] 由于与栖居有关而且因此关乎习惯（habits）和习性（habituation），因此对他来说，建筑是触感接受的原型。

　　本雅明将栖居（dwelling）理解成一种顺应我们周围现实的积极形式，其中个体与其周围环境相互适应。他提到了 wohnen（栖居）和 gewohnt（习惯的，习以为常的）这两个词在德文语法上的联系，英语中的这种关联存在于"习惯"（habit）与"定居"（inhabit）两个词之间。他说，这种联系为理解栖居提供了一条线索，即关于不断地包装和重新包装的浮躁的当代性。这段话必须通过德语原

文来阐明:"Wohnen als Transitivum—im Begriff des 'gewohnt-
en Lebens' z. B.—gibt eine Vorstellung von der hastingen
Aktualität, die in diesem Verhalten verborgen ist. Es besteht
darin,ein Gehäuse uns zu prägen."[76]。

正是由于建筑要回应这种"仓促的同时性(hurried contem-
poraneity)",因此它可以作为"艺术政治化"的模型。本雅明在他
关于艺术的论著中认为,这种"艺术政治化"是对由法西斯施行的
"政治美学化"唯一可能的回应。

栖居、透明性、外在性

本雅明在《经验与贫瘠》中提倡一种新的野蛮主义,这可以被
认为是他对肤浅的人文主义方法的拒绝——为此他已长期酝酿和
准备。这种智识策略的开端可以在他 1925 年被否决的大学教席
资格论文(*Habilitationsschrift*)《德国悲剧的起源》(*Ursprung des* 108
deutschen Trauerspiels)中看到。[77]通过对德国 17 世纪悲剧的研
究,他的目的不仅对文学史研究有所贡献,而是在根本上,以阐述
当代表现主义方法和策略的视角,去探究关于寓言的概念(the
notion of allegory)。本雅明坚信,寓言被不公平地归类为一种次
要的艺术手段,对于这一特殊表现手段的研究,与现代审美形式密
切相关。[78]

本雅明通过批判浪漫主义观点来处理象征与寓言之间的差
异。基于理想主义观念,这种浪漫主义态度在这两种文学手法之
间划分了等级。其中,象征在品质上的级别更高。其依据的假设

是，象征的艺术创作是以统一性（unity）为基础的，这是一种作品外在形式与意义之间的内在关联性。美丽，如同过去那样，与神圣融合为一个不可打破的整体，这样就有可能实现一种道德与美学之间潜在的统合。在另一方面，通过寓言的方式，能指与所指之间不存在固有的联系：在寓言中，起源相异的不同元素互相关联，并且被寓言家赋予了外在于构成元素的象征关系。而在浪漫主义的理想主义传统里面地位更高的象征，则是可操作的，例如，在关于教育（*Bildung*）的理想中。这种理想规定个体应当被教化成为完整的人（complete human being），在他的身上，知识、审美鉴赏力以及道德意识融为一体，塑造其性格内核。[79] 在本雅明的观念中，达到一种象征整体性的种种努力是人文主义的基本特征，它源于浪漫主义—理想主义传统。[80]

　　然而，本雅明并不接受这种等级区分。对他而言，寓言才是应对世界的原真方式，因为寓言并不是以统一性的前提为基础的，而承认世界是碎片的、失败的。对所有是痛苦的来源和破坏性的事物而言，寓言代表着早逝夭折的事物，代表着一切痛苦和毁灭的源头；它代表着正在形成中的堕落的状态，这种状态充分展现了一种完全不诉诸全面性和整体性的体验，而这恰是它地位重要的原因。如果说寓言仅在外表施加作用，那么象征之意义的基础则以统一性为前提，假定内部与外部相互间能够和谐共存。这种差别归于这样一个事实：象征的意义源于内在实存，而寓言坚定地将自身限制于外部。象征允许我们对完整性和统一性略有感知，而寓言则揭示了世界仿佛是一处无人荒野，四下里废墟散布，默默地成为灾难的见证。[81]

如果我们相信阿莎亚·拉西斯（Asja Lacis）所说的，认为本雅明研究悲剧是为了明确展现他同时代的美学问题的话，我们将与约翰·麦克科尔（John McCole）一样，推断出本雅明在此隐晦地提出了现代主义的美学问题。我们可以真正看到他对寓言的重新评价和后期他对现代派文化（modernistic culture）的态度之间有意义的并行关系。这也是赖纳·内格勒（Rainer Nägele）的观点，内格勒从本雅明的两种对立中——一方面是寓言和象征的对立，另一方面是资产阶级的内在性（interiority）和先锋派的破坏性的 109 对立——看到了显著的相似性：

> 危险之处不仅仅是世界的物质实在性（material substan-tiality），而且是意义—生产（meaning-producing）之光所在的位置：在象征中它是"半透明"（translucence）的，光从内部散发出来，而在寓言中光线来自外部。这是基本的拓扑学，它建构了象征—寓言之间对立的修辞学，同时也建立了资产阶级的主体性和内在性之间对立的修辞学。作为抵抗，从现代主义之中浮现了一种对于外在性或表面性的同情态度：它在其所有的戏剧性特征中重估了寓言的价值。[82]

寓言——"是对主体和客体的推测性综合的分化，可见于解体的系统和废墟之中"[83]——在先锋派所关注的蒙太奇和建构之中找到了它的对应物。先锋派选择设计的机械原则（mechanistic principle）而不是模仿有机形象（organic figure）。这种现代主义原则中存有一个观念世界，这个世界更青睐激进的宣传，而对内在性培育(cultivation of inwardness)这个虚伪的理想进行了清理。这种宣传的目的是实现透明性，这是无条件的革命义务：在真正无阶级的社会中，集体取代了个人的统治，私密性成为一种成为过时的美德，因而绝不可能在革命中幸免于难。

在本雅明的作品中，他对象征和寓言之间关系的浪漫主义—理想主义概念的批判，和他对现代主义美学的阐释之间，存在惊人的相似性。这一事实并不让人感到特别奇怪。在现代主义文化中，对19世纪传统的拒绝也是一个重要的因素。因而本雅明特别强调，这种拒绝也不应让我们多么震惊。先锋派运动吸引他的因素在于其"破坏型人格"(destructive character)。本雅明深信，这些人的特殊之处在于，他们是那些直面时代的人，是有能力为未来开拓道路的人："一些人使事物不可触碰，受到保护，保证将其传给后代，而另一些人则通过对发展趋势的清理使其可行，并把这种格局传承给后代。后者被称为破坏性的。"[84]这些破坏者为人类做出了最大的贡献。他们的作品是真正有价值的。本雅明引用路斯的话："如果人文作品包含了破坏性，那才是真正人文的、自然的、高尚的创作。"[85]

本雅明看来，在人类被迫与科技和现代文明的历史性对抗过程中，破坏性作品的出现是不可避免的。只有通过一种经历了所有不可避免的痛楚的净化过程——痛楚暗示了只有破坏旧事物，才有可能为新人性的诞生创造条件，这是一种内含破坏倾向的人性。

　　一般的欧洲人在将其生活和科技结合方面做得并不成

功,因为他执着地沉迷于创造性存在(creative existence)。[110]为了理解一种通过破坏来证明自身的人性,我们必须了解路斯与庞大凶残的"装饰"之间的搏斗,倾听希尔巴特所创造的第一流的世界语(stellar Esperanto),或者欣赏克利的"新天使",这几位艺术家更乐于通过索取而不是给予使人快乐。[86]

破坏之所以至关重要,是因为净化对生命力的每种形式都是至关重要的。制造或创造某样事物,与原创性或发明才能无关,反而与净化的过程关系更大。创造力是一种虚假的理想,一种幻象。可以在破坏行动中找到那些在内心关怀"真正人性"(true humanity)的人的真实目标。本雅明提到了卡尔·克劳斯,克劳斯以破坏性的方式使用引语,从而成功地从历史的废墟中抢救出一些遗迹:"[克劳斯]在引语中发现力量,这不是为了保存而是为了净化,为了与文脉割裂开来,为了毁灭,只有包含希望的力量才能让某些事物在这个时代中幸存,因为时代被它改变了。"[87]本雅明认识到在诸如路斯、希尔巴特以及克利等人身上有着同样的破坏和否定的意愿。在这些人身上,在他们的破坏性作品中,隐藏着续存文明的希望。这是因为他们认识到,这种"崇拜创造性存在"的信仰会对人类的生活适应工业时代的需要造成阻碍。

对本雅明而言,面对新生存条件的挑战,如此多人所支持的虚伪人文主义意识形态没能提供任何相应的、有希望的生活模式,更不用说利用被认为内在于科技之中的无阶级社会政治图景。正如约翰·麦克科尔所指出,本雅明"坚定地认为人文主义的理想主义传统,以及人文主义本身的古典理想,已经彻头彻尾是妥协性的了。只有通过净化清理，而非对这些传统的保存，才有希望确保曾赋予这些传统活力的东西。"[88]

本雅明认为如果革命要成功，那么就必然需要破坏型人格的活动。破坏型人格消解了人对环境的熟悉感，并且反对舒适的生活，放任自己沉浸于玻璃和钢的冰冷现实之中："破坏型人格是盒中人（etui-man）的宿敌。盒中人寻求舒适，盒子是其精华。天鹅绒内衬的盒子里面留有他铭刻在世界上的痕迹。破坏型人物则甚至连破坏行为本身的痕迹也要清除掉。"[89]

两种不同的栖居观念在这里针锋相对。在本雅明看来，栖居基本上应被理解为一种对母亲子宫的遥远记忆。对栖居而言，这种被保护以及寻求保护性外壳的感觉是本质性的，但是在 19 世纪这是一种被推至极端的观念：

111
> 任何栖居的原始形式都不是一栋房子而是一个外壳，上面留有居住者的印记。栖居走向极端就变成一个外壳。19世纪比其他任何时代都要渴求栖居。它将栖居看成一个把个人及其所有财产塞进去的小匣子，这让人想起通常在紫罗兰色的天鹅绒盒子内铺列开的圆规及其配件。[90]

这种浪漫主义—理想主义的栖居观念导向了所谓"私人的盒子"（the etui of the private person）的 19 世纪室内空间。[91] 由于这些室内空间如此私人化、如此关注财产和所有权，以至于它们传递给每位来访者的信息都是准确无误的——这里没有任何东西是你的，你在这栋房子里是一个陌生人。新艺术运动将这种栖居的观

念推向极致,几乎把住宅等同于它的居住者(或者更确切地说是把
居住者等同于住宅——明显的例子是亨利·凡·德·维尔德为他
建造的住宅设计一切东西,一直到女主人的裙子)(图 58、图 59)。
在新艺术运动中,这种栖居的观念既达到了它的高潮,同时也迎来
了终结的一刻:

> 在世纪之交,室内设计被新艺术运动所震撼。诚然,通过
> 意识形态,伴随后者而来的似乎是室内设计成就的顶峰——
> 对孤寂灵魂的美化好像是它的目的。个人主义是它的理论。
> 在凡·德·维尔德的内心深处,住宅是个性的呈现。装饰对
> 他设计的住宅来说好比画家的签名对一幅画的意义(图
> 60)。[92]

新艺术运动代表了欧洲文化的最后一次努力,以调动个性的
内心世界来避开科技威胁。很明显,这在 19 世纪铸铁和玻璃建筑
的拱廊和室内中已有达到顶点的趋势。这些建筑形象营造了梦
想,迷住了所有人:在室内空间,资产阶级记录他的梦想和欲望;在
室内空间,对他者的迷恋被赋予了形式——异国情调和历史过往。
在拱廊中,科技不是被用来使个体面对他无法避免的新形势,而是
用来展示资本主义的物质现实、商业现实,将其呈现为一种幻景
(phantasmagoria)。这些趋势在新艺术运动中被推至它们的巅
峰。在新艺术运动中,资产阶级已从美梦中苏醒:[93]他曾错误地幻
想已经形成了一个新的开端,但事实上所发生的一切只是一种意
象的转移——从历史到自然史的转移。[94]

图 58　亨利·凡·德·维尔德,布卢门韦夫住宅(Bloemenwerf),于克勒,
1895 - 1896。(引自维尔德《我的生活史》[*Geschichte meines Lebens*],
[Munich:Piper,1962],图 33)

图 59　亨利·凡·德·维尔德 1898 年左右为该住宅设计的女士长裙。
(引自维尔德《我的生活史》,图 50)

图60　亨利·凡·德·维尔德,哈巴那公司商店的室内设计,柏林,1899。
"凡·德·维尔德认为,建筑即是个性化的表现。装饰之于其建筑如同签
名之于画作。"(引自维尔德《我的生活史》,图57)

　　19世纪室内设计的历史化假面舞会(historicizing masquer-
ades)——餐厅布置得像恺撒·波尔吉亚(Cesare Borgia)的宴会
厅,闺房(boudoirs)装修得像哥特礼拜堂,以及"波斯"风格的书
房[95]——被花朵和植物、水下世界舒缓的波动相关的图像所取 112
代。[96]在这里,技术被用来延伸梦想的尽头:新艺术运动认为"艺
术"是原始的,并在此概念下探究混凝土和铸铁技术的可能性。这
种策略注定要失败:"个人试图以其内在性为基础与科技相对抗,
必将导致他的毁灭。"[97]

　　工业文明的特征是缺乏真实体验,为表现内在个性的努力与
此现实并不相符。这种体验的匮乏意味着,个人无力建构他自己

的个性。[98]因此，新艺术运动力图表达这种个性的努力，与时代潜在的真正力量之间存在冲突。只有一种新野蛮主义才能够赋予它形式，才可以拯救那些曾经使真正的人文主义充满活力的东西。新野蛮主义也因此是迎接科技挑战的唯一适合的答案。

当19世纪拱廊和室内的形象构成了一种正在衰退的栖居形式时，新野蛮主义代表了一种激进的变化，带来了属于它的另一种栖居的概念——一种基于开放性和透明性，而不是安全性和隔离性的栖居概念："20世纪，伴随着它的渗透性（porousness）与透明性，对光和空气的渴求，终结了栖居的旧有词义……新艺术运动动摇了匣子存在的基础。现在它已经消亡了，栖居被简化为：在旅馆房间中生活，在火葬场死去。"[99]作为隔离和安全的栖居已经成为历史。旅馆房间和火葬场将教会个体去适应新的生活条件。与永恒性和扎根相比，这种条件与瞬时性和不稳定的关系更加密切（图61）。事物不再允许它们自己独善其身；关于栖居就是留下个人轨迹的观念正走向衰落。栖居呈现出"急促的与时俱进"，它不再记录不可消除的烙印，而是将自己表现为有着坚硬光滑表面的、可不断发生改变的构筑物和室内空间（图62）。这不一定是一种消极的发展。相反，本雅明将它设想为一个重要承诺的完成。他将栖居新的冷漠感与开放性和透明性联系在一起，而这正是一种社会新形式的特征（图63）：

作为这个时代的标志，栖居以安全为重的旧词义已经成为历史。吉迪恩、门德尔松、柯布西耶将人类恒久不变的场所变成了一个过渡性的区域，接纳各种可能的能量类型，以及光线和空气的波流。即将到来的时代被透明性所主宰。被主宰的不仅是空间,假若我们相信,俄罗斯人想要废除星期天并以灵活可变的闲暇假日取而代之,那么被主宰的甚至是时间。[100]

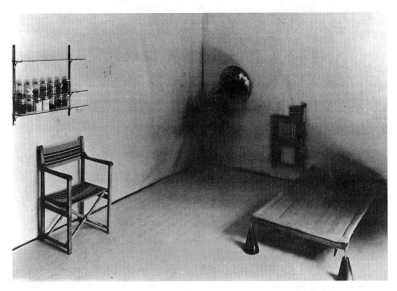

图 61　汉斯·迈耶,合作室(Co-op Zimmer),1926——新的、游牧式生活方式的视觉表达,而这种生活方式源于短暂性和不稳定性,而非基于永久和固定。

对本雅明而言,透明性的动机不仅仅停留在字面含义。在上述的引用中,他将吉迪恩所使用的术语意义上的空间透明性,与栖居于永久性场所和过渡性区域的个体所具有的灵活性和适应性联系在一起,也与时间结构内在的灵活性联系在一起。时间,对本雅明来说,如同墙上的字迹一样变得透明了。革命时刻的表象是,时 115

图62　某一包豪斯教师住宅的室内，由格罗皮乌斯建造，德绍，1926。（引自瓦尔特·格罗皮乌斯，《德绍的包豪斯建筑》[Bauhausbauten Dessau]，1930，fig.132。孔塞穆勒[Consemüller]摄。）

间的线性过程被打断了，就是说，新的日程被引入、或者时钟休止了。于是，在这种关联中他提及俄罗斯并非偶然。本雅明曾于1926—1927年的冬天访问过俄罗斯。这个国家毕竟是共产主义逐渐成为现实的地方（上文的引用的时间是1929年），它构筑了包括本雅明在内的许多左翼知识分子的希望。

　　本雅明的著作中还有其他地方也提到过俄罗斯。例如，在"超现实主义"（Surrealism）中他回忆起在一家俄罗斯旅馆中的经历。很多客人都任由客房门敞开，数量之多令他感到惊讶。这使他认识到，"生活在玻璃屋中是一种最高尚的革命美德，同时也是一种

图 63　柯布西耶，迦太基别墅（villa in Carthage），1928，室内设计图。"柯布把属于人的持久性的居住场所转变成为充满光与空气律动的，可以感受到各种能量的交汇之地。"

陶醉，一种我们迫切需要的道德展示。周全地考虑自己的生活，一种曾经的贵族美德，已经越来越变成一桩小资产阶级新贵的事务了。"[101]

　　这种对玻璃屋的征引并非孤例。这个主题再次出现在本雅明关于卡尔·克劳斯的文章中，也出现在《经验与贫瘠》一书中。他谈到的例子是，"路斯和勒·柯布西耶同时实现的、可灵活调整的玻璃屋。玻璃材料如此坚固和光滑，以至于任何东西都不能被牢固其上；它同时也冰冷而素净，由玻璃制成的物品没有'光晕'；玻璃是私密性的死对头，它也是拥有资产的敌人。"[102]本雅明在这里暗示，由于与私密性和拥有资产的对立关系，玻璃应被看成一种直接表达新社会之透明性的材料，这种类型的社会基于革命路线，在政治上将对性和家庭、对生存的经济和物质条件的"透视"作为其计划的一部分，因此对于保护家庭隐私毫无兴趣。[103]

117　建筑、现代性与栖居

　　本雅明对现代建筑的高度评价首先与他在现代建筑中洞悉的隐喻特征有关。吉迪恩的《法国建筑》一书给他留下了深刻的印象。[104]吉迪恩使用术语渗透性（*Durchdringung*）和透明性（transparency）来描绘新建筑，对他具有很大的吸引力，而吉迪恩关于新结构在无意识体验中的作用的观点对他也具有同样的吸引力。除此之外，正如我们从《拱廊街计划》（*Passagenwerk*）一书的脚注中所得知的那样，他很熟悉阿道夫·贝恩的《新生活，新建筑》（*Neues Wohnen, Neues Bauen*）和勒·柯布西耶的《城市规划》（*Urbanisme*）等书。[105]如前所述，他还经常参照阿道夫·路斯。鉴于此，他并不讨论德国 1920 年代后半段公共住宅领域发生的重要活动，这多少有些令人惊讶。据我所知，在他的作品中没有任何关于新法兰克福学派或者马丁·瓦格纳（Martin Wagner）和布鲁诺·陶特（Bruno Taut）在柏林的活动。他也不讨论汉斯·迈耶的作品，而这位建筑师恰恰在他《经验与贫瘠》（Erfahrung und Armut）中所指的道路上走得最远。[106]因此，他关于新的艺术接受中建筑可以是一种原型的观点，并未得到其同时代的实践的验证。

更甚者,在"作为生产者的作者"(The Author as Producer)一文中,本雅明援引文学提出的激进论题,但并未将其与建筑学关联起来进行探讨。这个论题声称,创新作家的特点与其说在于他所涉及的主题,还不如说在于他运作生产关系的方式:一位创新作家是一个转变读者、出版商和作者之间等级关系的人,是教育成人公众的人。因此,读者和作者的角色最终变得可以互换。这个主题后来在建筑学领域被曼弗雷多·塔夫里以及他的威尼斯学派的同僚拾掇起来,但在本雅明自己的著作中却找不到一丝一毫的影子。

说到底,本雅明对待新建筑的态度的最贴切描述就是自相矛盾——在这里,他的矛盾心理也是其三元思想结构的一种产物。他作品中某些章节的阐释贴合新野蛮主义的主张,毫不遮掩对冰冷的和禁欲的建筑学的诉求,并因而充分呼应了无所不在的经验贫乏状态。在其他一些作品中,他的语气则更带悲情。在"巴黎,19世纪之都"一文中,他描绘了摆放着过多小摆设和家具的资产阶级室内空间——儿时他就熟悉的室内空间[107]——他分明流露出对这种19世纪住居形式的怀恋,不管这种栖居方式是多么的过时和虚假。为了尽可能多地抢救那些能令人想起天堂般的原始住居状态——母亲的子宫,一种渲染栖居之衰落的哀伤(Trauerarbeit)描绘弥漫在全文的语调中。该文的其他部分贯穿了另一种观点,其注意力聚焦隐伏于栖居"衰落"趋势下的革命潜能。本雅明无疑希望取得日常生活环境的公共的开放性、透明性以及渗透性来实现一种革命性的"逆转"(Umschlag),以转变个人的和集体的生活。但与此同时,他却又割舍不下对另一时间另一住居状态的绵绵记忆,即那种仿佛使人置身壳体般包裹的个体空间，一种使安全和成长成为可能的栖居形式。

　　所有这些特征中最吸引人的，是本雅明策略性地将现代性和栖居理解为两件并不对立的事情。他拓展了一种复杂的现代性视野，即现代性不能被直接视为纲领性的或瞬时性的，他的目标是凭借现代性变化最迅速的几方面——时尚、大众文化、现代建筑的透明性和不稳定性，从中激发出有可能内含于现代的纲领——新野蛮主义。相似的策略还可在本雅明对待栖居的思想中看到。他拒绝不假思索地将栖居归入传统，尽管他承认栖居也就意味着留下痕迹，但在他看来一定程度上的功能改造（Umfunktionierung）在这个领域中也是适用的：栖居可以被理解为一个及物动词，一个关于"惯习"（habituation）的问题，这种习惯，同"浮躁的当代性"捆绑在一起，被迫与现代环境的易变性和透明性而非作为个体遗迹的栖居概念保持更多的联系。因此，"生活在玻璃屋中"也是一种崇高的革命责任，它可被视作一种为现代性斗争的工具，千百年的苦难和压迫孕育了解放的承诺，而那些开展斗争的人们正是试图利用现代性的革命潜能，来实现这种承诺。

在虚空中建造：恩斯特·布洛赫对现代建筑的批判

　　恩斯特·布洛赫（Ernst Bloch，1885－1977）的所有作品，从其第一本出版物《乌托邦精神》（*Geist der Utopie*）（1918）到其老年时的著述，一直都围绕着乌托邦和希望的主题展开。他从各个角度接近这个主题，而首当其冲的是哲学。这样做使他覆盖了如此广泛的领域，其罕见的博学广闻给人留下深刻的印象。他的作品以一种丰富的意象性语言,阐明了在白日梦、神话故事、幻想、艺术作品以及哲学理论中反复出现的乌托邦时刻的重要性。布洛赫将希望看作所有人生活的基本动力,这是因为,只有通过实现仍未存在(not-yet-being)之事物,存在(being)才能获得自我实现。

在学术生涯的早期,布洛赫就信仰马克思主义,而在其整个职业生涯中,他也从未收回这份信仰。他在逃离纳粹德国后,漂泊多年来到美国。由于不懂英语,他完全依靠妻子建筑师柯罗拉·皮奥特考斯卡(Korola. Piotrovskan)的收入过活。二战后,他返回德国,在东德的莱比锡大学(University of Leipzig)担任哲学教授,却没有接受在法兰克福的教职。东德的政权最初对他很亲热,但是一段时间后风向变了,布洛赫被禁止发表演讲或者出版作品。随着1961年柏林墙的竖立,他决定向西德寻求政治避难。在西德他接受图宾根大学的邀请再一次担任教授,并积极开展学术活动,直到1977年去世。

119

故乡:一个乌托邦的范畴

布洛赫的名作是他在美国期间写的《希望的原则》(*Das Prinzip Hoffnung*,1959年出版)。这部令人难忘的书,无论对个人领域,还是社会与美学领域,实质上都是一部关于渴望乌托邦的、百科全书般的概览。布洛赫将迥然不同的现象描绘成种种乌托邦时刻的表现,这全部建立在一种哲学本体论的基础之上。存在,对布洛赫而言,本质上应理解为尚未完成,因为存在必然包含尚未存在的瞬间。因此,在存在的每样表现中,人们都可看到一种为了未来而自我实现乌托邦理想的倾向。

按布洛赫的观点，存在有其本质上的乌托邦特征，但通常会被哲学家否定。特伦提乌斯·瓦罗（Terentius Varro）是第一个起草拉丁语语法的人，据说在他对动词形式的概说中忘记将未来时态包括在内，这事并非巧合：瓦罗的疏忽预示了对未来的忽视，是典型的哲学式思想。布洛赫开诚布公的目标就是填补这个空白："这本书做出了一次特别扩展性的尝试，将哲学引向希望，就好像要抵达世界的这样一个地方：它既是一块似已受过高度文明洗礼的住居地，又是一块像南极般未被开启的处女地。"[108]

因而，布洛赫的哲学基本主题是，"当它在新与旧的辩证唯物主义斗争中向外、向上发展时尚未成为、尚未抵达的故乡（home-land，即，*Heimat*）。"[109] *Heimat* 被看成是实现乌托邦的地方，人类与世界和谐共处的家园，也是更美好的生活梦想成真的地方。然而，*Heimat* 并不存在——无人居住在那里——但在儿时，我们都曾短暂地见过它：一种没有贫穷、异化和剥削的存在。[110] 创造这种 *Heimat* 是所有人类努力的目标。

这也是艺术的根本关怀。布洛赫将艺术理解为预显露（*Vor-schein*），一种预料到乌托邦实现的前奏（prelude）或者"预先显现"（pre-appearance）。最优秀的艺术作品能够向人们展示带有乌托邦时刻的先兆。由于不可能细致入微地从每个具体细节来描绘未来的 *Heimat*，因此这种展示并不全面，只是勾画了大致的轮廓。艺术作品将人们专注的目光导向努力创造一个更美好的世界。导向对完美的渴望，以及对存续希望的渴求。艺术如同一个实验室，事件、形象以及人物在其中经受乌托邦潜力的测试。

因此,在讨论乌托邦时必须明白,它不是仅仅涉及某一具体情境:"将乌托邦限于托马斯·摩尔(Thomas More)《乌托邦》的变体,或者简单地将其定位于这个角度理解,与试图把电流减化为琥珀的结果一样。琥珀是电流的希腊名,同时电流最早是在琥珀中发现的。"[111]乌托邦更应该是一个建设性的问题,其中囊括了一切未来的远景、愿望的满足以及希望的景象:乌托邦在艺术中呈现的形式是层次丰富、多彩多姿的。有时,乌托邦时刻只有在缺失对美好未来的直接参照时才会被认识到:一种对不在场和空虚的沉思终究暗示了对世间万物的欲望或希望。尽管如此,乌托邦思维首先包含了对一切事物的批判,也就是说:批评功能对乌托邦而言是本质性的,对艺术的真谛也是同样。[112]

对布洛赫来说,马克思主义显然是希望哲学(philosophy of hope)的具体化,他将社会主义视为乌托邦实践的表现。在很长一段时间内,他相信东欧国家的政治实践是具体的乌托邦宣言。然而,他并非在所有方面都是一个正统马克思主义者。[113]他关于经济基础与上层建筑之间关系的看法过于微妙了。例如,在《这个时代的遗产》(*Erbschaft dieser Zeit*)(1935年)中,他提出了这样一个论题:在制定社会主义文化纲领时对资产阶级文化遗产不应该不加批判地拒绝,相反,必须去调研遗产中包含的真正的乌托邦潜能。内在于当下和过往实践中的乌托邦,应当被理解为包含了刺激社会主义文化发展的东西。[114]

布洛赫的建筑学视野也建立在这些基本的假设之上。他将建筑艺术描绘成"一次创造人类家园的尝试"。[115]伟大的建筑旨在建构一幅世外桃源(Arcadia)的景象:它利用基地周边自然环境的潜

力，去创造一个与人类主体意愿和谐相处的环境。以哥特艺术为
例，即便是美和愉悦被注入了忧郁和悲情，走向一个更美好世界的
许诺仍可在其错综复杂的和谐之中识别出来：

> 　　环绕的元素装置成一个家园，或接近于一个家园：所有伟
> 大的建筑物各得其所，被编入乌托邦的愿景，以预期一种适宜
> 人类的空间……宏伟的建筑风格超前地将其展现和描绘出
> 来，更美好的世界就这样，真真切切地由生命之石（vivis exla-
> pidibus）构筑起来而完成其真正的使命。[116]

　　预见到一个更美好的世界，是以往伟大建筑师们取得的成就。
布洛赫区别了两种原型化的风格，在他看来，这两种风格代表了对
比强烈的乌托邦原则。埃及建筑展现了对晶体结构完美性的渴
求：这是一种凝固的建筑艺术，在金字塔晶体几何形的极端重力
下，通过死亡的象征来表达对完美性的渴望。与之相反，哥特风格
采用人类躯体和生命之树的象征：哥特建筑的华丽和活力，奋力向
上生长而相互缠绕的有机形体，表达的是对复活和向生命更高形
式转变的渴望，这是其形式语汇的基本母题。以迥异的方式，两种
风格都涉及了乌托邦，一个成为更美好的世界的允诺——埃及人
通过追求与宇宙秩序一致的完美几何形体实现允诺，而哥特人则
以一种有机整体的设计来赞美生命形式本身。[117]在布洛赫眼中，其
余大多数建筑并未如此极端，它们同时包含这两种风格的内
容——包含了几何学与活力论两方面的乌托邦形象（Leitbilder）。
至于现代建筑，即所谓的新客观主义建筑，他评价不高。对他而

言,这种建筑表达的是彻底的资产阶级文化,它利用了一种完全误导性的乌托邦形象;它的一切,包括严肃节制和排斥装饰,都是为了美化资本主义。

可清洗的墙面与轮船般的住宅

从第一本书《乌托邦精神》(1918,1923)的开篇伊始,布洛赫就攻击现代建筑的许多原则。他反对科技文化日益增长的统治地位,他认为这种文化剥夺了事物的温情并把冷冰冰的装置布置在人们的周围。一切都变得冰冷而空洞;一切变得"可清洗"(washable):"机器知道如何可以从头到脚地生产如此了无生气的、野蛮的每件事物,这正是我们新住宅区通常采用的方式。它实际针对的对象是这个时代最不容置疑的和最具原创性的成就——洗浴室和抽水马桶……如今是清洗主导的时代。不知为何每个墙面上都有水流下来。"[118]这是这个时代的典型环境,生活在其中的人们似乎已经忘记了真正的栖居意味着什么。他们不再理解使其住所感到温暖和充实的艺术:"然而,首先对我们而言,一切几乎看上去都是空虚的。当人们对长久定居的生活一无所知,并且已经忘记了如何使家保持温暖和充实的时候,如何改变这一切? 哪里可以找到具有生命力的、形式优美的生活器具?"[119]

与本雅明在《经验与贫瘠》中一样,布洛赫声称人性应该重新来过:我们是无知的,忘记了如何嬉戏(play)。从这种感受出发,布洛赫得出的结论与本雅明的全然不同。他不主张为了给新野蛮主义扫清障碍,机器时代典型的冷冰冰的设计(cold design)就应当升华到常态高度。相反，在他看来，冷冰冰的设计应限于那些从其本性上趋向功能性的事物："分娩时用的产钳应该是光滑的，但这对夹糖的钳子来说毫无必要。"[120]布洛赫主张有一个全面人性化设计的世界，它位于纯技术（产钳、座椅）和艺术（雕像）之间的位置。应用艺术在此起至关重要的作用，甚至在向社会主义社会转变的阶段也是如此。从历史上讲，正是宫廷或教堂使用的实用艺术产品，才有一种物的建造与表现之间的关系问题。由于其奢华的设计，王座、祭坛以及布道坛这类产品超越了它们直接的效用性：它们强调建筑背后的精神前提，其中天国的象征性高于世俗性。这种感知模式甚至在20世纪仍有适宜性："这样，还有第三种方向存在于椅子和雕像之间，而且也许还优越于雕像：一种更高级形式的'应用艺术'。以这种艺术形式，休息室内铺设的就不是那种平常见到的、舒适的、半新不旧的纯奢侈品地毯，而是由纯抽象形式的、毫不造作的出色地毯取而代之了。"[121]装饰正是在此确定了它的位置。新的装饰以其线性的、构思奇巧的设计拉开序幕，它在历史装饰的卓越形式之外提供了另外一种途径，作为对美好未来的允诺，对天堂般生活的追求以一种世俗的形式仍在延续。对布洛赫而言，装饰往往是他物的一种象征：装饰作品中一直保留着对另一种生活形式的影射——乌托邦时刻与它须臾不可分离地关联在一起，而装饰也在此获得了它存在的意义。[122]

在该文本中，布洛赫显然发动了一场与阿道夫·路斯的含蓄争论。尽管没提到路斯的名字，但他的批判明显指向由路斯主张的关于装饰和实用艺术的命题，有充分的理由假定，路斯在这里是布洛赫的直接靶子。当路斯用虚伪甚至罪恶来定义现代时期的装饰时,布洛赫则为之辩护,认为最重要的是,装饰能使更美好未来的允诺得以继续。路斯谴责工艺美术学校的教授,他认为这些人完全是多余的,而布洛赫却认为,恰恰是实用艺术使生活变得可以忍受,这正是因为它们提供了一种与技术器物所散发的冰冷感相抗衡的力量。

在 1935 年布洛赫发表《这个时代的遗产》之前,他关于新建筑的观点绝对没有掺杂任何水分。他特别批判了新建筑是因为,当社会自身按照旧模式发展的时候,它提供了一种理性主义的外在伪装。在任何具体的革命潜力中,新客观主义都缺乏合理性,由于这个原因,它与资本主义的思维模式完美匹配。在功能主义辩护者们的想象中,他们能从每扇移动的窗户里看到未来社会的形式。这是严重的错误想法。他们夸大了新建筑的纯粹性和功能性所带来的影响,并且也没有看到,与实现一个无阶级社会的愿望相比,卫生地栖居与追求时尚的年轻资产阶级公众的品味更有关系。他们显然没有注意到排斥装饰本身就是一种装饰风格,而且他们也依旧没有意识到,那些遵循功能设计原则建造起来的新住区通常迫使其中的居民如同白蚁一样生活。

出于上述理由,布洛赫觉得新客观主义没有为未来社会主义社会提供任何可能的遗产。事实上,由于与资产阶级的资本主义生活方式关系紧密,它非常不适合用来设计一个新的社会:

> 不言而喻,即便是去掉剥削的因素,社会主义的功能主义也不能等同于晚期资本主义的功能主义。相反,如果不再有 123 剥削这件事情……那些居住着我们当代底层阶级苦力的白色

出租单元房体块就将变得多姿多彩，并会出现一种完全不同的、与真正的集体性相呼应的几何学。[123]

在布洛赫《希望的原则》（*Das Prinzip Hoffnung*）一书中，有一篇聚焦于现代建筑的评论，题为"在空洞的空间中建造"（Building-on Hollow Space）。他在这篇评论中再一次提出了上述的一系列论点。[124]"空洞的空间"（*Hohlraum*）是他为资本主义空间而创造的术语。在这种空间中，发光的表面至多是一个空荡荡的外壳，它的内部完全不同于外部表现出的伪装。资本主义将生活掏空，将因希望而产生的活力误导成为一种毫无意义的对虚无价值的追求。在建筑中可以观察到这种情况，一幅无精打采的景象："现在这些日子里，很多地方的住宅看起来似乎都像是即将要离去的样子。虽说它们朴实无华，或也真因要如此，但他们还是表现出就要离去的感觉。在室内，它们亮堂堂滑溜溜地像是病房，而在外部，它们看上去又像是立杆上的盒子，或像轮船。"[125]

现代建筑，在布洛赫看来，最初是为了创造开放性并且为房间提供光线与日照的。黑暗的地窖应该被打破，向街景打开。其目的是为了创造室内外相互之间的交流；私有空间应与公共领域产生联系。然而，推动这种开放性的力量尚未成形。在法西斯时期，外部世界没有任何事物可以丰富并改善室内生活："只看得到外部世界的宽大窗户需要满眼都是具有吸引力的户外陌生人，而不是纳粹；直接落地的玻璃门真的需要阳光的进入和浸染，而不是盖世太保。"[126]在那个时期的社会环境下，人们更渴望私密性和安全感。现代建筑的开放性所带来的威胁则演变为一场闹剧。浅薄是最终结局：“去内在化（de-internalization，*Entinnerlichung*）变成了空虚；外部世界里朝南的愉悦感在资本主义目前的视野下，并没有变成幸福。”[127]由于对应新客观性理性主义的真正理性的社会关系并不存在，勒·柯布西耶的“居住的机器”无论如何都是超脱于历史的存在。它们存在着，千真万确，并将其特性施加于环境，但它们是如此抽象，如此图式化，以至于其中的居民无法真正地与它们接合在一起。“甚至，这些忠诚的功能主义者所做的城镇规划也是抽象的，缺乏公共交流的；为了彻底‘具有人性’（être humaine），住在这些住宅和城镇中的真实的人却成了标准化的白蚁，或成为居住机器中的异物，过度的组织性，远离真实的人类，远离家庭，远离满足感，远离故土。”[128]

当建筑发展到不再考虑任何使其运转的社会环境时，它所追求的“纯净性”（purity）也就必然只不过是一种幻觉。这种“纯净性”最终只是一种缺乏想象力的托辞。二元论也是这种演变的典型例子，因此，纯功能的建筑仍有一种对立物——存在于布鲁诺·陶特等人旺盛的表现主义创作之中。布洛赫提到了维特鲁威，是他教导说，建筑三原则——实用（*utilitas*）、坚固（*firmitas*）、美观（*venustas*）应该融汇于设计之中。然而，如今它们不再融合为一体：实用与坚固是功能主义的特点，而美观是属于表现主义，其结果是建筑的本质被掩盖住了。然而，在这样的环境下，这种情状是不可避免的：“恰恰是因为与其他图像艺术相比，［建筑］更是一种社会创造，并且一直保持着这一特性，所以它无法在晚期资本主义的虚空的空间之中大获成功。只有另一种社会的出现才会使真正的建筑再一次成为可能。在其自身艺术追求的基础上，使建造的方面与装饰的方面交融渗透。"[129]

1965 年,当布洛赫与阿多诺一起获德意志制造联盟邀请出席关于"以设计促教育"(Bildung durch Gestalt)的研讨会时,他重新回到了这些论点。他向与会者——假设是那些对功能主义深信不疑的人——明确提出的质疑是,在一种绝不以诚实为特征的社会情境中,功能主义建筑追求的"诚实"是否还有任何意义:"为德国经济繁荣时期(Gründerzeit)的假象提供环境的社会形式,是否真的变得更加诚实? 从纯粹功能需求出发的形式,其不加修饰的诚实是否最终被证明只是一块掩盖其后躲藏起来的虚伪关系的遮羞布? 这都是悬而未决问题。"[130]

可能是因为社会形势正逆向发展,所以建筑不能继续创造真正的人文环境。布洛赫并不怀疑功能主义奠基人的正直品格,或者说,他们反对 19 世纪建筑的装饰和媚俗这件事是有其正当性的,但他认为,如今的社会发展已经使得这种批判变得多余,而统治阶级将继续利用这种批判直至社会发展的终结:"在《玛丽亚·斯图亚特》(Maria Stuart)中,我们读到这句话:'看,莫蒂默(Mor-timer)死的正是时候'。类似地,我们也可以说,让人们弹冠相庆的装饰之死来的正是时候,人为造成的想象力缺失也来的正是时候。"[131]布洛赫因此为建筑中想象力的复兴进行辩护。他将建筑的"渴望飞翔"(which calls for wings)与绘画和雕塑的"应当沉稳"(that should have shoes of lead)这两种当下情状放在一起进行比较。[132]对布洛赫而言,必须超越这个二元论。摆脱了 19 世纪遗产的功能主义建筑,现在应能为一种建筑艺术建立一个新起点,即,使其成为服务于一切艺术的城市之冠(Stadtkrone)。

现代主义：资本主义制度内的一个断裂点 125

通过使用城市之冠的比喻，布洛赫显然在暗示布鲁诺·陶特等人在 1920 年前后受到称赞的表现主义建筑（图 64）。[133] 与绘画和文学中类似的倾向一致，表现主义建筑通过强化比喻的力量来建立一种传统的替代物，发展出一种表现乌托邦式的渴望与幻想形象的造型用语。这种形象直接与激进的社会重建观念联系在一起。

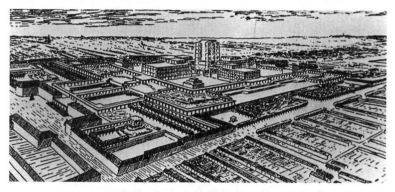

图 64 布鲁诺·陶特，城市之冠，1919。（引自布鲁诺·陶特，《城市之冠》（*Die Stadtkrone*），[Jena：Eugen Diedericks，1919]）

很明显，对布洛赫来说，建筑中的表现主义潮流要比 1923 年后占据统治地位的新客观派更有吸引力。这并非偶然，战时在慕尼黑期间，他与蓝色骑士团（*Blaue Reiter*）的艺术家们——弗朗茨·马克（Franz Marc）、瓦西里·康定斯基（Wassily Kandinsky）以及新音乐（the New Music）的代表人物很熟悉。正是他们教会他尊重实验的意愿（willingness to experiment）以及对未知领域的探索，同时拒绝资产阶级团体的好逸恶劳和自鸣得意。[134]布洛赫自己的写作就带有一种表现主义文风：充满热情、富于想象、发散以及尖刻。在卢卡奇和其他马克思主义知识分子公然抨击表现主义是颓废堕落之后，他仍然继续支持和宣传表现主义。[135]

在布洛赫看来，表现主义是对由现代状况所引起的不连续性和碎片化的经验的真实回应。资本主义世界是分裂的，它无瑕的制度只是一种伪装：在它耀眼的表面背后除了空虚之外空无一物。表现主义所做的仅仅是为了揭露空虚而指出表面的裂缝。在某种意义上，卢卡奇对表现主义颓废的控诉是正确的。但当他认为表现主义应该被拒斥则是错误的："因此表现主义是颓废的'先锋派'。它们是否应该相反试着根据所谓的新古典主义精神或者新客观性[Neue Sachlichkeit]的表现来掩盖事实表象，而不是固执地去搞破坏？"[136]

布洛赫承认表现主义是一种反资本主义的形式，一种对他而言不是以新客观性的形式来表达的批判方式。蒙太奇技术也是一样，它揭示资本主义的真实状态是分裂的、片断的：

> 在技术和文化的蒙太奇中，旧有表象的一致性被打破而新的正在建构中。由于老的秩序作为一种虚空假象的本质被揭露出来，表象的确出现了裂缝，于是新的一致性才得以显现。当功能主义以其光鲜亮丽的外表迷惑众人之时，蒙太奇则往往将这种表面之下的混乱揭示为一种具有吸引力或者说大胆的交织结构。……在此意义上，与功能主义相比，蒙太奇

交代了更多的时代背景,而不仅是门面功夫。[137]

他声称,蒙太奇是一种表现主义者也使用的技术。对布洛赫而言,表现主义在其最优秀的作品中利用蒙太奇手法,以实现他们个人对现实中抽离的片断以及古代的和乌托邦图像的操作。蒙太奇允许我们将旧体系的文化遗产转变成为有利条件,从现存秩序中分离出最优秀的片段,并以一种新的模式来配置它们;由此,它们就被转化(*umfunktioniert*)为那些有利于建立一种新的生活模式的要素。蒙太奇是一个驱动旧事物生产新事物的方法:

> 这种方法具有虚空的所有消极特征,但间接地,它也可能包含着某些积极的东西:在另一种语境中使用这些碎片,可以创造出与正常秩序起相反作用的事物。在晚期资产阶级的语境中,蒙太奇意味着将这个世界的真空状态曝光,同时又展示这种空间充满着"外观史"(history of appearances)的闪光点和横切面。它并不在意正确性,而在乎其混杂的形式。它也是一种评估旧文化的方式:将旧文化视为旅途和困惑,而不是教化(*Bildung*)。[138]

这样,布洛赫就是现代主义的两个典型面向——表现主义和蒙太奇的拥趸。更引人注目的是,他如此坚决地远离新客观派,他声称,这是由于他在功能主义中看不到任何资本主义有可能质疑的内容,更不要说反对的内容了:新客观派与资本主义的逻辑完美匹配,完全没有一点与其他类型的文化发生关联的迹象。

127

即便布洛赫的评判极其严格，毫无偏袒，他显然还是忽视了这样一个事实，乌托邦的目标和激进的政治理想在新客观派中所起的作用，正像它们在表现主义中的作用一样。当然，事实上，纯净性只存在于理论中，在实际的建造实践中，它不可能一尘不染，但要说新客观派只不过是资本主义的一件工具，那就言过其实了。在这方面，其他诸如亚历山大·施瓦普（Alexander Schwab）这样的马克思主义者有更公平的看法。[139]施瓦普谈论过现代建筑的两面性，他将其描绘成既是高级资产阶级的（high bourgeois）又是无产阶级的，既是资本主义的又是社会主义的；它既是资本主义的象征，例如百货公司、办公楼和别墅，又包含预示着社会主义社会的建筑，例如住宅区、工业建筑、学校以及俱乐部。对布洛赫而言，显然后一类别与现代建筑无关；他的批判首先要针对的事实是，新客观派的美学语言百分百地适合资本主义秩序中冷酷的理性主义。但他遗漏的不仅是一切片断的和分裂的事物，而且也包括表现主义的温情和想象力。

最终，布洛赫对现代主义的评价与本雅明的完全不同，尽管在对蒙太奇的评论上，双方的观点很接近。两人的区别在于，本雅明更相信诸如节制、透明性以及功能主义等品质。本雅明对功能改造（*Umfunktionierung*）这个概念的理解比布洛赫更加表象：他认为风格上的冰冷和理性绝对有可能导向革命性的变化，并为建立一个真正的人文社会做出贡献。对本雅明这样的激进思想家来说，与蒙太奇的现代主义美学有关的是外部和外表，与"救赎"旧体制元素相对，它更多致力于为一种新的激进的生活方式创造空间。本雅明拒绝象征，认为它是一种以假设内在和外在之间存在亲密

关系为基础的方式。相反,他将优先权赋予寓言、蒙太奇以及破
坏。他同样拒绝对创造力的每个请求,以及所有对温暖和安全性
的提及,他将这些特征解释为一种伪人文主义的表达。

人们无法从布洛赫的作品中找到与本雅明相同的激进否定倾
向和后人文主义的立场。布洛赫将想象力和创造力看成是至关重
要的品质;温情和隔离对他来说显然具有积极的价值。本雅明所
试图超越的完满(full)与空虚(empty)之间的隐喻性对立,在布洛
赫的话语中仍是一个本质性要素。他将资本主义空间称为"空洞"
(hollow),它的表面掩盖着的无非就是一种内部的空空如也。技
术装备的各个部分闪着寒光,不加装饰,这对他来说同样具有一种
"空洞"感。他还把新客观性的理性也看作是"空洞"的,这是因为
它与革命的温暖光辉没有关系。"完满"(fullness)的生活是布洛
赫的乌托邦远景所想要达到的目标。由于每种存在的形式在本质
上都是不完整的,因此这种"完满"的概念总是指向未来。

布洛赫的现代性观念明显是反田园式的,因为他认为是裂纹
和裂缝实际上构成了"空洞的空间"。他将这种现实意象与未来家
园(homeland-to-come)的田园观念进行对比,他用以描绘故乡
(Heimat)和"在家"(*Zu-Hause-sein*)的各种形象很有说服力。例
如在《踪迹》(*Spuren*)(1930年)一文中,他这样回忆了在朋友家度
过的一个傍晚:

> 在室内和室外之间,在外表和深度之间,在活力与表层之
> 间,可以体验到令人愉悦的流动。"听,"我的朋友说:"感觉住
> 宅在为我们工作,多么的美妙啊!"你能聆听到事物与事物之

间悄无声息的默契配合——你可以感受到一种与事物之间不言而喻的牢固友情。这是所有健康人都熟悉不过的感受，生命的欢愉围绕着你，世界在道（tao）的掌控之中。[140]

对布洛赫而言，尽管他强调这里所讨论的仅仅是一种瞬时的经验，但很明显，这种和谐与团结的图景正好表达了故乡的本质：一种使事物去陌生感（strangeness），并使主客体之间取得和谐一致的状态。这与乡土语境的关系并不太大，而与由周围气氛和特定时间神奇引发的和谐一体的感觉更有关联——布洛赫在这里谨慎地将他的故乡（Heimat）概念与纳粹的血统与土地（*Blut und Boden*）的意识形态进行比照。[141]无论如何，故乡对布洛赫而言一直属于乌托邦的范畴，而真正的栖居，真正在家的感觉是属于未来的。人们的确可以辨别出，在过去的哪些要素之中，一种寻找栖居的乌托邦欲望呈现了具体的形式。这些要素应当被保存下来：不应忘却它们的乌托邦潜力，而是应当充分利用这种记忆去设计一个未来的社会。这就是布洛赫哲学的纲领性目标，是与他对乌托邦的强调完全关联在一起的。

威尼斯学派与否定思维的诊断

在使用"威尼斯学派"这个术语时，我指的是聚集在威尼斯的、围绕在曼弗雷多·塔夫里（Manfredo Tafuri，1935－1994）周围的一个历史学家和理论家小组。塔夫里以自己在1968年出版其第一部重要著作《建筑学的理论与历史》（*Teorie e storia dell' archi-*

ettura）而获得国际性声誉，书中他发展了一种对吉迪恩和泽维（Bruno Zevi）等作家所实践的"操作性批判"（operative criticism）的批评；1973 年的《设计与乌托邦》（*Progetto e utopia*），一份对现代建筑最刺激而密集的评述，也是他以书的形式出版的。若干年后，这些观点在塔夫里和弗朗切斯科·达尔科有关现代建筑史的主要写作中更明晰而精确地表达出来。在 1980 年出版了 129《球与迷宫》（*La Sfera e il labirinto*）之后，塔夫里抛开了现代时期的建筑，回到他最初喜爱的文艺复兴时期。尽管如此，对于 19、20 世纪威尼斯建筑学和城市规划史的更细微的历史研究，他仍然起着重要的推动作用。[142]

　　哲学家马西莫·卡奇亚里在威尼斯担任美学教授，他在所有这类活动中的作用非同寻常。卡奇亚里是一个尤其多产的作家，同时他在政治和工会运动中也相当活跃。他的哲学研究最初聚焦 20 世纪初的德国城市社会学，后来对海德格尔和本雅明的著作逐渐入迷。[143]他的分析，尤其是他的"否定思维"（negative thought）的概念，对其建筑史研究领域的同仁们著书立说有着至关重要的意义。与卡奇亚里一样，弗朗切斯科·达尔科实现了对世纪之交德国建筑文化的详细研究，那个历史时期"精心建构了理论上最坚实且意义深远的思想，也经历了或许是最显症状的'现代性'体验"。[144]我将特别关注这两位作家的贡献，因为在我看来，他们所确立的视角和工作假设对于围绕栖居和现代性的整个讨论是异常重要的。

建筑与乌托邦

塔夫里的《设计与乌托邦》第一次成稿是在 1969 年,该书试图带来一种"以意识形态批判(ideological criticism)所提供的方法,或应理解为以最严格的马克思主义者使用这一术语,展开对现代建筑历史的重新阅读"[145]。以此根本认识,塔夫里将建筑发展追溯到与启蒙运动以来资本主义现代化之间的相互关系。他的中心论题是,现代建筑的进程不能独立于资本主义经济基础来理解,它所有的发展都是在这些限定因素(parameters)中发生的。于是,这本书的全部目标就是为了昭示这种显而易见的(意识形态的)从属性,甚至对于表面上看似明确拒绝资产阶级和资本主义文明模式的各种情形,也都难以例外。该书论述了从劳吉尔长老(Laugier)开始到结构主义和符号学为止这两个世纪里建筑历史上的一系列时刻。我在这里将主要讨论关于先锋派的章节,因为这些与本书其他地方讨论的材料关系最为密切。

塔夫里将现代化进程看成是一种以不断扩大的理性化和日益广泛的规划行动为特征的社会发展。他认为,在这个进程中,先锋派运动事实上履行着推进这一现代化的一系列任务。例如先锋派"计划"包含的目标是,将城市生活崭新的、快节奏的典型体验从惊恐厌恶变得习以为常。为此目标采取的方法是蒙太奇的技术。蒙太奇原理就是各要素的组合——各要素理论上价值均等,它们来自不同的背景但彼此之间以一种非等级化的方式关联。根据塔夫里的理论,这个进程在结构上可与货币经济运作的原则相类比。

他基于乔治·齐美尔的雷人引言描写货币经济："所有物品在货币流的持续流动中都是以同等的重力关系浮动的。所有物品处于同一水准，仅以它们覆盖的尺度和区域的差异才彼此不同。"塔夫里接着问道："这看起来不就像我们正在这里阅读关于史维特（Kurt Schwitter）的作品'梅尔兹图'（*Merzbild*）（图 65）的一篇评述吗？〔不应忘记'Merz'一词正是'Commerz'（商业）这个词的一部分。〕"[146]

他在这里暗示，先锋派艺术作品中使用的蒙太奇技术，是从货币经济中可操作的物品间的相互关系中引申而来的。于是，这种

图 65　库尔特·施威特斯，梅尔兹柱（Merz Column），1930 年代。

艺术原则的发展预示了每个个体所屈从的同化过程——由大都市的生活以及"价值的破坏"（destruction of values）所引发，焦虑转化为一种动态进化的新原则。这个过程正是发生在先锋派艺术的上升期，"从蒙克的'呐喊'过渡到艾尔·李西茨基的'两个正方形的故事'（图 66,67）是必要的：这是从极度痛苦地发现价值的失落，到一种纯符号的语言的使用，这种符号对于全然沉湎于无品质的货币经济世界里的芸芸众生来说，是可感知到的。"[147]

　　塔夫里由此相信，规范生产的货币经济的种种法则，与一方面支配着整个资本主义体制而另一方面掌控着先锋派典型形式特征的种种法则之间，存在着一种结构上的类似性。他争辩道，后者以

图 66　爱德华·蒙克，呐喊，1893。

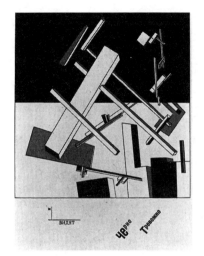

图 67　艾尔·李西茨基，两个正方形的故事，1922。

蒙太奇技术再现了货币经济的"价值漠视"（indifference to values），并在接二连三的各种"主义"（-isms）的起落中，重复着永久创新的智力活动，而这种创新恰是社会现代化进程的典型。[148]这种类比形成了塔夫里论述中的关键要点。立足于先锋派辩证性的本质，他继续表明自己的观点："先锋派所做的，无非就是诠释某些事物的必要性和普遍性，他们可以接受暂时的不入流，他们非常明白，与过去的决裂正是他们为自己树立行动榜样的根本条件。"[149]

　　与过去的决裂是在"价值的破坏"中具体化的，它形成了未来发展的先决条件。先锋派将价值观的毁灭提升为唯一的新的价值，这种神性亵渎（profanation）对资本主义体制的未来发展是本质性的："这种毁灭，以及西方资产阶级全部历史遗产的荒谬表现，是资产阶级自身潜在的、但也是继承下来的、获得精神解放的条

件。"[150]先锋派将"破坏"和"否定"看成资本主义进化过程中生死攸
关的时刻。他们就以这些因素展开实验，呈现它们，貌似真实地反
映着个体经验，而这一事实也正影射了社会现代化进程的广泛
传播。

　　先锋派予否定以一种形式："对先锋派运动而言，价值的破坏
提供了一种全新的理性类型，这种理性能够直面否定，从而使否定
本身为发展释放出一种无限潜力的价值。"[151]然而，否定性所起的
特殊作用从未成为先锋派自身内部明确讨论的主题。先锋派运动
真正讨论的，是艺术—智力劳动是否带有政治特性的问题。塔夫
里声称，先锋派运动在这个主题上有两种不同但互补的观点，不同
声音的余韵使他们自己不断地感受到这一点。一方面，那些人认
为酝酿一部思想作品就像以艺术语言工作一样有自主性——这是
由维克多·什科洛夫斯基（Viktor Shklovsky）所代表的形式主义
所捍卫的命题；而另一方面，一些人倡导一种"有义务"的艺术，将
艺术作品简单地作为一种政治干预。塔夫里以布勒东（André
Breton）和超现实主义运动作为这种立场的主要例证。

　　对塔夫里而言，最紧迫的问题是将两种态度融合。这不仅对
构成主义是至关重要的问题，对魏玛共和国社会民主党市政当局
的城市发展计划而言也至关重要，塔夫里也将其看成本雅明 30 年
代作品中的中心内容。塔夫里论述到，本雅明艺术评论著作中关
于"光晕衰退"的论题，不应该仅被解释成一种对普遍采用新生产
方式的结果的评论，同时也应该是一种对深思熟虑的选择的陈述：
拒绝艺术作品的神圣品质，因此而接受它的破灭。

　　然而，试图保持思想作品自主性的对抗性选择，也回应了资本

主义发展中的特殊需求——这种需求是重新恢复经劳动分工变得疏离的"主体性"(Subjectivity)概念(塔夫里将首个字母 S 改为大写)。不过,这仅仅是一种后卫(rearguard)举动,因为"主体的消失"(disappearance of the subject)是资本主义合理化进程的历史必然。以塔夫里的观点,阻止这种发展的每一次尝试,都注定是要失败的。这些"主观论者"的企图有着这样一种特殊目的,即,在资本主义进程中他们完成了提供舒适性的使命。在塔夫里看来,也正在这个意义上,类似的立场维护了这种制度的延续。

塔夫里认为,整个先锋派中的建设性运动和破坏性运动只是看起来针锋相对。它们都回应了资本主义生活方式的经验性的日常现实;前者以创造一种新秩序的愿景将现实拒之门外,而后者以颂扬现实的混乱特征表达呼应。建设性运动趋向于"以形式(Form)原则来对抗混沌无序,即,对抗经验性的和熟视无睹的无序"[152]这种"形式"源自工业化生产的内在法则,同时与给予这种乱象以结构秩序的潜在逻辑相一致。正由此,可以发现诸如风格派(De Stijl)这样一种艺术运动的意义:"'风格派'的技术是将复杂体分解为要素形式,与此相应即可发现,精神上的'新的富裕'是无法在机器文明所带来的'新的贫瘠'之外寻觅到的。"[153]其他人的活动,也就是破坏性的倾向,其观点中有着对立的目标——颂扬混乱。然而塔夫里争辩道,导向反讽的倾向是这场运动的一个方面,它意味着在这里也感受到了秩序的需要。"达达主义反而连接到了混乱中,通过表现混乱,它证明了自身的真实;通过反讽式处理,它彰显了一种本已缺失的需要。"[154]于是,塔夫里指向了先锋派内部存在于建设性和破坏性时刻之间的内在联系。他认为,由于这

133

个原因，达达主义和构成主义在 1922 年之后的合并就不足为奇了。[155]

对塔夫里而言，先锋派运动的所有关注，就是认识和理解混乱和秩序的辩证关系，这种辩证关系奠定了现代机械文明的基础：一方面是不断变化的城市动态意象的混乱外表，另一方面是生产体系现实理性的潜在秩序，而理性在所有情形中都注定将是决定性的因素。先锋派运动的艺术劳动涉及与一种流行于现代城市新生活状况的同化，对从属于这些状况的人们来说，这种同化过程是将这些状况更彻底地深入人心所必需的先决条件。在塔夫里的事物结构中，先锋派运动的任务是为机械化文明的进一步增殖和演进铺平道路。然而，他们并没有能力使他们的任务扩展到比这个"先锋"任务更远的境地："先锋派运动十分明确地指出，很必要有计划地控制由技术释放的新的力量，但他们随即发现，对于理性的乞求，他们没有能力给出具体的形式。"[156]

先锋派运动不能切实影响资本主义发展进程，也不能给予其内在的合理化以具体的形式。塔夫里认为，这一任务应是建筑学的工作："作为先锋派的大本营（decantation chamber），包豪斯完成了依据生产现实的需要从先锋派所有贡献中进行选择的历史任务。"[157]在先锋派运动的作品对"进步的"要求（包括有计划的控制生产方式的需要）和这种生产的具体现实之间，建筑应该成为一个调解者。不过根据塔夫里的诊断，建筑学仍在这种矛盾中陷入困境，因为它没有准备好去接受其逻辑内涵，即，矛盾只能通过建筑学之外制定的计划来解决，它将包含"通常的生产和消费的重组，换句话说，就是有计划的生产协调"[158]。

只有当制订计划有了一种普遍的社会经济形式,并接纳了社会生活的所有部分同时又不受建筑学的限制时,完全纳入计划的生产控制才可能实现。对建筑师而言,接受这个结果意味着使他们自身降格:建筑不再是计划的主体而是它的客体——这正是建筑师不能接受的事情:"1920 年至 1930 年间的建筑并未准备好接受这种结果,这从其扮演的'政治'角色中明显看出。建筑(解读 134 为:对建筑生产以及作为生产性有机体的城市进行任务编制和有计划的重新组织)而不是革命。勒·柯布西耶明确阐明了这一出路。"[159]

于是,按塔夫里的看法,要找到对生产和消费的技术组织进行重构的解答方案,是项不切实际的任务,而建筑学试图要去承担这项重任。它因而没有接受作为一个参与者的角色,而是将自己表现为一个整体计划的制订者。这至少是塔夫里对新客观派(the New Objectivity)的理解,新客观派的计划就是,接受"以透彻的客观性获得的关于'光晕衰退'的所有结论",而同时完全未能承认这个假设的矛盾性特征。以塔夫里的观点看,如果建筑担负改造整个社会现实领域的重任,那它注定是要失败的。

新客观派建筑师接受了"光晕衰退",他们暗含了一种对待美学经验的新态度:在稳定的样式中,建筑的任务不再是生产被观赏的事物,而是必须为过程建立形式,换言之,它必须提供一种动态的经验。正是以这些学术问题,塔夫里讨论希尔贝赛默(Ludwig Hilberseimer)的《大都市建筑》(*Grossstadtarchitektur*)一书,该书将现代城市的整体结构处理成一个巨大的"社会机器"。希尔贝赛默的出发点是,单体建筑是不间断的生产链上的第一要素,它与

城市本身一起终结：城市不再由一系列分离的、孤立"客体"的形式
要素组成，而是以一种抽象的、要素蒙太奇的方式无休止地复制。
塔夫里强调，这种方式展现了"在面对新的生产技术以及市场的合
理化扩张时，建筑师作为物的生产者的身份已经实在是不合时宜
了"[160]。

　　尽管如此，仍然有建筑师，如新客观派的对立者，深陷在"客体
危机"（crisis of the object）之中。塔夫里提到了陶特和路斯，还有
珀尔齐格（Hans Poelzig）和门德尔松。新客观派运动的建筑师接
受了客体的毁灭，并以过程取而代之，而他们的反对派试图通过对
客体的过分强调来对抗这种发展。由此出发，他们所做的一切都
是为了采取一种后卫行动：回应欧洲资产阶级从属性的需要，同时
明确在新客观派所提议的方法之外他们不可能再提供任何其他的
综合途径。

　　对塔夫里而言，赞同新客观派信条的建筑师已将自己投身于
一个建筑"政治化"的具体过程：例如，梅和马丁·瓦格纳是在有明
确的政治和社会民主选择权的环境中施展他们的技术知识。而在
实践中，这种建筑政治化的结果成效有限：他们没有成功地通过城
市来控制发展，也无法重组生产体系。不仅如此，正如塔夫里指
出，"社区"（*Siedlungen*）的干预模型（intervention model）形成了
广泛的、反城市的意识形态的一部分，它根植于对大城市的敌视：
"其实聚居区本身公开地建立了这种反对大城市的'城镇'（town）
模型。这就是费迪南·滕尼斯（Ferdinand Tönnies）与齐美尔以
及马克斯·韦伯的对立立场。"[161]

　　塔夫里辩解道，在选择这种途径时，这些建筑师选取了城市中

片断的、稳定的组织状态。这是这种策略少有成功的直接原因：现代城市是资本主义的产物，它不允许任何永久性的平衡；它的内在动力暗中摧毁着每一次试图强加类似平衡的尝试。滕尼斯所阐明的、对共同体（*Gemeinschaft*，community）的渴望，在现实中不断被迫为社会（*Gesellschaft*，society）的持续侵入让路，因而新客观派创造一种理性组织的尝试是注定会失败的："于是，不可能性、多功能性、多样性以及缺乏内在结构——简言之，所有由现代大都市所设定的对立面——都处在一种理性化的尝试之外，而这种理性化恰是欧洲建筑学主流所追求的。"[162]

　　塔夫里的系列假设毫无疑义地透露出本雅明的印记——至少是那个写出艺术评论文和《作为生产者的作者》（The Author as Producer）一书的本雅明。本雅明是将波德莱尔的作品作为现代性震撼体验（shock experience）内在化的产物展开分析的，而塔夫里将同样的概念运用于现代建筑中整个先锋派和各种思潮的分析之中。这里的关键理念是，盛行于先锋派运动中的思想原则，如价值的破坏、对新颖的追求、对形式的探索以及对混乱的赞美，是与资本主义文明背后的那些原则相一致的。塔夫里与其他受马克思主义影响的作者如本雅明、布洛赫以及阿多诺的思想是共享的，问题是他们从这个基本概念中得出的结论却不尽相同。例如本雅明继续怀抱这样的希望，认为使资本主义合理化的激进行动在某种时刻可能会带来一种开启新的社会形式的大变局。从另一方面，对布洛赫来说，他所感知到的、在新客观派和资本主义之间的内在关系，证明了现代建筑没有能力设计一个新的社会（然而他并没有将整个先锋派运动包含在这个诊断中）。阿多诺，我在后面会有更多着墨，将此看成是在发展一种包含对社会制度切实批判的艺术实践时不可或缺的关系，同时，它有使这种批判边缘化和无效化的作用。塔夫里的分析与其他作者都不同，其语出惊人之处在于，他从不考虑为任何批判的可能性或另辟蹊径的希望留有余地。塔夫里的意识形态批判揭示了，每一次艺术和理论的发展，都是资本主义制度逻辑中的操作，同时也是它的"历史必然"，并显然无一例外。塔夫里将一种同一性特性归因于：几乎是这个体制不可避免的。

至于这种诊断的哲学基础，塔夫里将他的读者引入对马西莫·卡奇亚里的著作的参考，[163]卡奇亚里关注的"否定思维"，对塔夫里的系列假设有至关重要的、结构性的意义。

大都市与否定思维

要很好地理解卡奇亚里关于否定思维的论述，可以看他对两个文本的分析：齐美尔 1903 年写的《大都市与精神生活》(*The Metropolis and Mental Life*)和本雅明自 1930 年代以来有关波德莱尔的研究。[164]按卡奇亚里的观点，否定思维表现为一种哲学方法，强调的是资本主义发展中无法削减的矛盾本质和占据中心位置的危机现象。于是他将否定思维和辩证法相对比，因为后者持续指向的目标是获得一种对矛盾立场的终极分析："否定思维记录了发生在历史中的跳跃、破裂和创新，而绝不是转变、流动和历史的连续统一体。"[165]否定思维在资本主义发展进程中运作——事实上，它组成了资本主义意识形态中最前沿的时刻。对卡奇亚里而言,否定思维表现了资本主义内部的危机关头,同时他认为,这种危机关头对这个体制没有形成任何真正的威胁,且实际上是有利于它的持续扩张的。[166]资本主义的发展原则终将呈现现存价值的明显贬值,就是说,资本主义切实等同于一种接二连三的危机情境。

据卡奇亚里的说法,正是齐美尔的成就,使他既在人类关系上也在货币经济方面揭示了形成大都市(Metropolis)基本结构的合理化特征(图 68)。卡奇亚里从一种寓言的意义上来理解大都市:它代表了现代状况和资本主义文明,因此大都市一词的首个字母M 为大写。跟随齐美尔的思想,他声称大都市是精神之所(the seat of the *Geist*),其标志是经历这场精神洗礼(*Vergistigung*)的过程,可理解为,使以主观形式存在的个人和情感都抽象到有利于计算和量化的功能合理性之中。

卡奇亚里通过指向这种"洗礼"过程和日益普遍的商品体系之间的外在关系,来推断齐美尔的论述。[167]他主张,在小城镇中,人们可以继续谈论使用价值和交换价值的共存,而不需要这两种时刻相互之间处于一种辩证关系,即,一件物品仅被"使用"却不需为市场而生产这种事是完全可以想象的。但大都市恰恰相反,为了确保生产的连续性,它是以使用价值和交换价值相互之间不断转换的无情循环而著称的。在大都市中,人们的行为模式和这种连续的转换相适应,因而最终屈从于生产的种种法则。

齐美尔以提供解读大都市的工具,为我们分析大都市如何作为资本主义发展(必需的)主导工具铺平了道路。这种发展只有在社会领域与商品逻辑相互整合时才会发生。以卡奇亚里的观点,

图 68   保罗·雪铁龙（Paul Citroën），大都市（*Metropolis*），1923。（莱顿大学［Rijksuniversiteit Leiden］）

类似的分析属于否定思维。即便如此，卡奇亚里却认为齐美尔并没有成功地沿着这一否定性逻辑直至得出结论。齐美尔论辩道，不论由货币经济所支配，还是由所有事物可被量化和计算的原则所支配，大都市仍为个人自由的发展留有绝佳的天地：它提供了运动的自由，行为的自由，以及一种从偏见和传统关系中的解放；所有这些为每个人充分发展独特个性创造了机会。然而按卡奇亚里的看法，齐美尔以这个论题假定了"大都市与精神生活"之间的合成，并拒绝接受他自己分析的全部结果："这是一种复原了传统社区价值即共同体价值的综合，其目的是为了在现代社会中重申这种价值；它复原了个性化的自由和共同体的平等，并使它们成为现代社会意识形态的中流砥柱。但这种合成却是否定理论需要彻底摒弃的。[168]

以卡奇亚里的观点，正是这些思想中的要素，才理所当然地导致了这样的结论：每一次的"两者合成"都没有可能，因为齐美尔的操作是在各种社会历史的具体境况中将它们简化了。对卡奇亚里而言，很明显正由于此，齐美尔就无法把握这种危机真正的根本性特征，也无法认识到这使得任何的合成在本质上已不再可能。他追求的否定逻辑，只能达到与每一次合成和控制的可能性果断决裂的层次。在这一点上，齐美尔放弃了他的追求，取而代之的是尝试挽救怀旧的和已被抛弃了的资产阶级价值，如个性和个人自由。怀揣这一动机，齐美尔将这种否定和一套思想体系联合起来，这套体系最终是为完成从城市到大都市转变的（意识形态）功能服务的，但他却从未在任何方面意识到他论述中的这种意识形态目标。资本主义的基本特征表现是理性、抽象以及对旧价值的拒绝，卡奇亚里认为，齐美尔的"合成"却预示了，从历史地看，资本主义的发展要获得任何对其自身特征的理解已经不可能了。

在卡奇亚里看来，关于波德莱尔的研究，本雅明比齐美尔走得更远。本雅明的中心议题是，波德莱尔的抒情诗是震撼经验的一种记录，诗人以其肉体与精神的鲜明个性将躲避这些震撼视为己任，无论它们来自何处。不仅如此，在波德莱尔那里，大都市芸芸众生的隐秘在场（hidden presence）使其本身感到，要持续地在诗句的意象（imagery）和韵律中寻找表现形式。大都市冲击着每个人的心灵深处。在波德莱尔的诗中，无论是表面邂逅还是震撼经验，都是经验结构转变的典型现象。因此，他的作品所采取的形式同样渗透着理性化的过程，以及伴随着这一过程的希望和恐惧的感觉。本雅明是将波德莱尔的诗作为大都市基本特征内在化的缩影来分析的。

为了以这种思路来解释波德莱尔，本雅明使用否定性作为获得对大都市现实充分理解的理论工具。本雅明强调的是波德莱尔在处理新的经验结构时的方法；这种新的结构与大都市中价值观的全然瓦解（total *Entwertung* of values）是完全缠绕在一起的。这个价值观的破坏过程再也没有为一种合成或者为人文主义的价值观留下任何可能的空间：

> 对这样一些价值的否定，是由否定思维在对现代资本主义社会早期形式的绝望理解中预先假定了的。这种否定是合理化的实现，是"精神洗礼"，它与这个社会的运行方向一致，它直接地、有意地与社会共命运。但同时，它揭示了这个社会

的逻辑，否定了它的"超越"（transcrescence）的可能性，使它的目标和需求显得相当激进；换句话说，否定达到的目的是，暴露这个社会内在的冲突和矛盾、它根本上的重重疑惑，或者说它的否定性。[169]

这种解释是本雅明在卡夫卡（Franz Kafka）的作品中意识到的，在给肖勒姆（Gershom Scholem）的一封信中他讨论了这个问题。[170]按卡奇亚里的观点，本雅明在此信中抓住的关键要点是，在卡夫卡作品中关于大都市状况的经验形式与当代物理学的发现之间存在着一种联系。本雅明从一本物理学家的书中引用了一段话，描绘的是某人进入房间这一简单行为中包含的所有作用力与反作用力：他不仅需要克服大气压力，而且他必须成功地将脚放在一个以每秒30千米围绕太阳运动的点上。从这种片段的极端理性中得到的疏离感，使人明显地想起卡夫卡对一个根本不能理解的系统、如法律系统的逻辑结果的追踪方式。在这两个例子中，极度理性导致疏离：分析变成了同义反复的赘述，再也不会有对意义迷惑不解的事了。而与此同时，人们又不禁怀疑一种意义的存在；人们可以瞥到一眼这种意义，然而，它却从来不能被完全感知。这是卡夫卡作品所呈现的——不像是一种符号的逻辑，也不是最终的含义，而是差异存在的事实，一种符号和物体之间的差异，语言和现实之间的差异。正是以坚持这种差异性的方式，本雅明使卡夫卡作品中的意义得以呈现："在此强调的重点，已不再置于符号逻辑的表达，而是置于差异性的表达上了。因为若使这种逻辑操作极端化，那符号的理性就会使符号陷入自身圈套之中——如同只有能指（signifier）没有所指（signified），只有事实而没有对象、矛盾和差异性一样。"[171]

140　　　以卡奇亚里的观点，本雅明使用这种与科学理性的比较，来展现卡夫卡的作品在何种程度上充满了颠覆所有价值观的否定逻辑。但即使是本雅明，也没有走出最后一步，总结出应该从其明澈洞察中逻辑地推导出来的结论。毫无疑问，他揭示了大都市的本质：一个包罗汇集了掌控整个体系的功能、诠释以及谋划的复杂综合体，也包括文化领域在内。但他却没有成功地把握否定功能：没有理解大都市是建立在否定基础之上的。

　　　卡奇亚里正在以他的否定思维的准则开展某种令人费解的操作，这种感觉很难一时抹去。托马斯·劳林（Tomás Llorens）指出，是某一预期理由（*petitio principii*），即，一个自我兑现的前提在这里起了作用：

　　　　　卡奇亚里似乎开始着手对作为意识形态——即，"作为虚妄意识"（as false consciousness）的大都市概念展开分析，他因而基于这个核心建立了"否定思维"模式，得出的结论是，不存在哪种真正的选择性，他因而将自己对真理的追求置于同一模式的庇护之下。这里有自相矛盾的因素，它们无法由分析得出结论，但却影响着这一结论。[172]

　　　卡奇亚里似乎确实在用他否定思维的分析方法为一个现代性的庞大愿景提供辩解。现代性，与资本主义文明难分难解，在他的作品中被描述成一种现象，这种现象的进程在任何方面都不受个人的有意识的贡献所左右,不管是以理论的形式,还是以艺术思潮的方式。每一种智识性的解释,无论其有多么的进步,在卡奇亚里看来似乎最终都在为社会演变服务,而这个社会不被接受的方面,则在等待批判。不那么进步的理论被他作为"怀旧的"或者"不中要害的"而排斥在外。显然,他排除了批判思维的任何形式都可以显现的可能性,而这些批判形式除了确认它声称要谴责的制度外,还是可以有其他作为的。

不过,这并不是对卡奇亚里著作的充分描绘。在他的具体分析中,他觉察到了并不完全符合这一庞大愿景的一些立场和策略。例如,在《建筑与虚无主义》(*Architecture and Nihilism*)一书的结语中,他区分了关于"已实现的虚无主义(nihilism fulfilled)"状况的三种可能路径,"已实现的虚无主义"是其对现代性的定义。第一种例证是,仍然还有人旨在从这种虚无主义中提取出"文化",他们的立场不免荒谬,但在德意志制造联盟怀旧的感伤中可以看到这种立场,因为联盟一直坚持以品质和价值来装点普遍无根的产品。第二个例证是,还有人旨在以一种象征符号来表达这个时代的普遍性动员:当世界不同地域的独特性因现代性不断升级的影响而消失时,他们将整个世界当作一个单一的特殊场所;以保罗·希尔巴特或者布鲁诺·陶特在其表现主义阶段的作品最为典型。最后一种情况,像路斯那样,属于"抵抗学派",与第一种群体不同,他们的抵抗并不植根于对统一与和谐的怀旧向往;正相反,它是在对虚无主义现实的明晰而清醒把握的基础上的,是将抵抗物化在设计方案中、并赋予批判和激进质疑以形式的。对此也有产生疑虑和批判,这是针对"已实现的虚无主义"态度中暗含的过分简化和单一维度的问题。路斯的设计方案基于构成理念（the idea of composition），包含了对差异性的关照。意义是不能被视为某种普遍适应且预先设定的事物，人们可以做的，是通过揭示差异性创造出一种意义的启示。站在这一立场，卡奇亚里切实明显领悟到，以一种真实的和批判的方式去回应现代性状况是有可能的。

栖居与现代性的"场所"

即使路径不同，弗朗切斯科·达尔科也得到了相似的结论。在献给卡奇亚里的《建筑与思想的图像》（*Figures of Architecture and Thought*）一书的第一章中，达尔科研究了关于"栖居和现代性的'场所'"的相对概念。他这里的出发点是赫尔曼·巴尔，以及巴尔在其文章《现代人》（The Modern）中所提议的和谐一致的理想。对达尔科而言，这种自我和世界之间的整合以及内部和外部世界之间连续、和谐转换的田园般理想，在现代建筑中也是主导倾向。达尔科将这种统一和谐的理想与尼采的现代性诊断相比照。尼采谈论一种不能挽回的断裂：对于现代人，内部和外部之间不再有任何对应，这是一种无法补救的状况。许多作者都赞同尼采的这个想法，并将此作为他们解释现代性的起点。例如赫尔曼·黑塞（Hermann Hesse），他基于对大都市中依然存在的游牧特性的反思，建构了"家"（home）的概念。故乡（*Heimat*）即故土（homeland），属于不能挽回的过去，它的意象珍藏在记忆中，只因现代人已被唤入旅行和迁移的冒险境地。这种旅行确有目的地，但这个目的地已没有故乡的完美和甜蜜。尽管如此，这种旅行由对家的向往所引领，与故乡迥然不同，是一个"自我独居的庇护所"。[173] 对家的渴望，就是对剩余世界的拒绝，就是基于放弃。世界和家之间的鸿沟无法填补，内部和外部之间已相互分离。因此，在黑塞的观念中，栖居不能被视为与世界的整合，而是与世界的分离。

对达尔科而言，黑塞敏锐观察到的家和故乡之间的区别并未被建筑学所吸收。达尔科写道，现代建筑试图为栖居创造一种空间，这种空间将调和种种紧张态势，并使故乡的原初含义，即与祖国、与土地、与国家历史和人民精神的一体化观念重新回归。相对其他领域，建筑文化还是从滕尼斯和斯宾格勒（Oswald Spengler）的著作中采纳了这种理想。在这些作者的著作中，可以识别出一种共同体的旧社会形式与现代社会的新现实之间的断裂。传统的共同体基于人及其环境间的有机联系，以连续性和凝聚力为基础。共同体是文化（*Kultur*）和教化（*bildung*）的自然环境，文化和教化两者都以生活的不同领域间的和谐关系为基础（教化尤其指向灌输道德和社会价值的教育方面），栖居的所有方面都与植根和同一感受（feeling of oneness）有关。现代社会是大都市中普遍的社会形式，以差异性和无根性为基础。科技文明可以在大都市中发展，但它与文化结合的任何可能性被切断了。大都市的标志就是从生活的不同领域分离出来，栖居因而也被假定为另一种形式。以一个场所或者一种社会群体的同一性感受再也不是决定性因素。在大都市中之栖居相关联的，是寻找个人自身的位置，是否定与一个共同体的必然联系。

达尔科认为，在列维纳斯（Emmanuel Levinas）的著作中可以找到与大都市生活最为契合的栖居概念："列维纳斯以将居住理解为与植根毫不相干的行动，间接地、明确地否定了社区环境作为一种呈现地球共同体（telluric bond）的基本价值，同时强调，家的本质特征在于游荡，游荡才使栖居成为可能。"[174] 从列维纳斯的著作中可以看到栖居概念的非神秘化，这是一种以治外法权（extraterritoriality）观念为基础的概念：一个人选择某栋住宅，栖居就意味着在某处居住下来；它不是源于与某个场所或者社区预先存在的联系，而是包含了一种选择行为。在这一概念中，住宅和场所截然不同。住宅是为发现环境和征服环境的基础。住宅不是形成和谐关系的任何局部，也不是为促进人和环境和谐共融进程的一部分。相反，住宅是一个边界，它描绘了语言学上的不和谐。栖居正是生成这种差异性的活动。

　　达尔科在海德格尔的《筑，居，思》中看到了一种类似的栖居概念，这种概念也以推翻场所与栖居间的关联性作为出发点。对海德格尔来说，栖居并不表现为与可预先设定的场所之间的一种和谐关系，相反，它就是使场所成其为场所的东西。因此，栖居是一个建立意义的过程。达尔科明确指向卡奇亚里在"欧帕里诺斯或者建筑（Eupalinos or Architecture）"一文中的解释，在解释中卡奇亚里称，栖居和作诗（poiēsis）间有一种类比性：栖居是一种"等待倾听"（waiting listening）的行动。[175] 栖居使人面向"无蔽（unconcealment）"的终极归宿，并强调了人类是从多么遥远的一个时代、一个同一与和谐仍然可能的时代走来的。在栖居中，人类见证了其自身存在的贫瘠。

　　¹⁴³不过达尔科认为，现代建筑未能把握住这个事实，它恰恰明确摆出了拒绝承认这种距离、这种贫瘠的姿态，以这种对抗为基础，

便是一种对乌托邦的渴望,这种渴望竭力尝试缝合距离,征服贫瘠,恢复失落的和谐。

简而言之,作为呈现无蔽的栖居经验,导向了对大都市无家可归的典型状况的认识:

> 这样,栖居中并不存在和谐,因为现代性中没有"四重整体"可以重构由家所造成的游荡状态。现代计划的销声匿迹意味着这样的期待:通过其自身的形式捕获到一个场所的全然显现……其关键点就是,神性穿越人类住所并显露其自身。如果栖居无非就是挑明未能弥补的生活裂痕,由此也是一种遗憾的经验,那么该让现代人最充分地了解这种状况,了解大都市人无家可归的根本性状况。[176]

这样,达尔科和卡奇亚里一起将海德格尔的文本解释为,一种需要就现代性核心问题展开置疑(Fragwürdiges)的分析。他也强调无家可归的经验是大都市生活的一个基本状况。在这些情形下,当共同体社会典型的和谐与同一性已然消失,"栖居"只能被定义为失落(loss),定义为对这种无可避免的后果的暴露。现代性服务于内部和外部世界之间、居住者和场所之间以及个人和群体之间的有机联系,同时并不存在将其取而代之的新的整体。这是现代建筑未能看到的现实。消除这种误解正是历史学家的任务,他们应准确无误地呈现现代建筑虚假的和乌托邦的特征,来为其验明正身。通过采取这种立场,达尔科声明了它所支持的目标:将历史写作作为一种意识形态的批判——这也是塔夫里明确声明的目标。

作为意识形态批判的历史

塔夫里追随马克思主义传统，将历史写作看成一种意识形态批判的形式。在《建筑的理论与历史》(*Theories and History of Architecture*)中，他对所知的"操作性批判(operative criticism)"方法展开直面抨击，揭露其意识形态特征。他将操作性批判定义为"一种建筑分析，或者就广义而言指艺术分析，它的目的不是抽象地思考，而是'设计'出具有丰富想象力的明确趋向。这一切都事先反映在其分析结构内，源于有意识地加以确定并经过变形的历史分析。"[177]

操作性批判利用历史为未来确定方向，以塔夫里的观点，这无论如何都不能算一种无辜的行径。这类批判立场的著名例子就是吉迪恩——他因此成为塔夫里争论的靶子。吉迪恩声称历史不是一门中立学科，而应该为战胜自己这个时代的罪恶有所贡献。以此理由，他有意识地热情接纳引发现代建筑产生的起因，他的写作因此就有一种辩解的特征。然而，他的工作方法不可避免地导致一种有选择的历史，这种历史在相当主观的基础上选择要解决的发展问题，但同时却忽略其他因素。不仅如此，在塔夫里看来，为了使它们适合发展的预定模式，吉迪恩的解释在有意扭曲历史的事实。[178]

然而，这种写历史的方式已越过了底线，因为"这与其说在制造历史，不如说在制造意识形态，因为它不但背叛了历史任务，还将改变现实的真正的可能性隐藏了起来。"[179]由于操作性批判将历史上的事实掩藏在意识形态的面纱之后,切实呈现的种种变化的可能就浑然不觉,造成历史被扭曲的结果意味着神秘化和偏见代替了严密的推理分析,这类事情的发展只能以自欺欺人而告终。

塔夫里以历史性批判来对抗操作性批判的概念:以他的观点,批判和历史是同一的——换言之,建筑批判应该永远是历史性批判;[180]非但如此,在建筑学批判的一方面和建筑实践的另一方面之间还存在着脱节,[181]因为对于职业实践中产生的问题,也不能指望建筑学批判(也就是建筑历史)能提供任何现成的解决方案。从最广义的字面上讲,所有历史和批判可以做到的,就是帮助澄清建筑生产的关联环境,而不是为未来发展提供任何的指导方针。[182]

据詹姆逊(Jameson)的说法,正是这种深藏在背后的观念,形成了众所周知的塔夫里对当代建筑可能性的"悲观"态度。的确,塔夫里这种对操作性批判原则的谴责,显然使他绝无可能承担任何对当代流行趋势或图像的抵御。他认为当代建筑除了"极度无用"(sublime uselessness)[183]外,再也不可能有所成就,对他这些恶名在外的声明应该这样理解:它们与其说是基于一种深思熟虑和十分明确的"立场",不如说是在塔夫里更广阔的文本结构中的一种必要形式。[184]詹姆逊事实上准确地指出了,比起他有时过于极端以致遭人置疑的言辞,这位意大利历史学家在特殊案例研究中具有更敏感和无派性的判断力。与卡奇亚里相似,塔夫里以其在具体诠释中的微妙性和哲学细节,缓解了他理论立场中的激进主义。

然而最后必须承认,塔夫里和卡奇亚里似乎怀有一种完整的历史观。他们将现代性看成一种不断成长的极权主义,一个具体的政治和文化实践在其中没有对历史发展进程产生切实影响的封闭系统。他们的理论展现了一种以经济基础——资本主义——为首要因素的唯物主义，它被看成所有社会和文化生活领域中的决定性因素。在他们看来，经济基础与上层建筑之间的关系不是清晰可辨或者是自然而然的，而是各种各样且有多个层次的。尽管如此，在他们对走向自由和解放产生有效的批判性影响的实践中，其理论立场中的机会是相当有限的。[185]

在卡奇亚里的论述中，他所定义的现实基于这样的信念：每一种"综合"的形式，即每一次调解矛盾的尝试，都是不切实际且被废弃的了。因而，任何许诺一种未来社会解放的理论都已失败。在他的论述中，任何与资本主义文明现实共存的批判方式，都被揭露为一种危机现象，这种危机实际上终结了对体制的巩固。有了这种假设，似乎唯一正当的态度就是一种抵抗，一种源于对其自身存在现实完全清醒认识前提下的抵抗。这样一种抵抗是不能归入任何一种正面定义的，因为那会在不知不觉中采取怀旧的或者向往乌托邦的形式，并注定毫无效果。在这种逻辑下唯一可能的事，是创造由语言多样性的存在而获得证明的对差异性的暗示，这种多样性是卡奇亚里在路斯和卡夫卡的作品中所感知到的。

存在"语言多样性"的概念，是不能简化为一种单一的、包罗万象的综合性论述的，从另一种意义上，这也是威尼斯学派的典型特征。关于卡奇亚里与其同类人是以怎样的方法将他们的学术研究同他们在工会运动和在共产党中（或共产党联盟中）的具体政治实践相联系的，帕特里齐亚·隆巴多尔（Patrizia Lombardo）对此有生动描绘。这不是一种连续的、自明的连接状况：职业语言毕竟不同于党派好战分子的语言。隆巴多尔将这些不同语言间的运动描绘为一种舞蹈术(a choreography),在其中,来自对照记录的同时性(synchronic)和历时性(diachronic)要素一起出现,但没有形成任何平稳统一的整体。层次的多样性是与现代生活的实际前提状况相对应的,这种必然四分五裂的特征的形成过程,就产生出否定思维。对隆巴多尔而言,这种多样性解释了本雅明为什么在卡奇亚里的知识世界中起着重要作用:本雅明也在不同的层次中摇摆,而我们与他一起,便也可以用互不相容的思想模式,如马克思主义和神秘主义,来一场妙趣横生的谈论。

本雅明对塔夫里的作品起到了类似的作用,正是依靠本雅明的启发,塔夫里使他作品中的显著矛盾变得貌似可信。[186]这种矛盾涉及与马克思主义真理观和后结构主义真理观之间的不相容,而两者在塔夫里作品中有活跃呈现。在严格的措词上,马克思主义声称有这样一种"客观"现实存在,这种客观现实允许人们在意识形态和真正的理论之间有所区别:只有真实的理论能提供对客观现实的精确说明,而意识形态给我们的,是扭曲的和神秘的景象。146 在《建筑与乌托邦》一书中可以看到类似的假设,它假定一种对现代性的相对明确和完整的解释。尽管该书在强调资本主义固有的、不可避免的矛盾时,是反田园的,但书中暗含的现代性概念并未给知识分子或艺术家的积极干预留下多大空间,而这些人是真正有能力改变事物进程的。现代性被看成一种盲目的历史力量,尽管有明确的纲领,却没有计划,因为它不是从任何有意制定的自由和解放的规划方案中出现的。

而在《现代建筑》(*Modern Architecture*)一书中,塔夫里的重点从一开始就放在了最近的建筑史的多种特征上："很显然，所有那些历史多样纷呈，相互交集，却永远不会以统一告终。"[187]后结构主义的影响在这里更明确地表现了出来，这种影响出自这样的观念：除非将其纳入以全社会定义的——因而也是被扭曲的——范畴之中，否则现实是无法被掌握的。在诸如此类的基础上，真理的呈现是多样化的，确凿无疑的定义不再可能。然而，这种立场无法轻而易举地与马克思主义者对"真正的理论"的要求相调和。[188]这种矛盾对当代理论而言正是而且一直会是一个核心的认识论问题。本雅明也熟悉这个问题（尽管他当然不会用同样的后结构主义术语），他从"胜者的历史"之外另辟蹊径来解决这个问题。他的历史形式不是将历史因素看成一系列因果相连的瞬间，而是看成一种单子的汇聚，在此汇聚中，所有的历史现实性，连同其所有实际上的革命的可能性和隐藏的关联性，不断地清晰明朗起来，且每种情况下呈现的形式亦各有不同。通过这种方式定义历史，历史学家也可站在败者的立场，从而为每个历史时刻出现的脆弱的弥撒亚力量重获优势增加机会。[189]塔夫里没有以如此多的文字里引用本雅明的论述，在 1980 年的一篇文章《历史计划》(The Historical Project)中，他发展了一连串类似的主张。[190]他指出了建筑学和建筑批评必须解决的语言的多样性——设计的、技术的、制度的和历史的语言——它们是不能依靠一种通用的阐释学方法来联系的。它们从根本上是疏离的，本质上是不可译的，它们的多样性是不能简约的。这就意味着，建筑批判是不可能直接与建筑实践连接的。两个学科在不同的语言系统中运作，而它们的目标也不是并行不悖的。这种激进的反田园立场阻止了一种真正的纲领性姿态,因为它的逻辑把未来可能被自觉创造的可能性排斥了。

　　塔夫里认为,类似的多样性在建筑历史中生死攸关,这种多样性也不能被描绘成以清晰方式线性相连的一系列事件。因此,书写历史就像一种智力拼图游戏(jigsaw puzzle),各块拼版可以不同途径组合。每一情况中显现的形式都是临时的,每次历史片段的透彻研究导出的也只是暂时的结论。塔夫里将历史学家的工作描绘成永无止境的西西弗斯(Sisyphus)式的劳动。[191] 这并不意味着历史学家从事的是一种中立的或任意的工作形式:目标不断形成以产生一种对问题的分析,这种分析"能够时时刻刻对资本主义劳动分工的历史合法性提出质疑"。[192] 因为这个原因,历史应被看成一个计划,一个危机的计划,最终的目的是将整个现实受制于危机:"真正的问题是,如何确立一种批判计划,通过将真实置入危机,使其能够持续地将其自身植入危机之中。提醒一下,是真正的真实,而不仅仅是其个别部分。"[193]

　　卡奇亚里可能会回应说,使现实受制于危机是隐藏在资本主义发展背后的驱动力,而塔夫里的历史所要做的全部,就是为那些否定性思维的极端含意找到一种语言。可以着实引出的结论是,威尼斯学派本身的想法属于这样一类解释:威尼斯的作者们假设他们的分析表现了批判性知识分子仅可维持的立场,尽管他们可能无法直接影响社会发展的进程。和本雅明一样,他们声称他们处心积虑的目标就是行使对现实的影响。他们对于自己的作品可能产生的实际影响并未抱有幻想,这也与本雅明毫无二致。然而他们仍然主张,有必要继续西西弗斯式的努力,并在其权力范围内尽一切努力,将历史领域的合格叙述受制于一种危机。这种立场源自"对于这个时代的全然觉醒以及一种对此时代毫无保留的忠诚表白"之间的结合,它以"计划"(projects)的形式审慎地落到实处。塔夫里和卡奇亚里都用"计划"这个术语表明酝酿一种抵抗形式的模式和方法。对卡奇亚里来说,这个术语涉及路斯在他设计中对虚无主义自我实现的预言作出批判的方式。塔夫里将历史称作一种计划,是因为它也与设计有关:历史牵涉到对过去的持续再设计,它不断致力于对解读历史事件之理论框架的重建。可以设想,对这两位作者而言,正是这种设计活动产生了某种自由,对于以单一维度思考为典型的大都市来说,这种自由是无处可寻的。不管是对塔夫里,还是对卡奇亚里,"计划"这一术语都不具有直接解放的、致使哈贝马斯讨论"现代性计划"的乌托邦和纲领性内涵,因为对他们而言,一个由现代性政权所掌控的社会是不会轻易回应个人的行动或分析的,关于这点他们太清楚不过了。

今日之美，

仅凭作品

解决矛盾的深度，

此外她已

无从衡量。

一件作品必须

穿越这些矛盾，

不是遮掩，

而是顺势，

去克服它们。

T.W.阿多诺,1965

4 建筑:作为现代性的批判

先锋派与现代性的对峙

1949 年,曾就读于包豪斯学院的瑞士艺术家马克斯·比尔
(Max Bill)受斯考尔基金会(Scholl Foundation)委托,为乌尔姆
的一所学校设计一组建筑,当时他就劝说其业主应仿效当年包豪
斯学院的课程,设立这所新学校教学计划。在完成这所学校的建
设后,他便被任命为该校校长。比尔看到了一条非常清晰的发展
线索:从莫里斯(Morris)到拉斯金(Ruskin)关注的问题,到德意志
制造联盟和凡·德·费尔德直至格罗皮厄斯的包豪斯理想目
标——由此发展到他自己这所设计学院(Hochschule für Gestal-
tung)的教学体系。贯穿这一传统始末的核心,即是期望获得"优
良设计"(*gute Form*):对比尔来说,广泛普及高质量日常用品是
社会工业化进程本身固有的;他说,这一承诺之所以未能完全兑
现,部分缘于公众低下的品味,广告和大众宣传使该现象愈演愈
烈;而部分缘于现有教育机构和工业化需求之间缺少有效的沟通。
这所新学校建立的目的就是试图回应这后一需求。它的目标是保
证工业设计师们受到的教育足以使其胜任社会责任,同时为高品

质产品的合理制造提供各种设计：

> 这所学校是包豪斯的延续……其基本原则是，将广泛而透彻的技术培训与切实基于现代路线的通识教育结合起来。通过这一途径，年轻人的进取心和创业精神才能与一种恰当的社会责任感融合起来，并以此教导他们认识到，使日益增长的机械文明获得人性，是当前时代一项最紧迫的任务，就现代设计中的种种问题展开合作，正是应对这一任务的重要贡献。[1]

在比尔的教育体系背后，是一个功能主义者的信条，宣称合理性与现代材料的运用是一项"优良设计"的两个根本要素。这种对工业发展要求的回应，以及对产品质量改善的尝试，建构并形成了他的核心思想（*leitmotiv*）。设计师个人的艺术构思，总要服务于设计与工业化批量生产的结合。比尔的思想反映了一种田园式的、有纲领性计划的现代性概念，而且在这一方面是与吉迪恩的思想较为一致的。比尔与吉迪恩一样，对罗伯特·马亚尔（Robert Maillart）这位瑞士工程师怀有很高的敬意，吉迪恩曾为其作品编了一本书。[2]然而，比尔代表了一代建筑师与设计师，他们都赋予艺术以一种独特的形式。对这一代来说，功能主义是一种必然要求，他们认可的是通过"优良设计"获得一种丰足生活的需要；然而他们的设计思想仍为工业化及批量生产的需求所主宰。这一思想终与先锋派的立场迥然不同，因为先锋派旨在通过基于艺术的生活组织，来消除艺术与生活之间的差异性。

在设计方面，战后现代主义建筑的流行倾向不再与先锋派思想如此相同：此时的功能主义已经平缓地融入了包含快速高效大批量住宅生产计划的战后重建逻辑之中。二次大战间的几年里，现代建筑所代表的社会批判性立场，已被体制化以及被官方认可。

尽管如此，这一发展并非悄无声息。比如，马科斯·比尔在成立设计学院时，就遭遇一些反对声，反对首先来自阿斯格·荣恩（Asger Jorn），这位丹麦画家与康斯坦特（Constant）和多特莱蒙托（Dotremont）一道，同为眼镜蛇小组（Cobra group）背后的重要人物。[3] 1953 年，荣恩发起了一场"为一个想象主义者的包豪斯国际运动"（the Internatinal Movement for an Imaginist Bauhaus），他谴责马科斯·比尔将包豪斯革命性思想降为一套软弱无力的学院话语，并将其误用于一种反动策略。荣恩争辩到，包豪斯理念中首要的也是最关键的，是对机器时代艺术家的立场问题作出回应。包豪斯的答案落实在对艺术家的教育工作上。然而据荣恩看来，经验已表明这一结论并非空中楼阁："将艺术家的天分直接转化并不可能；艺术的适用性要经过一系列矛盾的阶段才会发生：麻木—彷徨—摹拟—抗拒—体验—占有……我们的实践总结是：我们正在放弃所有在教学上的努力，直接将其转入实验性的活动之中。"[4] 因而，荣恩十分强调内在于艺术实践中的实验性特征，依他的观点，这种让不同艺术家互相激励、创新研究的推动力，正是 1920 年代包豪斯经验中至关重要的贡献。也正因这一特点，荣恩再次致力于以"为一个想象主义者的包豪斯国际运动"以及对功能主义的批判来集聚自己的影响力。

在比尔与荣恩间的争论中出现的分裂，与布洛赫观察到的、在功能主义与表现主义间出现的分歧非常相似。比尔更强调建设中的功能性与合理性，认为想象力的作用是次要的。但荣恩认为，设计领域的所有活动——无论是创新性的还是实验性的，其效力的形成都在于想象力，功能性与合理性对他来说显然是次要的。

持此见解的并非荣恩一人，他在各种组织和个人中建立了盟友团和联盟精神，他们都将自己视为战前先锋派运动的当然继承人。他们抵抗艺术家落入商业的泥潭，坚持艺术家应承担社会批判和革新者的角色。这种先锋派实际上走向了建筑界的左翼现代主义，战前进步建筑师与艺术家之间存在的共生现象，这时已不再是自明的了。

1957 年，包括"为一个想象主义者的包豪斯国际运动"小组在内的多个团体决议，联合建立"情境主义国际"（Situationist International）。这些情境主义者早期的大部分活动是"整体性城市规划"（unitary urbanism）项目的一个部分，这一项目有力地批判了当下现代主义的城市规划思想。"整体性城市规划"拒绝消费社会的实用性逻辑，而是要建立一个以自由和游戏为核心功能的活力城市。情境主义者推动着这一目标，他们创新地诠释着身边的日常事物，并创造出颠覆事物常态的各种情境。

国际情境主义者一个引人注目的特点，就是他们强有力的理论著述。情境主义理论与诸如"社会主义或野蛮（Socialisme ou Barbarie）"这种马克思主义团体之间的讨论形成了非常活跃的交流，尤其是吕西安·戈德曼（Lucien Goldmann）与亨利·列斐伏尔（Henri Lefebvre）的思想，毫无疑问地影响着这一运动的理论家们。结果是，情境主义国际成为 20 世纪的一场运动，其中艺术先锋派的轨迹与一种以理论方式宣告的政治行动主义重合在了一起。

151　　作为先锋派运动的最后一站，国际情境主义者通过对艺术、社
会现实以及理论思考间边界的消解，开宗明义要竭力颠覆现实状
态，目标直指一场触动社会各个层面、并将渗透至整个生活经验之
中的即时革命。因而，它抵制一切可识别为既存事物的东西，包括
建筑与城市规划的当代实践。对情境主义者来说，理性化和因循
守旧由资本主义消费文化伴生，但现代主义建筑显然早已停止了
与这种倾向的对抗。因而，攻击盛行的功能主义是他们首要考虑
的事情之一，在康斯坦特主持的一个源于情境实验的长期计划"新
巴比伦（New Babylon）"中，这一批判找到了其最切实的证明。

新巴比伦：乌托邦的谬论

在康斯坦特（1920～）着手其新巴比伦计划之际，他已经拥有
了作为一名画家以及眼镜蛇画派成员的声誉。[5]一群先锋派艺术家
1956年在意大利阿尔巴（Alba）召开的一次会议，标志着新巴比伦
计划的开始，会上，康斯坦特发表了一篇名为《明日之诗将是这生
活之屋》(Demain la poésie logera la vie)的演讲。阿尔巴的会议
对成立情境主义国际这一组织颇有作用。随后的1957年，该组织
在伦敦正式成立。[6]其中筹划这一系列活动的一个核心人物是居
伊·德波（Guy Ernest Debord），他在一个正在组建的、名为"字母
主义国际"(the Lettrist International)的组织中相当活跃，这些组
织都抗拒艺术的日益商业化，并致力于通过联合行动带来富有创
造性的情境。德波与康斯坦特之间的合作成了"整体性城市规划"

发端的一个关键因素。

作为"整体性城市规划"的案例之一，新巴比伦发展出了最能与功能主义建筑分庭抗礼的势头（图 69）。它是一个乌托邦式的图式，以呈现一种新的栖居模式以及一个以大量研究模型、图表、草图以及绘画等形式表达的崭新社会。新巴比伦对社会现代性提供了持续的批判，因而，康斯坦特将其计划称作"谎言社会的对立面"并非没有原因。[7]新巴比伦计划是对彻底解放的情境——摒弃所有规范、习俗、传统和习性——的一种模拟。这一计划将现代性经验的瞬时特征更加激进化和理想化，它想象了一个所有瞬间飞逝的事物都已获得一种法则力量的世界，一个集体创造的、完全透明的、其中的一切都公之于众的世界。在新巴比伦中，想象力是主宰，游戏者（*homo ludens*）是君王。同时，这一计划也验证了这一愿景固有的悖论和矛盾。因而，在新巴比伦计划中，乌托邦的悲剧性特征由此显现。

152

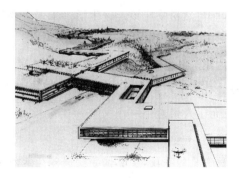

图 69　康斯坦特，新巴比伦计划，区段组群 1 的鸟瞰图，1964 年。（海牙市立博物馆收藏）

"整体性城市规划"与功能主义的批判

对"整体性城市规划"的根本目标进行描述的核心文章最早出现在 1953 年,并于 1958 年发表在《情境主义国际》(*Internationale Situationniste*)的创刊号上。该文由吉勒·伊万(Gilles Ivain)(伊万·切奇格洛夫(Ivan Chtcheglov)的笔名)执笔,最初作为"字母主义国际"组织的一个行动纲领,文中谴责了盛行于标准化城市规划中的枯燥乏味与功利主义。伊万因还发明了多种象征紧张氛围的城市场景,一些神奇场所的画面。制造这些陌生景象的理由是,置身其中就会激发人的想象力。这是对一种新建筑的呼唤,一种能驱逐枯燥乏味,不再冰冷无情只讲功能的建筑,而是具有灵活性又不停变换风格的建筑。通过这一方式,个人与现实秩序之间的统一就能得到实现。住宅应该具有灵活性,它们的墙体可以调节,而自然植物应该走进生活。未来在变化之中:

> 未来的建筑复合体将是可调整的,各方面都应根据居住者的需要进行完全或部分的变动……现代思想中相对性观念的出现,应允了人们对下一个文明的实验性臆测……基于这种多变的文明(mobile civilization),至少在起始时,建筑就应作为一种实验的手段,去尝试寻找调节生活的无数种途径,以及对一种神奇莫测的综合体的展望。[8]

在未来的城市中,以各种新的行为方式展开实验的进程将不会停歇。建筑形式会被注入符号与感情。城市住区的建造很有可能是用来取得居民各种独特感受的和谐共处，因而会有"古怪住区"，"幸福住区"，"悲壮住区"等。不停地闲逛和游荡将成为居民们最重要的活动，这会带来与平庸的决裂，使一种游戏的自由创造成为可能。

由切奇格洛夫执笔的这篇论文，为早年的情境主义国际提供了航向。在此方面的关键实践是德波创建的漂移（dérive）理论，指一种无目标的漂荡。[9]情境主义者们将这一不时改变着城市环境的穿越的技术转化为一种探测城市"心理地理"（Psychogeography）的工具。德波谈到，心理地理会自觉或不自觉地探究地理环境对个人情感和行为的影响，这一术语暗示人们可以通过制作城市的立体地图，来标明那些持续的状态、固定的地点以及因城市环境引发的、对过往者和居民情感产生影响的旋涡。德波为恰当地实施"漂移"理论提供了详尽的说明：需花一个专门的时间段（最好是24小时），并包括一小组人，其路径由系统性和随机的组合来确定，行动目标是无目的地穿越城市，以此引发一些意想不到的情况和遭遇。[10]

在1958年"阿姆斯特丹宣言"（Declaration of Amsterdam）中，德波与康斯坦特将"整体性城市规划"描述为"为人类环境按所有领域的进步计划自觉再造而存在的、一系列不间断的复杂活动。"[11]"整体性城市规划"是一种全新的集体创造成果，它无法从个体艺术家的活动中产生，但却呼吁所有富于创造力个体的共同协作。这会带来科学性与艺术性活动的融合，通过这种融合，瞬时的小规模情境的发展，伴生出更大规模的、普适且更为永久的环境的创造，而在这种环境中，游戏与自由即是首要特征。

阿姆斯特丹宣言强调了"整体性城市规划"的综合性和集体性特征，其传达的观念基础，就是实施这一方案为艺术家们的首要任务："对于当今富有创造力的活跃人群来说，当务之急就是为这一发展创造有利条件。"[12]宣言的法文版获得的反响比英文版要更加强烈，"状况"（condition）这样的中性词汇，在法文版中以"周遭环境"（ambiances）一词取代，等同于英语的"氛围"（atmospheres），暗示了对于特定情境的创造。宣言还陈述了，任何艺术分支中的个人实践都已过时，并且是反动的，它将是任何一位情境主义者难以容忍的。考虑到创造一种"整体性城市"的根本目标，用合作来取得一种空间性和集体性的艺术，应是每个人的使命。

在康斯坦特的新巴比伦计划中，他对这份宣言的目标作出了十分具体的回应。正当他在情境主义国际的大旗下着手他的计划、并在这场运动的杂志上发表他的第一篇关于新巴比伦的文章时，[13]他与德波必须分道扬镳的迹象却很快地明朗化了。康斯坦特将他所有的心力都放在了将新巴比伦计划发展出一种为世界将如何推进实现"整体性城市规划"的具体模型；而另一方面，以德波为首的小组认为，康斯坦特太过专注于他们"城市规划的结构性问题"，他们认为，人们更应该参加强调"内容、游戏的观念以及日常生活的自由创造"等方面的活动。[14]对德波来说，"整体性城市规划"仅仅是一个出发点，一个在为整个社会革命的斗争过程中的潜在触媒，并相信它的实践是指日可待的事。此外，要在各条战线都推动批判，不仅有必要团结起艺术家和知识分子，更要联合学生和无产阶级。对德波及其同伴来说，新巴比伦计划因在艺术语汇、媒体环境中构想和阐述,显然有视野的局限性,他们甚至指责康斯坦 ¹⁵⁴特起到了作为一名为资本主义服务的、搞公关的官员的作用,因为他的计划是要尝试将芸芸众生整合到一个完全技术化的环境之中。[15]

从康斯坦特的角度,他并不期待这种社会革命会在不久的将来发生。作为在艰难岁月幸存下来的一项策略,他考虑到介入一种"另样生活,另种城市"(une autre ville pour une autre vie)的具体设计工作是有意义的。在 1960 年代的进程中,相左的意见此起彼伏,而康斯坦特本人在那个夏天退出了他的小组。

留下的情境主义者们继续从事着对"整体性城市规划"的研究,但却走着与康斯坦特不同的道路,他们不再创作任何模型、图形与绘画,取而代之的是撰写文章,对实际的城市规划与开发状况进行批判。[16]他们公开指责目前的城市规划实践都是在为资本主义的意识形态服务:他们认为,时下的规划正如其指向的目标,是以人们消极思考是否能对社会有所贡献的方式来组织人们的生活的。因对交通问题的强调,当代城市规划使人与人之间互相隔离,妨碍他们在真正的公众参与活动中发挥能量。与此相反,他们构建了这样一种景观:"公共参与的不可能性将通过这一景观进行补偿。这种景观已经在人们的居所和流动性(私人交通工具)中亮相。事实上人们并不是居住在城市的某个地方,而是居住在形成等级结构的某个地方。"[17]

人们自己就是景观中的一部分,这一事实将他们转变成消极的个体,偏离其自身的存在。这正是为何情境主义者的首要任务,就是要将人们从他们对环境的认同、对资本主义强加的行为规范的驯服中解放出来。因而，"整体性城市规划"最终被卷入一场由现存城市结构操控的永久批判之中。这些批判会被日常生活的张力与冲突所激活。"整体性城市规划"的目标，就是将不断为一种生活的驱动力进行实验提供基础。

尽管如此，情境主义者仍关心"整体性城市规划"是否会导致形成一种与世隔绝的"试验区"（experimental zones）。他们声称，他们的奋斗与那种设计又一个度假区的事毫不相干，相反，"整体性城市规划与特殊化的活动背道而驰；认可一个孤立的城市领域，就等于接受了关于城市规划的所有谎言以及渗透在整个生活中的谬论。"[18]

对城市化进行批判的常用手段就是异轨（*le dé-tournement*）。这种技巧的目的在于以一种与惯常形式全然不同的眼光呈现出某种事物，进而暴露其欺骗性。按柯坦伊（Kotanyi）与范内哲姆（Raoul Vaneigem）的观点，为使都市学家理论中的谎言经受一次异轨，抵御理论渐行渐远的后果，仍是可能做到的。通过这种方式，可以触发一个再度缝合的过程。一件必要的事是，撤除城市化话语的规律模式，颠覆其信念团体的威力，减小其带来的后果状况。达到这一破坏性目标的恰当策略，就是各种情境的创造，这将释放既有能量，允许人们去创造属于自己的历史。因而，"整体性城市规划"终将与日常生活的革命密不可分："我们已经创造出的建筑与都市生活，都离不开日常生活的革命——离不开每一个人的适应性调整，一种无止境的充实和完善过程。"[19]

从视觉艺术的实验，到具有煽动性的语言与活动的介入，"整体性城市规划"的演进形成了情境主义国际总体趋势的一部分。

渐渐地，这一运动越来越多地被政治性的以及颠覆社会的活动所占据，却与一切艺术实践日益疏远。运动的开始就有这样的声音；为了集体进程，个人的艺术实践应予拒绝。然而那时尚未有过这样的结论，说所有的艺术活动都是反动的。这种观点只在 1960 年之后才占上风，但此时表示怀疑的艺术家们便被排挤了出去，其中包括康斯坦特。自 1962 年起，情景主义就由诸如德波、哈伍尔·范内哲姆等人主导，他们以檄文和小册子的形式开展革命斗争。范内哲姆鲜明地宣称：

> 这是拒绝景观，而不是对拒绝景观如何作出详细阐述的问题。为使他们能在情境主义国际全新而原真的定义中展开富于艺术特质的阐述，摧毁景观的要素绝不再是艺术作品。情境主义这样的事物并不存在，一件情境主义者的艺术作品或是所谓的景观情境主义也不存在……我们的地位如同两个世界之间的战士——一个我们尚未认识，另一个并不存在。[20]

这一声明背后的争辩是：整个社会体制形成了这样一种组织方式，人们沦为日常生活中消极的消费者，逐渐远离他们自身的需要与愿望；为了维持这一普遍化的贫瘠状态，社会以一种游戏活动的形式来为人们提供慰藉，而这些活动是用"景观"方式组织的；换句话说，它们是以大众只能被动共享而非真正参与的方式设计的。这种体制，既集权又等级化，盛行于社会存在的任何角落，包括艺术世界。纵观艺术市场的商业组织，那些已成名的艺术家的作品在市场上高价销售，而与这套把戏联手的艺术家正在成为体制的附庸，他们也因此为这种背叛革命的态度深感内疚。创造出来的产品被冠以"艺术"标签并光彩夺目，这一事实意味着，艺术家正有效地维护着体制的正当性。而富于革命性的艺术家则企图阻止这一体制重新获得对于游戏与创造性的控制，但他们却只有在抛弃所有同谋者并停止艺术作品生产之时，才能得以坚持。这也正是情境主义者为何能够如此地声称"只有当我们再也不是艺术家的时候，我们才是艺术家；我们这才开始了解艺术"的原因。[21]

德波在其《景观社会》(a société du spectacle)中发展了这一理论。该书包括了翔实的基于黑格尔(Hegal)、马克思(Marx)、卢卡奇(Lukács)、"社会主义或野蛮人小组"等思想基础的社会批判。德波提出了这样一个论点：资本主义社会与 19 世纪的时候有着根本区别，它不再以商品为主导，而是由景观(spectacle)来掌控。德波在书的开篇就论及："在遍布现代生产条件的社会里，生活的一切都以场景的堆积来呈现自身，所有曾经鲜活的事物都已隐匿在一种再现(representation)之中。"[22] 图像成为自主的事物，整个社会系统都被再现的独断所主宰。真实的世界已经变得除了图像一无所有；结果是，这些图像最终获得了现实的力量，如今成了催眠行为的活跃动力。场景是被禁锢的现代社会的梦魇，它之所以还在继续，是因为每一个体都已被诱入一种虚境：宁愿选择沉睡的失忆，也不要一个被真切体验过的现实。

德波将景观化的机制，与疏离和剥夺(separation and expropriation)关联起来。他认为，隐退到再现是形成普遍异化(the universal alienation)的源头之一，这种异化是资本主义社会的典型特征，而对于世界统一性的丧失，场景化既是原因，也是结果。

这一诊断带来了一系列的批判性讨论,而之前这种讨论就已在亨利·列斐伏尔那里展开。在其1947年出版的一部颇具影响力的著作中,列斐伏尔论述到,日常生活受到各种非常强大的异化形式的影响,生活已经不再从其完整性中体验,而被割裂为没有关联、毫不相干的瞬间片段。个人逐渐远离他们自身的愿望,他们的工作、社会身份、休闲方式以及公共生活,甚至是他们与家庭的关系——无一再与他们的基本生存有何关联,而是在另一目标前景的社会体制的控制和条件约束中产生。[23]

德波的《景观社会》(*Society of the Spectacle*)一书主要关注对维持异化与剥夺状态的社会机制的分析。另一水平相当的著作是哈伍尔·范内哲姆的《日常生活的革命》(*The Revolution of Everyday Life*)。范内哲姆也以类似的理论前提,讨论了人们日常生活中革命性改变的种种可能性。他对这一变革目标的陈述是:"新的社会正试图从城市悄然而混乱的发展中找到某种实际的表达,作为一种人类关系的透明表达,以此推动每一个人在自我实现中的参与度。生活中的创造性、爱和游戏,正如生存所需的营养与庇护一样,是必不可少的。"[24]

这两本书中的情境主义思想成为孕育革命运动的肥沃土壤,运动至1968年的学运而登峰造极,情境主义者在此起到了推波助澜的作用。阿姆斯特丹的无政府主义者(Provos)与生态主义政党(Kabouters)也受到了情境主义者的鼓舞。[25]争取社会参与的运动在70年代的建筑景象中盛行,其中许多观点听起来正是情境主义者呼吁社会参与和自我实现的一种回响。[26]"异化"成为这一时期社会批判的关键词,建筑学与城市规划被看作是个人能获得自我实现的至关重要的领域。功能主义由于操持在异化与非参与性的手中而被拒之门外：因为功能主义的考虑仅对被操控的、抽象的需求作出回应，却并不真正考虑何为个人的切实愿望。

新巴比伦：谎言社会的对立面

与情境主义决裂后，康斯坦特继续研究他的新巴比伦计划，从中寻觅一种社会与住宅的新形式。其出发点是这样的：生产的全盘自动化可以达到的一种状态，使工作变得不再是必需的，由此人们可以享受无尽的自由时光；地球的表面逐渐地被一系列"区段"（sectors）所占据，巨型构筑由高大的支撑体凌空而立，下面是用于机械化生产的农耕景象，以及穿插其间的一条条快速交通干道（图70）。"区段"生活的典型特征是人们获得彻底的自由：摆脱了所有的关系网、规范和习俗的约束；生活在一个全然脱离压迫并能完全掌控的环境之中。通过一个按键，他们就可以调整温度、空气湿度、气味浓度以及光的照度；通过一些简单操作，他们还可以调节一个房间的形状，并可决定其封闭或开敞的程度。他们可以在一系列的"基调"（atmosphere）模式中选择（亮和暗，温和凉，逼仄的小，或咋舌的大），并可随时调节或操控；有专设的情色区、电影或广播录制试验区，以及供科学测试的区域；同时还会另设隐蔽和休息区。新巴比伦犹如充满能量的大迷宫，不断地被其居民的自发性和创造性重新布置。这些人们以不停地反对传统习俗以及任何形式的永恒性来倡导着一种游牧的生存方式："这些区段通过所有在其内部的活动而变化着，它们在形式与基调上不断演进。因而，

158

没有人能够回到一个他曾造访过的地方，也没有人会认得一幅存其记忆中的图像。这就意味着，没人再会陷入一成不变的习惯之中。"[27]

图 70 康斯坦特，新巴比伦计划，区段组群，蒙太奇照片，1971 年。

"这关乎通过感觉错乱达到未知的境地"。康斯坦特选择兰波（Arthur Rimbaud）的这句话作为其描述"新巴比伦文化"（the New Babylonian Culture）的箴言并非偶然，[28]他刻意地把自己放置于将艺术的巨变与社会及政治革命联系起来的先锋派谱系之中。在他看来，先锋派突出的特点就是它勇于对现存社会与文化展开批判性斗争。[29]他声称这一纲领性目标的设定是许多战前组织的典型特征。不过，这种特征还是被一些不再参与反动的或保守的实践活动的艺术家和小组作出了改变，这些艺术家急切地致力于在艺术与"现实"之间建立起直接的联系，这就意味着他们已被诱入商业社会。这也正是发生在功能主义身上的现象，因为依据康斯坦特的观点，这种现象暗示着艺术家在向功利性社会的需要屈服。但艺术家们必定要懂得，他们从不扮演如此角色，与既存社会的和解也绝不能是他们的目标；相反，他们必须始终清醒地意识到另一个世界的可能。艺术已经死亡——其社会职能已经终结——但是如果放弃斗争，也就等于放弃了所有的一切，包括未来。眼下，或许一种真正的新文化无法获得；正因如此，就应退而选择实验作为一种滞延策略。康斯坦特点评到，眼镜蛇小组再次接过了先锋派的旗帜，但尽管如此，这个小组的实验仍然在商业化中被降服了，因而整体性城市由此发展。这样，个人主义文化的最后一幕就此落下，零点已经抵达。艺术死了，但游戏者（*homo lundens*）正浮出水面。现在，经济已经发展到一定高度，无限生产的实际潜能使得义务工作出现过剩，一种全新的、游戏的文化开始出现。在康斯坦特看来，最后的艺术家们肩负的使命是，为这一未来文化铺平道路，为创新者的反叛引领方向。

159　　　康斯坦特认为，文化总是在体制的边缘被创造出来。在过去，文化的制造并非来自大众，而是出自那些从体制内的日常义务工作中脱离出来的人们的创新精神。只有当日用品生产的基础工作无法耗尽人们所有的精力时，对创造性及游戏的渴望才能兴起。自动化将保证大众享有同等机会，这也意味着，一种真正的大众文化，即，一种呈现出与现存文化形式完全不同的集体性文化的存在条件即将形成。这一文化形式只能在人人平等的自由社会中生存，在这种状况下，每个人就能尽情发挥他的创造力，而清规戒律都将毫无意义。新巴比伦计划应被认为是一种未来的预兆，它是一个人工天堂,在里面,人类可以怀揣心底最深处的渴望,去找到其作为创造性存在的归宿。[30]

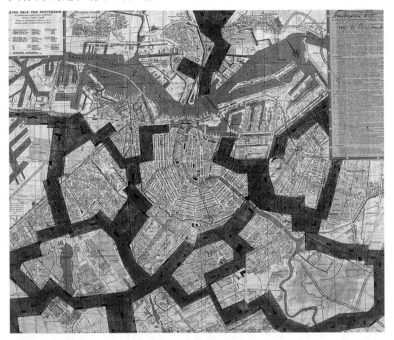

图 71 康斯坦特,阿姆斯特丹上的新巴比伦,1963 年。(海牙市立博物馆收藏)

康斯坦特已在他无数的地图、模型、草图和绘画中描绘了这一未来。这些地图展示了一个完整的、相互连接的结构链,延展在自然景观之中,它们以各种尺度出现,以一种准欧洲的维度(a quasi-European dimension)为起点——诸如绘制"新巴比伦的鲁尔区"这样的地图——并接着用模型来摹拟具体城市或城区的发展(如阿姆斯特丹、安特卫普、巴黎)(图 71)。这些东西有时会被置于一个完全抽象和中立的背景之中，而在另一情况下又会将当前或历史的地图作为背景。

一种别出心裁的系列组合，是用其他城市规划的局部创造出来的各种"区段"的拼贴图。举例来讲，有一张标志性的"新巴比伦"表现图可追溯到1969年，图中各种现有城市地图的碎片被贴在一个共同的背景之中，背景上道路本身若隐若现，而道路交汇处特以粗线标示（图72）。在地图碎片上街名仍可读出，因此能朦胧地指向各种特定城市，而一小块伦敦和另一块柏林与阿姆斯特丹某街区以及西班牙一城市的某地块可能就并列放置。康斯坦特正是以这种*异轨*的方式，提出了把所有这些城市特质统一起来的新巴比伦计划。他显然还赋予开放性和公共空间以至高地位，并不断重申，新巴比伦计划中包含百分之八十的集体性空间，而私密空间将被降至最少。

康斯坦特对空间公共特性重要性的强调，也见诸其演讲与论文集《为游戏者的战斗》（*Opstand Van de homo ludens*）中，他提出，公共空间是人们彼此相遇的场所，这也意味着它就是为游戏而提供的场所。[31]他争辩到，如果没有公共空间，也就没有文化可言。古典时期的广场，中世纪的市场，以及近代的林荫大道——都是文化生活发展形成的场所。布满巨型构筑的新巴比伦即被明确认为是这一传统的承续。康斯坦特在此毫不含糊地声称，他将新巴比伦计划视为列斐伏尔"都市中的权利"（*droit à la ville*）的实践。在杜撰这一表述时，列斐伏尔并非指一种确切的城市物质环境，而更多是指一种关联到自由、复杂性以及无限可能性的都市基调的在场。[32]通过新巴比伦计划，康斯坦特将自己置于真正的城市化

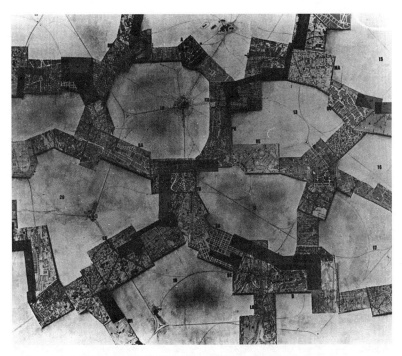

图72 康斯坦特,新巴比伦计划的象征性的表现,1969年。

(urbanity)传统之中,这从他与阿姆斯特丹青年无政府主义者
(Amsterdam Provos)在60年代的亲密合作中便能看出,因为他
们的诉求之一是,希望将街道从机动车占领中夺回。这群无政府
主义者在某一角度甚至宣称阿姆斯特丹就是新巴比伦的第一个
"区段"。[33]

　　然而,康斯坦特自己却不认为新巴比伦计划是一个在技术上
可行的或者说可以立即付诸实施的方案。他不断重申,新巴比伦
计划是建立在两大远未实现的假想之上:土地的集体所有制和生

产全自动化。这一计划的实现因而必须是在根本的革命性的社会变革发生之后。出于这一原因，新巴比伦更应被视为一种可能的未来世界的视觉畅想，也可认为是游戏者（*homo lundens*）从劳动者（*homo faber*）手中接过指挥棒后对自己生活状态的图解。

161　　在构想新巴比伦的第一年，康斯坦特制作了大量形式各异的工作模型。第一批可以追溯到 1956 年，是为阿尔巴地区（Alba）的一处吉卜赛聚落设计的方案，是一种伞状透明结构部分地覆盖在一个看似螺旋形的空间上，吉卜赛人被鼓励用帷幕和打桩的方式建造他们自己的居所。1959 年和 1960 年的两种"空间体"（spatiovores）再次采用了圆形，但都是悬于地面的、透明的壳状结构（图 73），壳

图 73　康斯坦特，新巴比伦计划，空间体，1960 年。

体内部有机玻璃构成的楼板由立柱和悬索挂在空中。从1960年的"空间体"下这些地面物的尺度判断,这些模型应该是表现仅以三个支点托起的、覆盖大片区域且比地面高出许多的巨型结构体,但并没有任何说明解释这些巨型壳体的确切功能,人们似乎可以将它们比作那些意外落在地球上的太空站。

从其形式来看,"空间体"是自主生成的元素,这使它们在新巴比伦计划的整体结构中显得有些格格不入,而其他模型都作为区段的组成部分,很易相互关联。比如,康斯坦特在《情境主义国际》中描述的黄色区段模型(1958年)就是其中一例(图74),[34]建造系

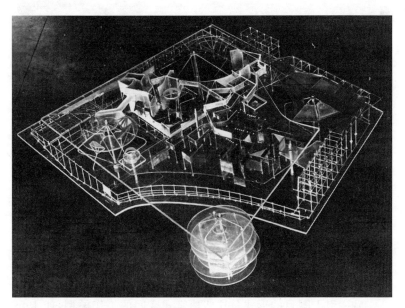

图74　康斯坦特,新巴比伦计划,黄色区段,1958年。(海牙市立博物馆收藏;摄影:布朗姆·威斯曼(Bram Wisman))

统由一些大型塔吊完成,采用框架结构支撑起楼板与屋面板,其中一处转角是一与主体分开的圆形结构,内有 6 层楼板逐层相叠且层高很矮,与仅有二层楼板的主体部分形成反差,而一块明显表示区域名称的、平整的黄色屋面板又将建筑连为整体。换个方式叙述"故事",人们又能看到这是一个用以界定不同空间的、可折叠的墙面的集合体(图 75),但这并非是体量的围合,而是不同尺度空间的互相渗透。

图 75　康斯坦特,新巴比伦计划,黄色区段的内视图,1958 年。(海牙市立博物馆收藏)

另一引人瞩目的形式是这些迷宫式空间的工作模型,如 1959 年的小迷宫,或者是 1967 年用黄铜、塑胶及木头制作的可移动的梯子迷宫模型(图 76),使人联想到一种以线性结构组织的、与凡·

图 76　康斯坦特，新巴比伦计划，可变动的梯子迷宫，1967 年。

杜斯堡的飘浮面和穿插体对应的反构成体（counterconstruc-tions）。在新巴比伦计划中，人们永远无法说清建筑各个部分的明确功能，也无法准确计算任何空间尺寸或其他具体细节。总而言之，这些模型展现了一个由技术主宰的人造世界的景象，在这里，人工材料与独特建造技术用来制造一种脱离自然环境的居住类型，其典型特征是渗透性与不确定性。一种类似机场或空间站的基调常被引入，这在 1959 年的模型中尤为明显，康斯坦特还为其加上了紧急起飞（*ambiance de départ*）的画外音效果，因此暗示了一种游牧式的生活模式在技术支持下成为可能。

　　然而这些模型的真正问题在于，大尺度的固定结构与内部灵活的、迷宫式的小尺度结构之间存在的张力不是总能完全缓解的。康斯坦特自己也称，"新巴比伦的真正设计者将是巴比伦人（baby-lonians）自己"[35]，但从这些模型看并不见得如此。在这一意义上，模型雕塑物只是一种有限的表现形式，这也许就是为什么康斯坦特在新巴比伦计划的推进工作中愈发地依赖草图与绘画的原因。[36]

　　最无吸引力的是建筑透视图，例如 1964 年创作的"区段组团 I 鸟瞰图"（图 69）。这组图可简单地解释为仅仅是一些匍匐于自然地形上的巨型结构链的细节描述。与其他构想图相比，这种简化方式在诗意的力量与强度的表现上要逊色许多。有一小套图纸让人想到技术性的蓝图，其中重点强调的往往是建造方面，而艺术家的目的显然是在说服大众其建议方案的潜在生命力。

　　比这些绘图更加有意思的是那大量草图，可让人读出新巴比伦计划的建造原理，而非只呈现其技术性细节。正是在这些草图中，康斯坦特最成功地表达了结构形式中存在的张力与诗意的力量。比如，有一张不同寻常的草图（图 77），表现着两种结构系统的相互较量：一种是格构柱，以集中的杆件连接及节点搭接的构筑形式，可覆盖大片区域；而另一种则是极纤细的结构元素，看似是按三点支撑拱逻辑建造的竖向版本。后者是否真有支撑功能令人怀疑，但在这里并不是要点，两种结构间的互相作用——它们所暗示的、力的作用线的组织形式才是这幅图的特征所在。从 1962 年的一副创作中（图 78）或许能看出类似表现，画中表示的是为新巴比伦计划中一区段所建的、山地景观上的格架构造物，这里也是纤细结构，并对力的作用线和支撑点作最小化示意，此外还出现了起

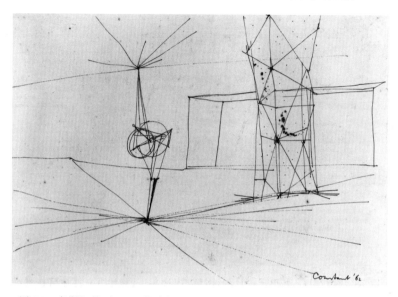

图 77　康斯坦特,新巴比伦计划,图纸,1962 年。(海牙市立博物馆收藏,
T44 - X - 1974)

吊机,暗示的是一种连接居住空间与地面的升降机。　168

　　康斯坦特用以塑造新巴比伦空间印象的出版物与绘图也是数量可观,其中预示动力与流动性的形式特征,如台阶、楼梯、电梯、灵活墙体等被不时地强调出来(图 79)。许多内部景象给人的印象是一种令人窒息的迷宫空间,一个使人迷失在无尽路途中的无界区域(图 80):台阶和走道不知通向何处,皮拉内西式空间(Piranesi-like spaces)的浓重阴影将它们衬托出来,似人形轮廓的点滴时隐时现。如果画中有大量这种点状轮廓出现,就会让人惊奇地发现它们之间没有任何的互动:所有我们看到的,都是穿越迷宫的孤影。

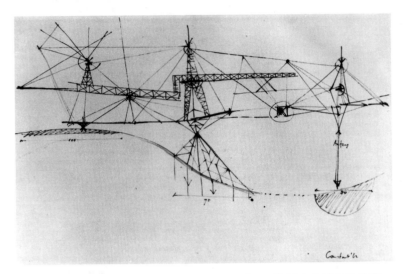

图 78   康斯坦特,新巴比伦计划,图纸,1962 年。(海牙市立博物馆收藏,
T95－83)

　　这些草图的一个典型特征来自它们所散发的张力。这些张力
常常由图形手段塑造出来:碎片与实体的对峙,明与暗的对抗,动
态线条与静态体量的对比。有时,张力的产生可以通过墙体赋予
结构以空间内涵的节奏中产生,或者是通过人的运动甚至视角的
屈曲呈现出来。这种张力还可被视为在自由与动乱概念上的持续
摇摆,观察者亦被这种摇摆所左右。一方面,新巴比伦计划实现了
人们对一种绝对自由空间的期望,在那里人们可以随其所愿建造
自己的环境,最充分地探索创造的可能。可移动的墙体、楼梯、电
梯和台阶暗示了一种无尽旅程和持续邂逅的可能性,每一个人都
能在一个技术的诗性潜力得到充分驾驭的一般社会结构中,将自
己融入其自身环境。而另一方面,这些草图同时也透露出令人不

图 79 康斯坦特，新巴比伦计划，迷宫空间（Labyratoire），1962 年。（海牙市立博物馆收藏）

安的感受，地球表面被剥离后的无差异性，支撑着各个区段结构体的超大尺度，以及似乎拒绝一切与外部世界联系的内部空间绵延无尽：即便康斯坦特无意如此，这些特征还是显露无遗。从这个意义上说，比起那些模型来，这些绘图更能形成对康斯坦特关于摆脱压迫与不平等的乌托邦世界之论述的某种修正。

　　康斯坦特在其新巴比伦计划阶段的绘画也同样如此。起初，在其最激进的部分，康斯坦特回避了作为阐述原则的绘画，将这种创作视为资产阶级的、反动的艺术。然而，即便已经停止办展或拒绝出售任何画作，他也从未彻底地放弃过画笔。那些年的作品仍

169

图 80　康斯坦特,新巴比伦计划,楼梯迷宫,图纸,1960 年。(海牙市立博物馆收藏)

是围绕新巴比伦的一些主题和主旨——迷宫、梯子及游戏者——但是这些或许仍不应被视为新巴比伦生活的直接图解，而是提供了在不断跟随甚至可能的评注中、对新巴比伦作品的一种远距离反思。

这些绘画作品的部分典型特征是它们生动鲜明的色彩，暗示着喜庆节日的场景。在这里，嘉年华般的人物纷纷登场，舞台上充满各式各样的活动，游戏气息油然而生。在康斯坦特 1958 年创作的《吉卜赛节庆》（*Fiesta Gitana*）中，绚烂多彩的笔触充满画面，欣喜怒放（图 81）。但尽管如此，画面上忧郁的弦外之音仍依稀飘过，就如康斯坦特在其绘画中所认为的，节庆与暴力，喜悦与混乱，创造与毁灭，都不可避免地关联在一起。例如在他 1964 年创作的 170 绘画作品《游戏者》中，丰富的色彩以及节庆的气氛充斥了整个画面；人物着以炫目的色彩，有倾向性的颜色洒在周围。然而仍在这幅画中，在扼制狂欢者蔓延喜悦之情的黑色背景中，在人与人之间仿佛并不存在真正交流。各色人等的姿态之间，忧郁暗淡的调子依然显而易见。

在"迷宫"系列中，这一矛盾更加显著。作品《奥黛翁颂》（*Ode à l'Odéon*）（1969）以皮拉内西的手法描绘了一个没有任何外部世界的、无尽的室内空间，里面包含了大量的墙体、栏栅和梯子，（图82）水平、垂直和斜线的互相交错形成了（或可说支撑起了）透明帷幕、网格表皮以及楼层的分割。这里不再有任何明确的透视角度，也不再有任何可以由此把握空间全局的中心点。人们体验这一空 171 间的晦涩不定；人影徘徊期间，显然漫无目的，也彼此毫无呼应；灰色与浅褐色的渐变，而白色不时地提亮场景。在 1971 年创作的《梯子迷宫》（ladderlabyrinth）中，画面的主色是一种黄中带橘的调

图 81   康斯坦特,《吉卜赛节庆》,1958 年。(乌得勒支中央博物馆收藏)

子,同时还糅合了粉色与明黄色。(图 83)由于这副作品中没有任何长距离和长视线,其空间组织显得比《奥黛翁颂》中的更令人迷惑;绘者似乎将一种刻意的含混性植入表皮与线的排布之中,两个模糊的粉色轮廓与灰色轮廓控制了整个画面,似乎是无形欲望的牵线将彼此连在了一起。性的内涵在此登场——在之前的新巴比伦作品中还从未有过。

　　从 1973 年一副名为"模糊之地"(Terrain vague,图 84)的绘画中,或许能找到康斯坦特即将告别新巴比伦探索的点滴动向。

172 画中是个近乎预言式的空空如也之地,延伸至远处夜色中的地平线上,画面所及的中心和边缘由细线分块与组合,而在一定距离之外就几乎很难辨认出任何新巴比伦计划的构筑物了;一些墙和屏将人的凝视引向画面深处,再凑近些就会发现,原来占据画面大半的单调乏味的黄-白表面,结果是覆盖在由报纸和其他图片拼贴而成的、更为复杂的背景之上的。难道这就是一个历史终结的复本?该作品题目意指"荒芜之地",但画面又清晰地表达出这块土

图 82　康斯坦特,《奥黛翁颂》,1969 年。(私人收藏,借自海牙市立博物馆)

地并不寂寥:画面上的踪迹与伤痕分明刻画了一段十分特别的历史。就新巴比伦在其他时候是被描绘为永恒存在的场所(因为无一场所是能为其居民所辨认的),这里的确显现了一种陌生的图像汇编。荒芜之地总是隐藏着记忆,而新巴比伦的乌托邦理想又宣称记忆与历史并不相关,《模糊之地》正是诱导人们从此作品中去理解这两种境况的永难共存。但人们最后仍存疑虑:康斯坦特是否在此舍弃历史而选择了一种永恒的存在?

图 83　康斯坦特,楼梯迷宫,1971 年。(P. 尼乌文胡伊斯·克尔克霍芬
(P. Nieuwenhuys-Kerkhoven)女士收藏品,阿姆斯特丹)

乌托邦的悲剧

在新巴比伦计划描绘的世界里,人们不受任何规范、形式以及习俗的约束。所有令人压抑的束缚都被驱散,任何关于社会责任的固定形式,或者是对于家庭、对于一个独特场所的忠诚,也都已

图 84　康斯坦特,模糊之地,1973 年。(海牙市立博物馆收藏)

不复存在。瞬息总是优先于永久的结构,新巴比伦中到处弥漫着这一短暂性法则,所有陈词滥调——那些赋予生活以形式、且不厌其烦地追问生命终结意义的各种普通而日常的机制都被取消掉了。正因如此,"栖居"的可能性也随之消失。栖居(居住形式)与人逐渐发展形成的习性相关,即,让人的生活与一种模式匹配,而这,恰是康斯坦特所告诉我们的、在新巴比伦中不可能的设想。

作为一种乌托邦式的未来景象，新巴比伦计划最终挑起的是人们的恐惧而非希望：居无定所显然没有回应我们最深切的希冀和愿望。

从某种程度上说，新巴比伦完成了先锋派的否定逻辑：为了达到将人们完全从社会规范与习俗中解放出来的目标，所有的习惯与传统都应毁灭。基于这一逻辑，诗与日常叙述互不相容。站在日常叙述一边的是陈腐和平庸，那是一个彻底因循守旧并足以击毁任何内在体验的、以僵化的外在形式存在的整体。基于这一原因，先锋派将这些陈词滥调视作内心的"谎言"，而人们希望的，是透过这些陈规陋习找到纯正，唤回本真。这原真性的一刻等同于纯净与开放，是与最个人、最自然的那种感受同在的。以此逻辑，诗性就如同撕开了这些陈规陋习的外衣，到达了最纯净的本真的核心之中。人们只有剥下日常和平庸的粗陋外衣，才能真正获得诗的真谛；只有冲破习俗的桎梏，才能真正获得个性的张扬。这就是深藏于新巴比伦世界的坚实信念。

可以说，新巴比伦是本雅明在 20 世纪 20 年代的先锋派中窥探到的、终极透明之梦（the dream of ultimate transparency）的视觉版本，呈现的是一幅社会形式的图景，在其中个人愿望与社会需求互相交织无法分离。正如康斯坦特的描述那样，它是一个不再有任何保密或占有需要的社会，在这里大众利益与个人利益不自觉地重合起来，形成高度集体化的社会。可以看到，新巴比伦正是一个毫无权力关系的社会，它以凸显其瞬息性的一面，使本雅明所向往的、现代性计划的诺言变得切实具体。然而，这样一个乌托邦社会必然充满了内在矛盾，这在康斯坦特的草图与绘画中不自愿地显现出来。的确，如果不是通过隐性地强制社会个体的遵从和适应，那么如此和谐毫无压力的社会是无法想象的，而事实上，活力、不断变化及灵活性，是不可避免地会与和平、安定以及和谐等特质相矛盾的。

康斯坦特认为，新巴比伦计划意在为后革命社会而制订，为那些将在革命中降生的游戏者而准备。尽管如此，直到这场革命发生之前，现有的人类类型——劳动者将继续遭受着一个不真实社会的摧残，这个社会将规范和价值观强加于他们，强制个体去服从，将其禁锢在传统习俗中，抑制其创造性与自主性。这一革命将带来彻底的解放，本真性以及个人对集体的承诺将成为新社会的基本特征。革命的信仰以及人类对变化的真切渴望成为培育新巴比伦计划的土壤，这也正是 60 年代智识环境的主要特点，但它忽略了同时被大家逐渐认知的、福柯（Foucault）的"微观权力论（micrology of power）"，忽视了建立在社会体系的原则与引导个人行为的心理学机制之间极其错综复杂的相互作用。实际上，几乎没有理由能让我们相信，社会组成的根本变化会立即导致人类本质也发生同等的根本性变化。换言之，谁能保证，为了生存的社会斗争一旦消失，就意味着冰雪融化，个体之间的暴行与冲突也随之消亡？人类状况很可能比这还要复杂。[37]

这正是康斯坦特在其图画中精准暗示的关键点。他的草图与绘画似乎的确传递了比文本更具深度的对人类状况的理解。这些图像几乎很难开放性地被诠释为理想未来的预言；它们看似一种多层次的注解，以说明乌托邦无法获得一种具体的形式。在由草图暗示并由绘画充分呈现出来的复杂性中，新巴比伦世界的"黑暗 174

面"也同时得到了描绘。草图与绘画反映的是流浪癖和无固定关联的状况随处可见，但图画中也明确显现，这种状况是与死亡冲动、无根基以及不确定性难以分离的。正如康斯坦特在眼镜蛇小组时说的那样，一幅画作犹如一只动物，一个夜晚，一声尖叫，一种人类，或是它们的集合。这一观念在他的新巴比伦创作阶段同样有所反映，结果是，康斯坦特在其模型和叙述中依然能够掩饰的事实，都在这些绘画中显现了出来——这一乌托邦世界并非完美和谐，一切习俗的瓦解将人类的存在引至零度，对本真的孜孜追求也不过化作了一连串感知与感觉的湍流。因而它不再是一幅理想图景，而是一张笨拙的漫画。从这一点看，新巴比伦正是有力地证明了赋予乌托邦以具体形式的不可能性，证明了将诗意变为现实是为虚幻愿望，即，人们无法在新巴比伦中"栖居"。

然而，说新巴比伦以一种具体形式呈现情境主义者的社会批判，仍是恰当的评述。例如，德波在他对都市化的批判中声称，无产阶级革命将带领个人以及社会团体建设自己的环境，把握自己的历史方向。土地将按照工人委员会的需要进行整体重组，空间将灵活地提供游戏的可能。[38]这里，革命与乌托邦的关系也直截了当，仿佛无产阶级的革命与工人委员会的成立将足以保证一种人类消除异化的状况得以实现。

这里的基本误解涉及对"异化"（alienation）与"原真性"（authenticity）两个被视为对立概念的解释。两者都难以明确归并至哪个范畴，然而，它们是否就如先锋派逻辑假设的那样真的互相排斥，还是值得疑问的。先锋派已将获得原真性上升为一个根本目标，以此反击19世纪文化特质中的空洞和虚伪。[39]历史已显示，原真性的"写真"却是一个不断隐退无法琢磨的幻影，先锋派以一次又一次摧毁传统权威的举措来赢得的原真，是想象建构出来的，并证明是转瞬即逝且难以捕捉的。对原真的追求一直需要不断地从头开始，因为其成果本身太易商品化，太易旧戏重演，就是说，由于陷入消费逻辑，它又会沦为再度建构整体所需的反面对象了。从长远来看，这已步入死胡同，当今艺术与建筑玩世不恭的局面正源于此。

无路可逃：阿多诺的美学理论

阿多诺在其著作《美学理论》（*Aesthetic Theory*）中陈述到，艺术对乌托邦的承诺是各种自相矛盾的根本之源，而正是这些矛盾支配着艺术的当下情形："当代艺术的核心矛盾便是它想成为并且务必成为乌托邦似的事物，现实运行的秩序越是阻碍乌托邦，这种状况就越是真切；但与此同时，艺术为了避免担负那种提供慰藉与幻想的罪责，而又不能成为乌托邦。"[40] 这切实让我们更加看清了康斯坦特的新巴比伦计划：作为一个渴望具体实现历史性的乌托邦目标的计划，它是以否定当前社会中的一切错误和欺骗为基础的；因此，它强化了对终止压迫和支配状况的必要性。然而，新巴比伦计划的品质事实上不在于它所提供为最终目标的和谐的、田园诗般的图景，恰恰相反，这个计划并没有使它自己成为一种幻想或者慰藉的工具。它的真实性在于它的否定性，以及它向和谐、安宁的图景中不断注入的弦外之音。

阿多诺的《美学理论》提供了卓越的工具，有助于我们审视像新巴比伦这样的内在矛盾的计划，而在描绘艺术在现代状况中所面临的主要矛盾时，该书堪称最为精心的尝试之一。在我看来，即使阿多诺的某些思想在某些方面有时效性，这本书却并未失却重要意义。[41]

　　阿多诺（1903—1969）属于法兰克福学派（Franckfurter Schule）理论的第一代。从其父亲一边看，他是犹太血统。与许多其他犹太人一样，他在 30 年代早期被迫离开德国，先到英国，后移民美国。1950 年，他回到了法兰克福，而大屠杀（Holocaust）带来的震惊历久犹存，并渗透到他后期的著作之中。他的文本中充满了对启蒙理想、理性思想、进步观念以及普世解放的可能性的质疑，因为它们在实践时都完全转向了自身的反面。在他看来，现代化导致了压制和操控而不是解放，他因而对这种发展为何发生且如何发生提出疑问。对于这些问题最清晰的解释，见于他二战期间与马克斯·霍克海默（Max Horkheimer）合著的《启蒙辩证法》（Dialectic of Enlightenment）。他的其他主要著作《否定的辩证法》（Negative Dialectics）和《美学理论》也沉浸在这种对现代性荒谬和矛盾特征的思考中。他的批判途径有原创性，其非同寻常之处在于，他将对启蒙和现代化本质的哲学疑问的分析和对当代艺术发展的强烈关注结合在了一起。这一哲学和美学的双重途径，促成了阿多诺著作对现代性概念中两种特质的揭示：既包含纲领性计划，又转瞬即逝。他的写作目的，是要阐明现代性的复杂性，分析其不同的表现，从而确定它们间的相互关系。

非同一的星丛

马丁·杰伊(Martin Jay)介绍阿多诺的思想时,是以对其作品产生决定性影响的五个光和能的基本星丛(constellation)来描绘的。[42]这一星丛中首要的且最耀眼的,就是非正统的、中立的新马克思主义。阿多诺的马克思主义特征是,对政治行动的可能性持否定观点,对于无论是否以"政党"形式表达的无产阶级,都拒绝承认其作为真实意义上的革命的集体性主体。然而,他的思想毫无疑问是唯物主义的和辩证的(即使他的辩证是"否定"的辩证),他的著述证实了西方马克思主义的特性:对现代社会乌托邦的可能性的坚持。

五星丛之二是美学的现代主义。阿多诺从早期开始就对现代音乐感兴趣;他曾认真考虑过成为一个作曲家,为此他在维也纳向阿兰·贝格(Alan Berg)学习过一段时间。他坚定地提倡现代艺术,对正统马克思主义将此艺术谴责为颓废的和"布尔乔亚式的"一直持反对态度。

杰伊将阿多诺上层文化的保守主义(mandarin cultural conservatism)看成星丛中的第三颗星。他正以这个术语暗指有回归倾向和浪漫色彩的反资本主义,这在第一次世界大战前的德国是占主导地位的趋势。该传统最主要的代表是像滕尼斯(Tönnies)和斯宾格勒(Spengler)这样的作者。阿多诺自己并不赞成这种上层传统,甚至实际上态度完全相左,但他还是受到了其中某些思想的影响。例如"文化"(culture)与"文明"(civilization)间的区别也在阿多诺的作品中反复出现，尽管他采取的是一种修正的和更平衡的形式。他的立场常常是精英主义的，他不喜欢大众文化，在杰伊看来，他对工具性的思想的憎恨也是可以追溯到这种传统之中的。

阿多诺思想领域的第四个力量来自于他的部分犹太血统。他大部分朋友和知识分子同事都是犹太人，包括瓦尔特·本雅明、马克斯·霍克海默、赫伯特·马尔库塞（Herbert Marcuse）、莱奥·勒文塔尔（Leo Löwenthal），阿多诺自己的生命进程也深受他犹太身份的影响。作为一个"非亚利安人"（non-"Aryan"），在纳粹上台后他被剥夺了在法兰克福大学任教的权利，这使他被迫移民。对大屠杀这一已被归入象征性的术语名词"奥斯维辛"（Auschwitz）的认知，对他战后的全部作品而言至关重要。[43]

阿多诺的犹太血统不仅影响了他的生命进程，他的思想中还可以看到一些来自犹太哲学主题的印记。有时候这些主题的浮现源自本雅明的影响，如，本雅明将语言作为摹拟的观念明显是受到犹太教神秘哲学（Jewish Kabbala）的影响；然而有时候，阿多诺的思想来源更直接，如禁像（the ban on images）的主题。在犹太传统中，对像的禁忌意味着，有，且只有一个真正的神耶和华，他不能也不应被描绘，因为没有像或名是能够公允他的无限和真实的。阿多诺在论述乌托邦时吸取了这个主旨。据他而言，乌托邦不能直接被命名、描述或描绘，一旦它被给予了一个具体形式，如在托马斯·摩尔的书中那样，它立刻呈现出一种极权主义和教条主义特征，以至于它的一个方面变为缺乏自由，这与乌托邦真正包含的不可及的理想观念是背道而驰的。

杰伊将阿多诺星丛中的最后一颗定义为"解构主义"（decon- structionism）。阿多诺的作品和德里达的作品之间毫无疑问有直接的交流，而杰伊也的确洞察到了它们之间的某种相应性。[44]阿多诺的意图正是将"内在的批判"应用于西方的形而上学，他要使形而上学从极端严格的文本解读中卸离，以便识别其矛盾性和错误前提。这个目标毫无疑问地显示出与德里达"解构"概念的相似性。

马克思主义、现代主义、上层保守主义、犹太身份认同以及某种解构主义的预期，所有这些不同的支点（poles）在阿多诺的作品中以独特的方式得到了综合。本雅明在其星丛中来回游移，却未能一直成功地对这些星丛做出有效的调停（此事说明了对本雅明作品的诠释为何会如此截然不同）。与本雅明相异，阿多诺的作品拥有高度的连续性，在他的哲学假设中，很少或全然没有根本性的转变。[45]一些问题在其后期作品中得到了更有效的陈述——在这个方面，他对"奥斯维辛"的关注是决定性的，但广泛地看，其早期文本和后期文本之间又存在着明显的连续性。

然而，连续性决不意味着单一维度，持续的冲突和悖论实际上构成了阿多诺作品自身的特征，他的思想在相互冲突的端点间振荡，这也暗含于他的写作中。他的风格有意识地非系统化，而他对自相矛盾毫不畏缩。看待这种写作方式应涉及他关于现实性（reality）的见解：他认为现实性从任一角度都是充满矛盾的，因而，关于现实性的话语必然要冒自相矛盾之风险，对此应有所准备。正如苏珊·巴克－莫斯（Susan Buck-Morss）指出："一种本质上敌对的、矛盾的现实即已成为前提，那就很清楚阿多诺为什么会感到当前的知识需要让彼此冲突的概念并置，因其相互对抗的张力是无法消散的。"[46]他的作品内含矛盾的事实，并非使其作品就此顺理成章：因为尽管真理绝不是简简单单或毫无矛盾，但也并不表明它可任意所指。思想和写作的真理要义保存了一种决定性的因素，即使这种标准自身也充满矛盾。对阿多诺而言，真理总有双重内容：一方面，它指向实际的情形（经典的真理概念是作为"物与知的契合（*adequatio rei et intellectus*）"）；另一方面——其重要性不容忽视——"真理"总是指向无法企及的某物，指向一种乌托邦的内涵。对于阿多诺，真理不仅与世界"是其所是"相应，也与世界"是其将是"相应。

　　阿多诺的全部作品都在声明，他要对认可世界"是其所是"这一主导性思维模式针锋相对。他将此称为"同一性思维"（identity thinking）：这种思想通过毫不含糊的概念形式勾勒现实，并以对具体且特殊现象的分门别类将它们的独特性进行抽象，因而也会站在任一角度视某些事物为"另类"（other）。与本雅明一样，阿多诺将"另类"看作是隐匿在具体和特殊中的事物，只有通过分析，阐明具体现象特殊而矛盾的特质，它才变得可见。正是这一目的，形成了阿多诺大量关于具体现象的论文及分析的核心。[47]在原理性的哲学论著《否定的辩证法》中，他试图基于认识论来支持这些目的。他的意图在于，通过严格的哲学方法来阐释"非同一性"（nonidentical），而这一方法不能被包含在同一性思维的观念框框中。阿多诺明确声称，《否定的辩证法》尝试一种持续使用逻辑的方法，以追踪从统一性原则和等级组织的霸权中脱逃出来的事物。[48]

　　照阿多诺的观点，现实是非同一性的：现实不仅是它所是，现实并不完全与自身一致，而是不断地指向其他某物，指向比其自身更多的某物："具体的存在要多于抽象的存在。这个'多'不是附加在它上面的某物，而是内在于它的某物，因为它包含着被抑制了的东西。在这层意义上，非同一性就是事物的自我认同（identity），而与强加其上的种种特征认定（identifications）截然对立。"[49] 当非同一性的原则在某种意义上植根于现实性本身时，非同一性的事物只能在语言中彰显，且只能通过语言用现实所创造的相互关系获得一个清晰的概貌。当语言向现实抛出它的概念之网以"识别"各种现象时，非同一性的事物便是漏网之鱼；它不允许自身被单一概念所定义，但其特性反而变得显而易见，概念试图要做的正是："无论非同一性在挑战哪一方面，其概念中的定义总要超越它个体的存在，因为只有在概念的对立一端定睛审视，这一概念才会凝聚而成。"[50] 这种非同一性，无法通过采取某种同一性的举措将其捕捉，而只能在概念的群星荟萃中将其逐渐廓出，在语言中逐渐向它接近。每一个概念自身对于界定此事是无能为力的，然而，通过概念集群之场生发的张力，它们——以摹拟的途径——赋予了无法捕捉之物以形式。阿多诺对这种语言概念的陈述如下：

　　语言没有为认知功能提供任何纯粹的符号体系，但凡本质上表现为一种语言的，它就成为了一种再现的形式（Darstellung）。语言并不定义它的概念，它通过使概念进入一种关系、专注于一个事物来为概念提供客观性。这样，语言为概念能透彻表达其所指的意愿服务，而只有星丛，在失去了已在其中被概念切除之物后，仍旧能够呈现"更多"，而这些

"更多"，也恰是概念如此渴望去把握但又永远未能把握的事物。[51]

在阿多诺的思想中，语言占据非常重要的地位。通过使用星丛，语言能使我们摆脱同一性，摆脱思想的集权主义态势，哪怕只是一时片刻。这也是为什么阿多诺断然声明反对维特根斯坦的不能说即应沉默这一著名主张的原因："维特根斯坦式的论述禁锢了自身的视界，拒绝在星丛之中以一种复杂的方式来间接表达那些无法清晰而直接表达的事物。"[52]而且，也正是阿多诺认为，在同一性思维和交换原则背后存在着紧密的关联性，并以商品买卖的结构关系主宰着社会体制：这两种原则都以它们自身的方式建立起一种等价和交换的形式，从而抑制了非同一性、尤其是异质的和不可交换的个体现象：

> 交换原则，将人类劳动还原为抽象的、平均工作时间的普遍概念，它在根本上类似于同一性原则。交换是同一性原则的社会模式，没有后者将不存在交换；正是通过交换，非同一性的个体以及交易活动才成为匹配的和认可的。同一性原则的传播强加给整个世界的一个义务是，世界将成为同一的、整体的。[53]

对阿多诺而言，对同一性思维的批判本身，也暗示了一种对交换原则的批判，反之亦然。

阿多诺的语言概念对他的文章的写作风格有深刻的影响。他

宣称他在形式上偏爱随笔（essay）。[54]随笔与分析具体的和特殊的
某物有关，事实上，它的片断性和不完整性使得它成为"解读"支离
破碎的现实的理想工具。阿多诺甚至将其更长一些的文本也保持
着一种随笔似的特征：这些文本由 20 甚至 30 页组成，却没有任何
中间标题或章节之分，而且也没有什么余地想通过提供清晰的、循
循善诱的章节段落划分来使得他的"读者"减轻阅读困难。[55]

　　同一性原则要求一种清晰且成体系的形式，而阿多诺这种反
体制的工作方式，与其反叛同一性原则的诉求紧密关联。结果是，
对一个毫无准备的读者而言，阿多诺的文本经常会难以驾驭。一
种清楚建构并能引发一系列争议的话语讨论，往往始于一个明确
陈述的起点，止于一个有逻辑的结论，而阿多诺并不迎合这样的要
求，他的文本是"谱写成的"，而非逻辑建构的，以至于冲突或内在
矛盾必须被看作是其中的基本组成。

现代性，启蒙辩证法的显现

　　在《启蒙辩证法》中，阿多诺发展了一种现代性的理论，并在他
后期的写作中一直坚持。其中至关重要的就是有关启蒙运动的自
毁性（self-destruction）问题："如果说我们自身有所建树的话，无
非就是指，我们发现了为何人类没有进入一种真正的人性状态，反
而深陷于一种新的野蛮主义。"[56]既然有启蒙运动纲领性计划的理
想——即哈贝马斯后来称为的"现代计划"（project of the mod-
ern），也收获了科技领域带来的进步，且两种现象已然关联（毕竟，
启蒙运动是以工业革命开始以及随之而来的科学思想的繁荣为标

志的），那么人类又何以脱离启蒙运动的理想，进而走向其完全反面的境况而告终呢？

霍克海默与阿多诺从启蒙运动内在的含混性中看到了这个问题的部分答案。为了解释这种模棱两可，他们在批判理性（critical rationality）与工具理性（instrumental rationality）之间做了明确区分——批判理性就是推理（reason），呈现最原真的、毫无修饰的面目，而工具理性则是为简化到实用目的或是仅仅用于计算的思考。工具理性只与决定获得一个既定目标的最适当的途径有关，而批判理性的目标也是指向对预设目的的推论。这两种理性的形式彼此类似，但也相互对立，因为工具理性可以被部署来实现目标，而这些目标以批判理性的思想观念来看，却毫无理性可言。

启蒙辩证法明确无误地包含了这一事实：通过理性化的过程，批判理性——也就是源于作为一种谋求解放的启蒙运动计划的思想——正被简化至工具理性。这种简化暗示解放计划不再引导发展，而是系统本身的功效成了唯一的引导原则。因此，启蒙运动以其走向目标的反面而告终，因为启蒙纲领试图使推理先于神话，实际上导致了功效的主导性及其对系统的掌控权，而这种功效恰恰也是神奇莫测而非顺理成章的。因此，霍克海默和阿多诺强调的那些反田园倾向，是启蒙辩证法中与生俱来的，并阻碍了其种种纲领性意图的实现。

对于以启蒙主体行动的个人而言，也发生了相似的辩证过程：行为的理性模式作为启蒙思想的一个必要条件，只有当个人内在的、本真的冲动被抑制时才成为可能，其结果便是成了一个迷失者（aporetic figure），人们只有在背离他们作为自然存在的特性时，才能使他们能够装备自身，以作为理性的存在融入主流。[57]

因此，在阿多诺和霍克海默眼中，启蒙运动是与一种主导倾向连接的，启蒙运动的客体——人的外在特性和人受压抑的内在特性是相同的，但两位作者并不拒绝启蒙运动。即使有启蒙辩证法的破解效应，即真实的进步与解放的冒险正不断变得虚幻，他们仍然认为除此之外别无他路：无论启蒙运动多么的不恰当，它保留了 181 通往自由之经的唯一可能。

《启蒙辩证法》容易被理解为一本完全悲观的书，对于任何进步与解放的正当希望都不留余地。[58]对霍克海默和阿多诺而言，现代性的特征实际上趋向于单一化：启蒙运动有暴力和专制的特征，这些特征几乎侵蚀到了现实的每个领域。两位作者基于发展的问题，证实了这种判断，例如，科学和哲学中实证主义的繁荣，个人被降格到仅仅是劳动的提供者或消费者，以及媒体对公众的持续藐视。

他们这本书最声名狼藉的章节"文化产业：大众骗局的启蒙"（The Culture Industry：Enlightenment as Mass Deception）就是为这最后的主题而写。霍克海默和阿多诺声称，大众娱乐的生产者通过将文化变成一种可操作的、统一的和可完全预言的商品而败坏了文化。机械复制技术的合理性与商业的消费逻辑如此左右着文化产业，以致再也没有任何空间容纳任何不符标准的事物，容纳任何批判。陈腐的法则在这一产业中大行其道，其泛滥程度已到如此地步：任何事物稍不顺从就会被自动扭曲并沦为规则之外的异类。

他们认为，文化产业偶尔会带上一种令人想起先锋派艺术作品的微妙特征。不同之处在于：先锋派的作品用以探寻真理，而文化产业由商品化所支配。这一点在对相同事物不断复制的文化产业中即可看到：尽管表面上看离经叛道，但实际上其标新立异、超乎寻常以及毫无顾忌都是被一种精心算计的方式排除在外了。

文化产业暗示着轻松艺术和严肃艺术（light and serious art）范畴间的一种短路相逢，而欺诈恰恰就在于此，因为这两种艺术形式的分离事实上关涉到社会领域中的不完善关系：

> 严肃艺术已被那些人拒之门外，对他们来说，生活的艰辛和压抑恰在嘲弄严肃性，如果能顺其自然而不是将时间用于生产链上，他们必定十分乐意。轻松艺术已成为自主艺术（autonomous art）的影子，它是社会对严肃艺术的恶意降格……这种分工本身是真实的：它至少表达了由不同领域构成的文化的否定性。这种对立几乎不可能通过将轻松艺术吸收到严肃艺术中而达到调和，反之亦然。但是，文化产业所尝试捕获的，正是这种调和。[59]

182　　对两位作者而言，文化产业通过设法使个人闲暇时间与他们的工作时间同样纳入制度而获得权力。不假思索地响应和毫不费力地欣然接受——这便是社会发展的逻辑进程，各个领域都被完全统治在这样的合理化法则之下了。

就文化产业一章，霍克海默和阿多诺写出了一部为整个战后关于大众文化的讨论奠定基调的经典之作。如今，他们所用的一些刻板假设和严格二分法已不被认同接受，但他们的思想在代表一种激进的批判立场时继续发挥着至关重要的作用。

然而,《启蒙辩证法》与我们的讨论的关联性并非在此。笔者发现,该书仍然令人着迷的原因来自作者一直保持的对现代性的矛盾态度,他们将启蒙运动视为极权的和统一的,同时又确信,也别无他路可循:

> 我们完全相信社会自由与启蒙思想是密不可分的,这有我们的预期理由(*petito principii*)。但是,我们相信我们同样也清楚地认识到,这种思想方式的概念已经包含今天普遍可见的衰退的萌芽,而它与相关的真实历史形态即社会制度比较起来,却并不逊色。[60]

因此,即使从中察觉到了这种扭曲的逻辑,他们仍继续坚持启蒙运动——一种有计划的现代性概念的必要性。他们都意识到这种立场的逻辑结构是令人困顿的(aporetic)。迷茫之处在于,他们利用启蒙思想的种种手段来揭露的,恰恰就是这种思想所固有的破坏性倾向。他们无法、也不愿摆脱这种恶性循环。

正是从这里可以看出,霍克海默和阿多诺的立场是如何不同于那些所谓的后现代主义者。他们显然承认他们对启蒙运动传统的义务,他们的目标无异于以往的目标,就是要在启蒙运动中完成一种觉醒。而像利奥塔(Lyotard)这样的作者还要前行一步,使自身完全脱离启蒙运动。当利奥塔指出对于推理混乱并无合理理由可言时,[61]霍克海默和阿多诺在《启蒙辩证法》中试图要寻找的,正是这种"合理理由"。在他们探索形成的立场中,持有两种全然无法共存的观点：一方面相信启蒙运动，另一方面则拒绝它内在的扭曲机制。

在阿多诺对"新"的解释中，一种类似的不相容概念间的张力再次显现。在与《启蒙辩证法》几乎同时写成的《最低限度的道德》（*Minima Moralia*）一书中，他以"最近的额外物"（Late Extra）为标题，对"新"进行了简短而精彩的反思。"新"在此出现的第一种情况就是虚假表象，在其背后是"旧"对一成不变的自身的隐藏："新，只为求新，是一种实验室的产品，被硬生生地纳入一个概念计划，而在其突然登场（apparition）的一刻，就已被强制归入旧的行列。"[62]因消费和生产循环的普遍需求，所谓事物之"新"，其实仅仅是同一"旧"计划强加于我们的复制产品。事实上，没有任何事物是真正新的。对阿多诺而言，同样清晰的另一方面是"对新的崇拜，现代性的思想因而是对不再有任何新物这一事实的反抗"，并且，"新是所有那些尚未诞生之物的隐秘身影。"[63]换句话说，无论"新"的形式多么乖戾，也不管其主张多么荒谬，在对"新"的持续追逐中，在对短暂性的迷恋中——这几乎就像不断重复的咒语——那种某日迎接新物真正到来的希望，那种因短暂性的点燃可能引向实现解放计划的希望，却被掩蔽了。

因此，阿多诺的现代性概念显现的特征，是相互对立面之间的一种周期性张力。一方面，他视现代性为趋向于统一的、毫不含糊的、对个人和整个社会生活整体的双重控制，而另一方面，现代性表达了对一个别样（*different*）未来的许诺，并为实现这个许诺提供了手段和潜力。就短暂性方面而言，阿多诺认清了"新"、稍纵即逝以及持续变化是一层虚假外衣，"旧"与永恒往复隐藏其后，但反抗和希望的身影也被镌刻其中。

摹拟与否定性

　　摹拟(mimesis)的概念在阿多诺的《美学理论》中起至关重要的作用。[64]这是一个他很少以精确术语描述的概念，但与艺术作为一种对自然的模仿这一传统概念相比，摹拟概念在他的作品中无疑具有更广泛的内涵。阿多诺对这个概念的解释不可否认受惠于本雅明及其语言模仿理论的启示。在《启蒙辩证法》中，霍克海默和阿多诺解释了语言的特性是如何在历史进程中经历着激烈的变化，由这段文字已经可以看出本雅明的影响。从一开始他们就声称，符号(sign)和图像(image)是在象征形式下形成的，在语言中是统一体，就像在埃及象形文字中看到的，意义的形成是一个符号的抽象参照和一个图像的模仿之融合的结果。这一原初的统一体以后被分解，两种富含意义的形式自行发展。符号，作为意义指称(denotation)——尤其对科学和学术——对语言的发展是决定性的，而图像的世界则被归入艺术于文学的天地之中：

　　就科学而言，文字是一种记号：如同声音一样。图像于文 184
字分布于不同的艺术领域，而不允许以附加、牵连或者总体艺
术作品(*Gesamtkunstwerk*)的组合方式来重建自身。作为一种
记号系统，语言若要认识自然，必须遵从理智，抛弃模仿。而对
图像来说，它则要镜像全面反映自然而不是去妄图认知她。[65]

霍克海默和阿多诺将符号与图像的分离看成是一种灾难性的发展,因为理性在其词意中的完整含义,不能被简化为纯粹的推测,否则,它就会退入纯粹的工具理性,随之而来的后果是非理性。图像也是如此,当图像成为纯粹的描绘,而不再由理性的推动力所支配,它也是不适当的,无法带来任何关于现实的真正知识。然而,"符号和图像的分离不可避免,而一旦无意识的自我满足再次使这种分离切实发生,那么这两个彼此孤立的原则都将会发展为真理的破坏因素。"[66]对霍克海默和阿多诺而言,在艺术和哲学中都有可能面对这种符号和图像间的分裂,并有缝合这种裂痕的尝试。哲学是在概念的、也就是符号层面展开,而艺术作品在审美表现的、也就是图像层面运作。然而,因为艺术和哲学都渴望提供真理的知识,它们不能将它们自己的知识形式假定为绝对的:哲学不能仅操作概念,而艺术不得不超越纯描述的某种事物,即,它不能仅仅是既存现实的复制品。

阿多诺在《美学理论》一书中又回到了这个主题。书中他指出,摹拟意味着物和人之间的一种亲密关系,这种关系不是基于理性知识,且超越了主体和客体之间仅有的对立状态。[67]理性基于工具性思维,与此相比,摹拟的认知瞬间更像是在探寻另一种接近世界的可能方式。对阿多诺而言,摹拟超越了艺术作品与其表达之物间简单的视觉相似性。他所指的亲密关系寓意更深,对他而言,只有明确声明表达之意,一幅抽象绘画才能以摹拟的方式言说某些现实事物,例如,关于异化(alienation)和物化(reification),就是很典型的例子。

依照阿多诺的说法,艺术的特点就在于,它一直致力于创造摹拟和理性这两种认知时刻间的辩证关系——在《启蒙辩证法》中的术语就是"图像"和"符号"。一件艺术作品的诞生基于一种摹拟的冲动，这种冲动被理性输入所调适。但理性和摹拟又在一种对立和悖论关系中相互对峙：两个认知时刻无法轻易调和。因此，艺术作品没有能力通过理性和摹拟间的简单调和解决矛盾冲突，因为它们在某种程度上互不相容，而这种不融又无法拒之不理。一件艺术作品的价值实际上取决于它在何种程度上成功地凸显了理性和摹拟这两种对立的时刻，而不是利用调和两者的某种统一来消除它们之间的对立。[68]这就是阿多诺将张力、不和谐和悖论视作现代艺术作品基本特质的原因。

阿多诺相信，艺术催生一种批判形式。艺术的批判特征在诸多方面与其摹拟品质有关。首先来说，艺术是社会中仅有的几个摹拟原则依然持有特权的王国之一。一般而言，社会趋向于禁止摹拟，社会实践越来越由工具理性所支配。鉴于这种情况，作为一个未被理性完全渗透的领域，艺术的存在以其自身提供了一种对理性统治的批判。阿多诺论述到，艺术的无用性（uselessness），其拒绝"为别的东西"而存在，准确无误地暗示了一种对一切事物都必须有用之社会的批判形式。[69]

同一性思维在一致性的标题下不断接纳异质物，以阿多诺的话来说，就是"在交流中受教化"（schooled in exchange）[70]，而与这普遍的、占主导地位的思维模式针锋相对，摹拟原则包含了一种"艺术作品与其自身的形似"，[71]它为非同一性和不透明性提供了空间，艺术因此被阿多诺视作最后的避难所之一，在其中，真实的体验，也就是非同一性的经验仍然可能。他认为，由于允许个人发

185

展其真正体验能力的条件日渐破坏，现代性已引来了一种经验危机，这一观点与本雅明的相当一致。因而他声称，现代艺术提供了应对和表现这一危机的一种途径。[72]

对艺术而言，真正的现代性实际上取决于它与这一危机如何关联。"要绝对的现代性"，阿多诺以一再重复兰波（Rimbaud）的格言来说明，艺术不能摆脱这种状况：然而，对阿多诺来说，这个宣言并不意味着人们应简单地接受自身的历史条件，它还意味着需要抵抗历史潮流。阿多诺将兰波的格言诠释为一种决然而然的规则，它将一种对社会现实的诚实评价，与一种对其连续性同样的持续对抗结合了起来。如果要抵制压迫和剥削，人们不应无视它们，而应承认它们是真正的存在状况，只有这样才能采取行动反对它们。从艺术的角度看，这意味着现代艺术需要采用先进的技术和生产方式，这也意味着，它有义务与当代的经验合作。[73]与此同时这也暗示了，艺术含有意义深远的批判维度，以及对现行体制的对抗。

正是这种微妙差异，赋予了阿多诺美学理论自身的特殊性质：以阿多诺所言，现代艺术作为艺术，是批判性的。一件艺术作品的批判价值，并不体现在它所探讨的主题中，或在所谓的艺术家的"承诺"中，而是体现在艺术过程本身。阿多诺相信艺术的摹拟潜力，如果她被正确运用——"正确"不在政治中，而在学科的、艺术自主的术语中见证其批判特性，这甚至可与艺术家的个人意图并不相干。艺术作品会屈从于某种有关现实的知识，这种知识至关重要，因为在摹拟之时，那些以往现实中未被察觉的领域就能显现出来。通过摹拟，艺术建立了与社会现实之间的批判关系。

由于艺术在阿多诺的观点中起着一种开展对抗行动的作用，因而迈克尔·卡恩(Michael Cahn)将其摹拟概念称为"颠覆性的"(subversive)："据阿多诺看来,艺术为维持其艺术,必须相异于社会常态。但与此同时,为了作为批判的可能,它必须相似于社会的对立面,因为只有批判和其批判对象相互缠绕时,才能避免黑格尔式的冲突性表述,彼此对立且无法化解,形成双重束缚。"[74] 为了进行真正的批判,艺术作品有必要确定它们对批判对象的反抗程度。如,从一段文字中可以看出阿多诺的这样一个观点:艺术作品在某种程度上是与死亡原则(death principle)联合的,因为艺术作品将其客观化的事物从生活的直观性中调移,它们以摹拟途径呈递具体化,而这种具体化作为工具性思想的社会实现,却又包含了它们自己的死亡原则。而正是由此,阿多诺精准地看到了真正的批判的先提条件:"如果没有实际上与生命背道而驰的有害肌体的存在,艺术对文明抑制(civilizatory repression)的反抗就仅仅只是无效的慰藉。"[75] 为了避免重陷无用的慰藉,为了成为真正的批判,艺术在对抗现实的层面建立批判,艺术不得不迈入这种相似的与社会的关联之中。艺术必须成为"其对立面的摹拟"(Mimesis an ihr Widerspiel)："艺术成就于社会现实之所迫。艺术反抗社会,但它仍然无法超越自身获得一席之地;艺术只有通过验明其反对物才能实现对抗之举。"[76]

这也是为什么阿多诺会说,艺术作品至少部分地使主导思想成为了它们自己的思想,因此它们可以对这一思想展开批判:"艺术品与主流的对抗,就是对主流的摹拟。为了生产与这个主流世界有完全不同特质的某些事物,它们必须使自己融化到主流行为之中。"[77]卡恩将阿多诺所描绘的策略与医学上的接种原理相比较：为了使病人对某一疾病免疫，他要感染这种疾病，不过是以一种受控方式感染。艺术应以同样的方式"感染"它实际所对抗的具体物。对阿多诺而言的受雇于艺术的控制机构（control organ）（兑现了卡恩的隐喻），是合乎逻辑的：艺术不是简单的摹拟，她是通过理性而成为了一种受控的摹拟形式。正是这种摹拟和理性之间的相互作用，使艺术身处能够行使批判的位置。

　　对阿多诺而言，摹拟的冲动与否定的姿态有关：艺术作品不产生现实的正面形象，或者是一种乌托邦的、理想现实中的可能的正面形象。相反，摹拟产生的是彻底负面的形象，展现的是所谓的现实的消极方面。艺术为了以摹拟方式反映社会现实而采取否定姿态，以此揭示那个常被隐匿起来的现实之中的某些事物。这一被隐匿的现实的根本事物，作为某种无法被接受的、非实质之物展现于世，而与此同时，对其他事物的需要，对真正实质的需要，也正暗示其中："即使艺术揭示了被掩蔽的实质，将其作为乖戾之物昭示出来，这种否定同时作为其自身的手段，也假设了一种尚未呈现的实质，一种可能性的实质；在此，意义甚至存在于意义的否定中。"[78]

　　阿多诺坚定地主张赋予否定以特权地位，因为他深信，只有通过否定的姿态，人们才有权力呼吁"他者"，呼吁"乌托邦"。[79]对他而言，现代艺术的目标是让人们意识到日常现实的可怖特征。在这种情况下，否定性是使不切实际的思想保持鲜活的唯一方法。事实上，乌托邦的东西若有肯定的形式是不能想象的，因为没有足够强有力的图像能以正面方式来图解乌托邦的事物，又不使它看上去荒诞而平庸。

在阿多诺的著作中,乌托邦的要素其本质上是否定性的——毕竟,乌托邦意味着"乌有之地"(nowhere)。虽然它还指涉"他者"存在的概念,但这个"他者"是不能也不可以被命名的,因为这会使其担负不再保持"他者"而将成为"同流"的风险。于是,乌托邦只能通过不断地以不是什么来面对现实,以否定方式获得形式:"只有在我们的乌托邦愿景未及之地,在我们无法道出何为正确事物之时,我们才确切地、毫无疑义地知道什么是虚假事物。这实际上就是乌托邦思想能给予我们的唯一形式。"[80]

艺术作品为辩证的否定性操作制造了特权领域。这是因为它们假定了一种具体的形式外观,意思就是说,它们进入了一个比抽象否定更远的阶段;抽象否定几乎没有说服力,是因为它们并不十分确定。阿多诺以塞缪尔·贝克特(Samuel Beckett)的作品为例,其价值在于他的文本采取了一种意义否定的确定形式。这不是一种意义缺席的状况——若真如此,贝克特的文本将会是不切题的而不是启发性的。无意义性通过具体的意义否定被赋予了形式。作为结果,保存其意义能够存在的记忆就有可能了,而恰恰是这里,可以发现其作品的价值所在。[81]

摹拟、否定和乌托邦之间的这种复杂的相互影响,已成为阿多诺对现代艺术的多种定义的基础。例如,他声称,"艺术之成为现代,是通过对固化(hardened)和疏离(alienated)的摹拟;只有这样,而不是通过对一个无声现实的拒绝,艺术才变得富于雄辩;这就是艺术不再容忍平淡乏味的原因"[82]。现代社会系统的特征源自具体化和疏离,只有通过摹拟使这种具体化成其自身的一部分,艺术就能够开宗明义对其反抗。在这样做的时候，艺术通过将现实呈现为破碎残片的混合体，来执行一种确定否定性的操作。结果是，通常不可见的某些事物呈现了出来："通过确切的否定，艺术作品吸收了经验世界的断片（membra disjecta），并通过它们的转化将它们组织到现实中，即，一种反现实，一种畸变。"[83]

以类似的理由，阿多诺认为，在现代艺术中，和谐模式被不和谐（dissonance）取而代之：只有不和谐，只有与和谐的对抗，才能恰当地描绘出一幅现实景象；事实上，只有通过不和谐的形式，人们才可唤起对真正和谐的记忆。

迷人的吸引力，只能在对权力决然而然地拒绝的地方，在绝不相信当下某种和谐之诡计的时候，也就是在不和谐之处，才能幸存……以往的苦行以反动的姿态抑制了审美方式的欲望渴求，而今日同样的苦行却已形成了激进艺术的特质……正是以这种否定的方式，艺术指向着幸福的可能性，一种仅以对当下局部的主动介入就会遭受致命挫败的可能性。[84]

艺术归根结底是指向和谐的——阿多诺自持的见解是，不管如此这般，艺术也是"一种幸福的承诺"（*promesse de Bonheur*）[85]——但艺术只能通过摹拟其对立面的方式，才能有效地指涉它。这就是阿多诺所谓的、不和谐是"关于和谐的真理"（the truth about harmony）。[86]

艺术的双重特性

在阿多诺看来，艺术具有双重特性：一方面，它是社会事实

(fait social)，是由社会意义决定的；另一方面，它又是自主的，只服从自己的样型原则(styling principle)。艺术是社会事实，因为它是一种社会性劳动形式的产物。艺术是由社会意义决定的，不是因为生产力和生产关系的社会结构的任何直接影响，也不是因为它所涉及的主题的任何社会义务。阿多诺认为，社会因素在艺术中表现，是因为艺术家所使用的"素材"中沉积了历史。阿多诺在非常广泛的意义上使用"素材"一词，既包括创作作品的具体材料，也包括艺术家所掌握的技巧、其想象和记忆的宝库以及影响作品的大环境等。这种素材不可否认是在社会中形成，社会因素因而也成就了作为一个整体的艺术作品。

然而，艺术作品也是自主的：艺术的过程，以摹拟－理性途径(mimetic-rational way)赋予材料以具体形式的过程，是一项完全自主的事物。而对阿多诺来说，艺术的自主性特征确实并不妨碍它的批判内容。事实上，艺术学科的批判潜力在很大程度上归功于它的自主性特征。一流的艺术作品总是批判性的：它们中的每一件都是通过摹拟某一现实层面并以自身的方式展示出来，若不是艺术活动，这些现实层面则是藏而不露的。在阿多诺对具体艺术作品的分析中，在特别兴趣于对现代文学和严肃音乐的分析中，他始终如一地展示，社会意义的材料决定性是如何与自主的艺术过程结合，以使艺术家产出了包含着对社会现实持批判态度的作品。这正是他文本的主旨。

在一篇关于承诺(Commitment)的文章中，阿多诺进一步阐明了他的立场。在他眼里，承诺的艺术(committed art)是基于种种虚妄的，因为这是致力于以注入某种思维方式来博得公众认可的艺术；它受制于它所用媒介的种种自主形式原则，仅在这一层面，它可被称为艺术。在这个星丛中，艺术家的意图只是整个过程中的一刻，且还不能成为决定最终成果的唯一一刻。一件作品，如毕加索的格尔尼卡，首先是一件自主的作品，它不是只为揭露战争罪恶而作；然而，它的完成却赢得了有效的揭露，因为它是一件反映了对特定现实形成批判的艺术作品：

> 即使像格尔尼卡这样的自主性艺术作品，也是对经验主义现实的断然否定：因为它们摧毁的，是正在毁灭之物，是苟且存在之物，是用以无尽复述罪行的仅存之物……艺术家的想象力不是一种无中生有（*creation ex nihilo*）的创造，只有一知半解和多愁善感之人才以为如此。通过对经验性现实的对抗，艺术作品遵从其自身的各种力量，它不再如前，它拒斥精神的建构，而是将其掷回自身。[87]

艺术的批判力正暗含在这种与现实的复杂关系中，而并非在艺术家的明确承诺中。阿多诺甚至将这种承诺看作一种危险："隐藏在一种'主旨'、一个艺术宣言背后的观念，即使政治上很激进，也只是调适世界的某一片刻，因为观念传向听众的行动，包含了与这些受众们的密谋，然而，只有在密谋被废除时，受众们才可能从他们的幻觉中解放出来。"[88] 某人想要传达一种旨意，事实上意味着他正遵从了事物可被传达和理解的准则，遵从了同一性思维的准则。这就意味着对艺术独一性（singularity）的背叛，而独一性的根本恰是不去遵从，是通过它的抵抗为非同一性提供庇护所的。

只有保持对艺术自身的忠诚,艺术才能真诚地实践其批判性,才能
使异质的事物有生存的希望:"即使在最理想化的艺术作品中,一
种'它将与众不同'的特质也是藏而不露的。如果艺术仅仅与其自
身同一,是一种纯科学化的建构,那它即已变得很糟,确切地说是,
它只是前艺术(pre-artistic)。意想之刻仅能通过作品的形式得以
传达,而形式又通过与既存的一个'他者'的相似性得以通体
显现。"[89]

　　阿多诺更早些就已表达这一观点,这可追溯到他与本雅明关
于艺术作品的讨论。[90]本雅明认为,考虑到可能的革命性的社会发
展,就难以期望有自主的艺术。但阿多诺不认同其观点,对于本雅
明相信新的复制技术的进步性,他也并不苟同。就第一点来说,阿 190
多诺认为,本雅明对艺术作品"光晕衰退"的诊断也许是正确的,但
这种衰退的过程也与内在的艺术发展有关,因此不能只归因于复
制能力的影响。阿多诺强调,"为艺术而艺术(l'art pour l'art)同
样需要一种防卫",[91]而本雅明错误地将艺术作品的反革命功能归
因于它的自主性。

　　对本雅明所察觉到的、电影媒介中可能的解放意义,阿多诺也
有类似的困惑。他指责本雅明的非辩证的方法,因为本雅明在无
条件地谴责高雅文化领域的同时,不加批判地称赞一切属于"低
俗"文化之物,而他却认为,"两者都背有资本主义的污名,都包含
变化的元素……都将整体的自由撕成两半,却又未对自由注入新
的内涵。由一个到另一个,只是从浪漫到献祭而已"[92]。阿多诺与
本雅明的共同点是,都相信历史是沉积在艺术家作品所采用的材
料和技术中的:阿多诺的意思就是,艺术家切实能以应用这些材料

和技术的事实来揭示历史的真相。正是由于这种信念，阿多诺认
为艺术作品的真实内容与它的艺术意义合二为一。

阿多诺的《美学理论》将现代艺术状况描述为这样一种情形：
充满了为信念而离经叛道的各种组织和期望，除此之外无路可逃。
现代艺术的全部目标即是予乌托邦以具体形式（以这种或那种方
式保持其对"一种幸福的承诺"），但另一方面，艺术并没有准备真
正地成为乌托邦，因为若真如此，艺术将失去它的灵效，退化成一
种空洞的慰藉。现代艺术对待社会现实的态度是决然自主的，但
也通过其隐藏的否定性和批判性与现实连接。现代艺术是摹拟和
理性结合的产物，而这两种认知时刻本质上是不相容的，艺术作品
并非真有能力将它们调和。在阿多诺看来，最终的解决办法，真正
的和解，也就是令人满意的和谐，似乎不在可能的范围之内。同时
在他眼中，艺术的确占据特权地位，因为它成功地给予这些不和谐
以形式，而没有贬低两端的任意一端。最好的情形是，艺术成功地
指涉乌托邦的形式，但同时又揭露乌托邦在当前社会关系中的不
可达性。

按阿多诺的观点，矛盾和悖论也在更广泛的意义上主导着社
会现实。《启蒙辩证法》对现代性如是解释：启蒙运动设想建构于
理性之上，但却转变为神话；新物令人渴望，因为它表示着有望出
现全然的他者，但同时，它也只不过是一张为旧物回归的浅薄面
具。霍克海默和阿多诺呈现了启蒙运动的悲剧景象，其悲剧性因
素首先在于这样的事实：人们通常没有意识到决定他们现存状况
所内含的矛盾性和荒谬性。在阿多诺看来，可以谈谈"遮蔽之境
域"（*Verblendungszusammenhang*），即谈论人们怎样被世界本就

如此的思想所蒙蔽的。蒙蔽的结果是，客观存在的真正变化的可能性不再走进他们的意识，因此他们也就没有任何承续变化的机会。"被全面掌管的世界"（totally administered world）这一论题假设的是，人被禁锢在生产和消费的社会关系网中，以至于他们不自觉地应允自己被操纵，结果是，该系统可以全然不变地继续存在。比照塔夫里，阿多诺确实还看到了面对这些进程做出抵抗的可能性。他也清楚，激烈的政治变化不会一夜发生，而比起塔夫里，他确实为批判留出了更多的余地。例如，他看到了，真诚的批判在艺术和哲学领域尤为可能，然在社会方面或许是边缘化的。正是阿多诺探讨这些可能性的方式，使其著作仍与今日关联起来。

　　然而，还应形成一些审慎视角。虽然阿多诺的著作提供了激发种种思想和洞察的资源，但也存在一些问题。在该书中，问题可归在这样两个主题之下：阿多诺的线性历史观[93]和他宣称的对自主艺术的偏爱。[94]就第一点应该强调的是，阿多诺假设了历史特征的形成，源于一种具体化进程的日益加剧以及同一性思想的日益普及，其结果是，带有盲从逻辑的社会体制极度膨胀，越来越多地渗透到个人和集体存在的肌体之中。正是在这一演变的背景中，他将著名格言"必须绝对的现代"（*Il faut etre absolument moderne*）诠释为：艺术的义务是使用最先进的材料和技术，只有这样，艺术才能保持它的批判内涵。但是，如果有人不同意阿多诺单行线似的历史观，而倾向于将历史的演变看成是异类的、不平衡的以及矛盾发展的综合体，这个综合体的特点又是缺乏同步性和连续性，而不是具体化的严格逻辑，那么他将不再被迫以这种单行线的方式来解释这句格言。在我看来，批判和抵抗仍然保持着一种义务,但这并不需仅限于最先进的材料和技术:进步究竟怎样体现?何种技术可被称为最先进? 在这些都尚未清楚的情况下,这样的限制是不恰当的。

第二个主题的缺陷关涉到阿多诺对自主艺术的着迷,这种着迷意味着他从未在其《美学理论》或在其他地方关注过艺术的他律形式(heteronomous forms),比如建筑。阿多诺的美学感应在音乐和文学领域最为直率——但他从来没有对视觉艺术、舞蹈和戏剧或者建筑投入太多关注。他的文本有时给人的印象是,文化生产的世界从定义上被分裂为两个领域:自主艺术(优秀的、批判的艺术)和文化产业的产品(劣质的、具体化的艺术)。现实情况当然要复杂得多,正是这些意见导致阿多诺的批评者曾指责他是精英主义者,这在某些方面他们是有道理的:一些大众文化产品在日常实践中被创造性和批判性地使用,而阿多诺的确视而不见。但这并不意味着他的作品就无法时而给点建议,使这样的材料可作为文化产品的一种形式来阅读,这比直接商品化的或急切顺应商品化的产品包含了更多的内容。[95]

阿多诺倾向于自主的艺术作品,按照彼得·比尔格(Peter Bürger)的说法,其结果是他采取了完全反先锋派(anti-avant-gardist)的立场。[96]阿多诺本人并不区分现代主义和先锋派,但如果某人顺应比尔格的论点,并假定先锋派关注的是废除"艺术"的体制,那么说阿多诺无法沿此目标走下去才是成立的。对比尔格而言,在实际的社会现实与自主艺术品所承诺的另一未来之间,其距离是如此之大,以至于废弃艺术毫无疑问能实现期望目标,即,真正的释放和解放。而阿多诺恰好相反,认为只有保持自主权,艺术才可能保持批判性。

而我认为，无论上述哪种立场，正是阿多诺在《美学理论》中显而易见的双重目的，使他的著作与当今密切关联：一方面旨在从社会定义和社会意义的角度来看待艺术作品（换言之，其特性是谴责社会现实），另一方面基于自主性的视角，即，艺术作品是以美学意义塑造的物体。在我看来，阿多诺对艺术作品的双重定义，以及他描述这两者间相互关系的方式，对分析具体的艺术作品乃至分析建筑，都是令人着迷的起点。

建筑中的摹拟

建筑学能够接近于一种摹拟原则，但绝不是不证自明的。只要人们将"摹拟"视为一种全盘拷贝或模仿，视为对既有现实的描述或复制，那么，就很难辨识"摹仿"在建筑中的体现。这也能解释，为什么海德格尔在其《艺术作品的本源》(*The Origin of the Work of Art*)中声明要依古希腊神庙为例。在该文中，海德格尔试图定义什么是艺术的根本；以他之见，这与真理有关，而与描述（depiction）或"再现"（representation）无关：

> 现在，我们来探求一下作品里的真理问题。为了使我们对处于问题中的东西更熟悉些，有必要重新澄清作品中真理的发生。因此，我们有意选择了一件非表现艺术的作品。
> 一件建筑作品并不描摹什么，比如一座希腊神庙。[97]

193 　　对海德格尔而言,要精确地阐明他的艺术观,古希腊神庙是合适的媒介,因为在"表现"(Darstellung)或再现的意义上,摹拟并不起作用。

　　然而,一旦人们离开了狭义的摹拟——本雅明和阿多诺正是如此——建筑是非摹拟的这一命题就无法成立。就是说,当人们对摹拟的定义不再与如实的复制相一致,而是指向更普遍的图像的相似或差异,指向某些雷同或相仿,那么就再也没有任何理由将建筑排除于摹拟世界之外了。在建筑中同样,形式和建筑物都是在相仿、相似以及差异的过程中建构和设计出来的。这里的各种参照点在特征上的变化极大:有需求,有物质环境,有一系列的类型,有某种特殊的形式语言,还有历史的内涵。所有这些元素都要以摹拟的方式来处理,并转入设计的语言。

　　不过,谈到建筑中的摹拟,并非只有阿多诺与本雅明有所建树。在法国的后结构主义中也有大量关于摹拟的颇有广度和意义的讨论,这一概念在拉库－拉巴特(Lacoue-Labarthe)与德里达的作品中尤其关键。

当代理论中的摹拟

　　对拉库－拉巴特而言,关于摹拟的反思是其对抗海德格尔的托辞,他将这视为当代哲学的主要任务。[98]论文"印刷术"(Typographie)是他写给《摹拟,断离术》(*Mimesis. Désarticulations*)[99]一书的,文中的讨论围绕着这样的奇特探究:海德格尔致力于对古希腊哲学所有基本概念如此彻底的讨论,却从未对摹拟问题有所作为。

拉库－拉巴特在用解构主义者的方式阅读海德格尔最接近于思考类似问题的文章后指出，海德格尔忽略摹拟的原因是其"本质上的不可判定性"（constitutive undecidability）。在他的思考中，这一空白意味着海德格尔在一定程度上仍沿循着西方形而上学的道路，尽管这是他立志要打破的传统。

在拉库－拉巴特看来，摹拟的特点取决于"本质上的不可判定性"。他通过参照柏拉图对摹拟的处理方式来解释这一点。柏拉图在《理想国》中很清晰地表明，诗人、作家、演员与艺术家应从理想国中排除，因为他们的工作对真理与美德并无贡献。这种排斥最早在他讨论教育的章节中就已明确。柏拉图认为，对小孩子的精神教育决不能以听故事决定（而通常就是听故事），因为故事在很大程度上基于想象，因此它们是不真实的。所以，国家在制定课本时需谨慎审视，只允许那些讲述真理及宣传高尚原则的内容人选课本。这在另一方面意味着，作者只能以非直接的演讲来叙述他的故事，因为直接演讲意味着他正在扮演另一个人的角色，这将会混淆或掩盖真理。同理，演员在柏拉图的理想国也不受欢迎，而且音乐也被要求有节制，不带感情色彩。

柏拉图只有在更后面有关艺术与审查（art and censorship）一章中，才提及了排斥艺术的根本原因。他将创作绘画或雕塑看作与镜子反射现实的方法同出一辙。镜中呈现的是不真实的，其融入的景象显然只是一种派生的形式，是真理的复制。柏拉图由此总结到，艺术作品远离真理，因此智者应守护自己，抵御它们。

拉库－拉巴特点出了这一章中展开的某些令人好奇的东西：柏拉图显然只能用镜子这一比喻——换言之，通过某种比喻，通过摹拟的手段——保持他对摹拟的抵抗，这分明是，对摹拟的排斥与控制，只能求助于恰当的摹拟途径方能达成：

> 这种论调是不堪一击的。事实上，如果整个行动在于试图找出比摹拟更好的方法来掌控摹拟，如果它只是一个关于规避摹拟的问题，即便是以其自身的方式（没有了它，这种行动自然是无效的、空洞的），那么，这一论调怎么可能会有哪怕是一丁点成功的可能呢？因为摹拟恰恰是符合手段的缺席，摹拟甚至就是假设要被展现出来的东西。我们如何使不符合的东西符合起来？我们如何在不使不符合的东西更不符合的前提下，使不符合的东西变得符合？[100]

在此，我们面对的是关于摹拟的一个至关重要的方面——关于一系列的冲突：自身与他者的冲突，真实性与非真实性的冲突，符合与不符合的冲突。如果人们无法明晰地分辨真理与摹拟这两个范畴，也就是说，不诉诸于比较或隐喻，那么，要想确定真理中的"符合"是指何物，就着实困难。当摹拟用来帮助人们理解某种实体的种种特征时，这一操作的独特性便包含在这一事实中，即，这些特征只能通过与其他事物、其他不同事物的比较而被凸显出来。因此，人们只能通过"不符合"（improper）的方式成功捕获"符合"（proper），符合概念不可避免地错综复杂。

由此看来，海德格尔对摹拟的关注显得十分自然。在他的思想中，原真性（authenticity），即什么是符合的，是决定性范畴，并且毫无疑问，正是始于对摹拟的反思，这一范畴的稳定性又被折回了怀疑之中。

另一方面，拉库－拉巴特指出，海德格尔关于艺术的阐释基本 195
上是一种摹拟学（mimetology）。[101]他肯定没有在各个层面彻底探
究摹拟这一论题——而明显是以柏拉图式的思想理解它，视摹拟
为次等的、从属于"表述事实"（adequatio）（介于陈述与事实之间
的特征认同）上的真理。然而，海德格尔又认为，艺术是一个特权
场域（privileged locus），世界在此显形，真理在此以永新的方式一
次又一次地被揭示。艺术赋形于真理，正是在这铭写形式的过程
中，即，在这一印刷术（typography）中，能够捕获摹拟的瞬间，即使
海德格尔自己并没有用到这个术语。

拉库－拉巴特由此认为，摹拟事实上是海德格尔作为无蔽
（aletheia）的真理概念的基本外形。海德格尔将真理想象成一种
游戏，在游戏中，与自身的相似性显露在外。这是一个隐藏与揭露
的游戏，通过这个游戏，一些东西显露出来变得可见，而另一些东
西则退却或被隐匿起来。摹拟凸显了这个打开与隐藏的过程，因
为它必需涉及对相似性与差异性的阐明。

摹拟关系到每一种对真理的哲学主张，这一无法回避的事实
在雅克·德里达的著作中也是一再重现的主题。在1971年的文
本"白人的神话"（White Mythology）中，他阐述了哲学思想中隐
喻的范围与影响。在始于亚里士多德的哲学传统里，隐喻被视为
一种语言转译，这种转译能使一个意指某种不同事物的名词与使
用新名词的具体事物之间发生转换。隐喻因此是在摹拟中操作
的：它将两个不同领域的实体之间掩藏着的、可察觉的相似之处显
露了出来。值得关注的是，进一步分析可以看到，所有的"概念"看

起来都是从某一隐喻的起始衍生出来的：它们是一些"凋敝"的隐喻，在语言的形式中，那似曾有过的摹拟之源再也无法被清楚读识了。在这篇文章中，德里达追溯了一连串的哲学基本概念，解释其摹拟的根源。他与拉库－巴拉特看法一样，类似"符合"与"不符合"范畴的可判定（decidability of categories）问题是必然会出现的：如果一种隐喻以不符合的方式（比喻的方式）去阐明一件事情，如果人们无能为力但又认可各种概念最终都可退化为黯然失色的隐喻时，那么，探究一个概念是否"符合"意义，或追究某种事物的"本质"属性，又怎么可能呢？

德里达指出，在传统哲学中是有某种策略来规避这一难题的。价值论（axiology）一旦被建立，区分"符合"与"不符合"以及本质与偶然就变得理所当然。这种区分并不是"被论证"的，而仅仅是以明喻或暗喻的方式阐明，并事实上在形而上学传统中支撑着整个的哲学话语世界。

正如马克·威格利（Mark Wigely）指出，房屋图像在这一系列关系中扮演重要角色。在德里达指向的隐喻的经典描述中，隐喻的词语恰似真的栖息在了一座假借的房屋中，这个图像"是一种隐喻的隐喻：是一种征服，是置身居所之外却仍在一种栖居的状态，即，身处自己的住所之外却仍在一居所之中，这一居所能让其返回自身，辨识自身，重聚自身，在自身中超脱自身"[102]。房屋的图像（希腊语为 *oikos*）与符合的问题（*oikeios*）之间确实有关联。据威格利所述，无论怎样都存在这一事实，房屋呈现出一种每个人在其中都能区分内与外的基本体验，而这种区分最终在哲学概念的形成中是根本性的：

房屋总是首先被理解为,画一条起始线,产生一个与外部相对的内部。线,即是脱离荒原的途径。正是作为内在性的范式(the paradigm of interiority),房屋对哲学来说不可或缺,因为它为内在性的存在与外在性的再现间划明了界线,而话语的展开正基于此。[103]

以此理解便十分清楚,房屋作为基本的隐喻,它提供了等级性的差异,以使这一呈现与那一再现区分开,使直接的、主要的呈现与非直接的、次要的再现区分开,使即刻呈现的真理与后来以媒介效仿的摹拟区分开。(值得注意的是,这种区分仍是用一种摹拟表达来解释的。)

与此相应的等级化缘于哲学传统中普遍的反摹拟态度。这种态度处处与来自女性的威胁相关。柏拉图首先将摹拟联系到女人给孩子讲故事,他认为她们的影响是危险的,因为在这些故事中,真理与谎言之间原本清晰的界线被模糊了。拉库-拉巴特认为,在这一点上,柏拉图的文中暗藏着一种男性对早期母亲控制儿童的急切反抗。儿童最初的环境理所当然由女性构成,而女性总是处于主体发展不完全的阶段。正如拉康(Lacan)所示,一个儿童,一个婴儿(婴儿 infans 拉丁语中意思是无言语),通过进入语言系统以及学说话,逐渐变成一个主体。人类的状况是:其自我意识的形成与其生理的出生是不同步的。在相当一个时间段里,儿童还不能成为一个主体,儿童也不能完全由其自己获得一种主体的地位:它必须经历一个拉康称为的"镜像阶段"(mirror stage);[104]它要学会将自己看作一个与周围环境全然不同的、完整的独立体；而事实上它是从镜中的形象以及父母所取的名字中认同自己的。换言之，主体的特性并非以一种完全自主的方式形成，而是基于外来元素且在摹拟意义上的恰到好处中建立起来的。

拉库－拉巴特认为，这就是哲学中反摹拟态度会如此常见的根源。反摹拟无非是指黑格尔式的终极哲学梦想，一种绝对知识的梦，一种主体能完美理解其自身观念、因此也能全然掌控自身的梦。而摹拟所再现的、令人迷失的多样性，却不时地威胁着纯粹的自主性之梦，换句话说，这一威胁是由不稳定性和女性化带来的。[105]

关于批判

现在出现的问题是摹拟的批判内涵。正如我们所见，对阿多诺而言，潜在于艺术作品中的批判，与它们的摹拟特性密切相关。他认为，艺术作品的特质，是以一种摹拟形式成就一种对部分现实社会的否定。他视这种对立操作的成功程度为判断艺术作品品质的准则。

对法国后结构主义者来说，他们更强调在艺术领域发展社会批判的策略，而并不如此关注摹拟。他们视摹拟为能够破坏逻各斯中心主义范畴的对立概念。而阿多诺却认为，艺术是为数不多仍能用于摹拟的避风港；法国思想家认为还可将此运用在很多方面，如，文本、精神分析、行为模式以及新的社会运动。此外，他们不倾向于用"批判"这一词。阿多诺与法国后结构主义之间的不同见解，很大程度来自批判理论和法国新近思想之间的差异。

例如，阿多诺反对同一性思维，颇受他源于马克思主义传统的社会政治立场影响；在另一方面，德里达形而上学的解构，来自一种对语言的激进主义沉思。因此，阿多诺非常强调交换性原则与同一性思维之间的关联，这是德里达很少关注的。阿多诺的哲学和审美分析必然走向社会批判的内容，这在德里达以及其他后结构主义者的文章中是很少见的。

其次，尽管在阿多诺的论文中经常能看到他修改一些观点，发出一些质疑的声音，但作为法兰克福学派的拥护者，他从未放弃合理性，也从未对意识形态批判的可能性的信念产生动摇。对阿多诺来说，把握住决定社会整体性的种种发展与趋势不管有多么困难，社会的整体性毫无疑问仍是组成每一个思想体系的视平线。[106]这种合理性和完整性的主张再也不是由后结构主义者发出，他们仅限于构想纯粹的本土策略来建立意义，而拒绝拥有任何对社会现实产生根本性影响的可能性，或也拒绝在一种解放意义上能切实将其调整方向的可能性，其中一些人走得更远，甚至排斥所有批判的可能性。例如，对波德里亚而言，景观社会的抵御机制极其精准，以至于它可以毫不费力地将所有潜在的批判性反击，转化为一种时尚游戏支持的冲动。[107]

但是，即使后结构主义者对批评的可能性问题并不乐观，他们却仍在不懈地据理力争颠覆性的姿态和对抗性的行动。这些抗辩在现代性计划中不再代表一种摧毁一切的信仰，但仍能看到他们要反抗现状、要打破现有体制支配地位的愿望。如对于利奥塔，这一策略以一种"重写现代性"（rewriting of modernity）的形式出现，清晰地参照了阿多诺、布洛赫和本雅明的目标。[108]利奥塔认为，这种"重写"应该采取弗洛伊德（Freud）称为穿透（*Durcharbeitung*）的形式，即，经历穿越和脱离，以反思质疑：哪些事物被根本地隐藏了。在精神分析中，穿透不仅仅是合理性的事情，它更依赖于获得进入记忆和关联的路径，记忆和关联应从分析者那里得到同样足够的关注，且其相关逻辑、伦理和审美的领域应是独立的。正如我所见，这里所涉及的，是一种摹拟的行动：重写现代性意味着重新思考现代性，但应基于客观化合理性之外的另类方式。[109]

可以从中得出这样的结论，摹拟为应对现实提供了另一把钥匙，因此也为批判拓展了边界。阿多诺和本雅明的论文以及后结构主义近期的文章都指向这一点。那接下来是否就是说，摹拟在建筑中也能起到批判作用？通过对摹拟的运用——有意地，慎重地，或其他形式——就能发展出一些策略，使建筑能让自身呈现为一种批判的建筑？

毫无疑问，对该问题的解答是有否定意见的。反对的主要理由是：建筑不是一种自主的艺术形式，建筑是由某人或其他人委托工作的结果；建筑有社会效用，因而必须符合已有的经验。建筑若真要建造起来，就几乎不可避免地站在权力和金钱一边，因而它支持现状。

这种论述不无道理，并适应大部分建成建筑。然而，它并未涵盖建筑学的整个范畴，因为以阿多诺关于艺术作品的双重特性——艺术作品既是社会决定的，也是自主性的——我们可以推断，作为一个必须与空间设计相关的学科，建筑确实包含着自主性的重要问题。当然，相较于文学艺术和视觉艺术，建筑受到更多社会因素的限制，这是不争的事实：建筑最终不仅涉及材料和技术，而且也涉及相关环境和项目计划，是一系列社会决定因素相互交织的结果。虽然如此，建筑仍不能简单地被视为这些影响因素的某种总和，赋予空间以形式不能简化为遵从种种他律的准则，如功能或结构的需要，使用者的心理需求，或建筑欲意表达的形象。设计过程中总有自主性的问题：即建筑师纯粹思考建筑，思考如何赋 199 予空间以形式。

　　事实上，在阿多诺极少数讨论建筑的文章中，[110] 他的确将建筑的批判性内容，与它可证实其达到怎样的自主性与摹拟程度相联系。例如他认为，功能主义的事实途径暗含着对社会情形的准确理解，但这也说明，它的真实价值根本上取决于它用摹拟的方式处理功能的途径。摹拟元素将会失去，这种危险并非难以想象，建筑因此而不再拥有任何批判意味：当对功能主义的摹拟（*Mimesis an Funktionalität*）被简化到纯粹的、简单的功能主义时，任何一种对于主导社会现实的批判性距离即会消失，功能性建筑除了确认功能，也就没有任何其他作用而言。[111]

　　在功能主义中，阿多诺察觉到了启蒙辩证法的影响。同样，那场启蒙运动也是以进步与倒退的相互缠绕为特征的。启蒙通过树立理性的优先权取代神话地位，以走向解放与自由，但当人们忘记原先的目标，且"理性"被简化为纯粹工具理性时，启蒙的热望也会反过来回到神话。同样的辩证关系在功能主义中也有作用：鉴于其目标是实现人类名正言顺的"客观"需要，人们只能把它视为一种进步的运动，它进而也包含了一种对社会现况的批判，而这种批判的作用是要否定这些名正言顺的需要；然而，当功能主义被整合在一种以"功能主义"为其终极目标的社会活力之中，并且缺少任何超越这一目标的何参照，它便成为一种落后的代表："客观性（*sachlichkeit*）的悖论证实的是启蒙运动的辩证性，即，进步与后退交织在一起，确切地说，就是半开化状态。艺术作品若被全然地客观化，或要凭借强有力的合法性出场，它就成为一种纯粹的现实，就脱离出艺术的世界。这一危机引向两种结果：要么离开艺术，要么转变艺术的概念。"[112] 后一种——放弃成为艺术的所有要求——恰恰就是阿多诺对实践中的功能主义的指责。这一点在"今天的功能主义"中可清晰见到，在这篇论文中，阿多诺严厉批评放弃自主性，他认为，这种简化对战后建筑的单调与肤浅状况明显负有责任。

今天，功能主义不再成为论题，建筑自主性是否存在的争论也已停息。然而，留下的问题是，关于建筑的批判性内容是否仍与自主性这一重要的问题一致？或许有必要在此论证阿多诺的观点：建筑中的自主性问题当然能批判地应用，但批判的特性绝不是与自主性问题一致的。为全然迎接批判性建筑带来的挑战，批判的内容不能作为一种含糊其辞的评论而简单地形成，即，只关注建筑的外表，却不留意项目计划与内容。正如黛安·吉拉度（Diane Ghirardo）指出的，我们不应无视一个事实：建筑作为艺术的范畴，它的艺术内容总是与它的批判特性相连，但这却常常仅被用作一种意识形态的面具，用来遮掩后现代或解构主义等名目繁多的高雅建筑学与房地产开发商庸俗生意经之间的勾连关系。[113]

因此，认识建筑的自主性很有必要，但这绝不意味着要向批判性建筑提充分要求。每一个建成作品都牵涉了各种社会利益关系。这样，对社会现实的批判于同一时候会不可避免地在不同层面展开，因而就不可能只流于一座房子的外表。"谁在建？为谁而建？""它对公共领域产生何种影响？""谁会从这项开发中受益？"诸如此类的问题仍是相关的，且一直会关联下去。然而，如若给予批判以更高志向，这些问题就能以摹拟方式融入设计，以获解决。

两线之间

一个明显以摹拟方式展开的项目，就是李伯斯金（Libeskind）为柏林博物馆的扩建所设计的犹太人博物馆（图 85）。[114] 设计的目的是将犹太文化与德国文化的断裂关系用形式表达出来。这种关系无论如何是难以道明的，因此要在一座建筑中表现绝非易事。李伯斯金的方案却成功地从各个方面表达了这种断裂关系：已有建筑与新建建筑的多条地下连接通道，大屠杀所带来的无法逃避的灾难，以及一种新的开放带来的审慎的期待。正是经过这种摹拟，产生的结果是：各种主题作为原始素材用以塑造作品，而就作品本身，不同部分间的张力被不断增强，直到走向极致。

建筑师称该方案为"两线之间（Between the Lines）"，他所指的是两条结构的线，同时也是两条思想的线：一条是直线，断裂成许多段落，另一条为折线，却连绵不绝（图 86）。两条线相互对话且不断分离。它们多样的关系描绘出该建筑的基本组织结构：之

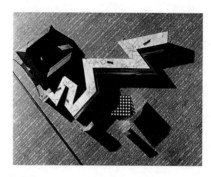

图 85　丹尼尔·李伯斯金，犹太人博物馆（柏林博物馆扩建），柏林，1993 –
1997 年，设计模型（竞赛阶段）。

字形体量被一系列空腔（void）切断，这些空腔有 5 层楼高，形成
202　打断的垂直线（图 87）。参观者像被建筑的布局操控了，必须沿
着之字形的路径穿过博物馆，他们因此就会一次次地落入这些
不知通向哪里、也不知有何意味的空腔空间。结果是，流畅的参
观线路被打破，空间感受在进入空腔处即被改变，高大宽敞的展
廊变成狭窄低矮的连桥，桥上可以瞥见的，是空腔冰冷昏暗的
深谷。

　　这座之字形建筑没有连接外部的入口，包裹它的外表的，是
一个神秘封闭的体量（图 88）。参观者只能从老建筑的入口进
入，通过地下室的连接处进入这一新建部分。在此端部，老博物
馆建筑被切开一个口子，影射为新建部分多个空腔空间中的一
个。不敏感的参观者难以察觉这点，然而，这种镜像关系却形成
了一种积极的表达，以唤起德国人与犹太文化之间命中注定相
互缠绕的记忆。

　　新建筑的地下层有一个区域专用于展出博物馆自身收藏的犹

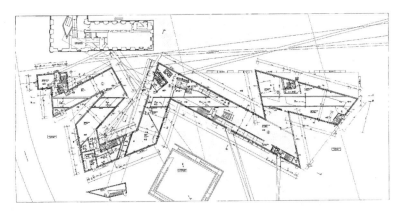

图 86　丹尼尔·李伯斯金,犹太人博物馆(柏林博物馆扩建),首层平面图。

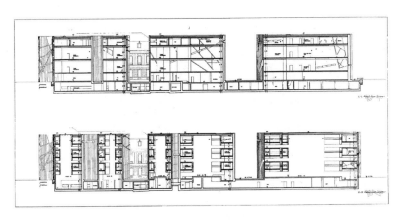

图 87　丹尼尔·李伯斯金,犹太人博物馆(柏林博物馆扩建),剖面图。

太人物品(图 89)。整个空间沿三条轴线组织:一条轴线连接通往上层展厅的主楼梯;第二条轴线引向一个独立的塔式建筑,又像那个老建筑地下的切口,一个"被掏空的腔体"——空腔再次出现,以

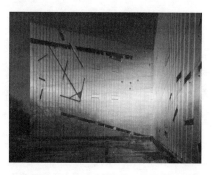

图88　丹尼尔·李伯斯金,犹太人博物馆(柏林博物馆扩建),外观。(照片:比特·布雷特(Bitter Bredt))

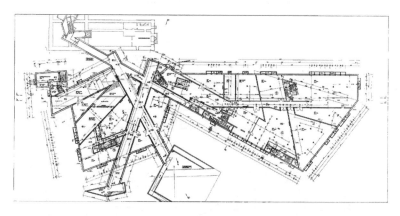

图89　丹尼尔·李伯斯金,犹太人博物馆(柏林博物馆扩建),地下层平面图。

形成穿透在之字形建筑中的又一垂直空间,前一空腔意味着犹太人在柏林的缺席,这对确定城市身份是决定性的暗喻,而这一被掏空的空腔,饰面白色,敞向天空,意指随着如此众多的犹太人被屠杀,潜藏在这一城市中的创造能量的洪流戛然而止;最后,第三条轴线引向"霍夫曼花园"(garden of E. T. A. Hoffmann),一组由混凝土柱排列成的树林,与斜坡场地呈直角放置,一条环绕方形花园的坡道,将人们带回城市街道。

新扩建的博物馆还非常有效地回应了现有的城市环境,尽管从其平面布局上看很难自明(图 90)。面向林德大街(Lindestrasse)上微微突兀的立面,强调了街道在此节点的蜿蜒形态。扩建建筑的正立面在这里既狭窄又清晰呈现,意指新建筑看似从属于老柏林博物馆,而整个空间范围一旦被完全估量,这种从属的暗示即遭颠覆性的改变。老建筑与之字形新建部分之间,有一条很窄的走廊将人们引向院子,保罗·策兰大院(the Paul Celan Hof)(图 91),该设计遵从了柏林的巷院(*Gassen and Hinterhöfer*)传统。再往后,高大宽敞的体量组成了之字形建筑的最后部分,作为定义空间的元素,这组体量极其精彩地与周围建筑产生了丰富的对比效果,形成了位于整个建筑群两侧的公共花园。[115]

根据李伯斯金的说法,该设计隐含了四个主题。第一个主题来自他在一张柏林老地图上标示出的名单,那些被排斥的犹太文化的杰出代表:沃尔特·本雅明,保罗·策兰,密斯·凡·德·罗以及其他人,由此建立起来的网络——一张印刻在柏林城中的隐形的关系网——形成了大卫之星的场地形式(图 92)。第二个主题与阿诺尔德·勋伯格的音乐有关,尤其是他未完成的歌剧《摩西与亚伦》(*Moses und Aaron*):向摩西打开的是无法形象化的真理,而亚伦以某种方式将这一绝对真理转化为易于理解的形象,该剧探讨的正是两者之间的困难关系。第三个主题是纪念册(*Gedenkbuch*),里面记载着被逐出柏林的犹太人的名字,纪念册两卷

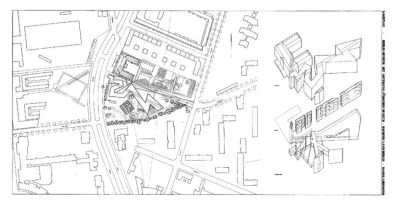

图 90 丹尼尔·李伯斯金,犹太人博物馆(柏林博物馆扩建),总图(竞赛阶段)。

图 91 丹尼尔·李伯斯金,犹太人博物馆(柏林博物馆扩建),保罗·策兰大院。(照片:比特·布雷特)

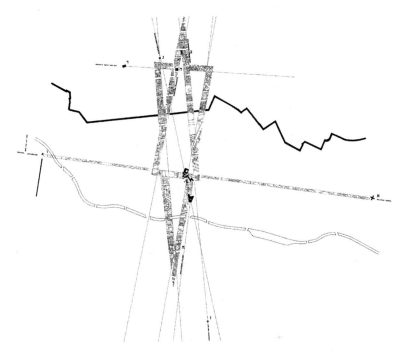

图 92　丹尼尔·李伯斯金,犹太人博物馆(柏林博物馆扩建),场地——大
卫之星。

本厚似电话黄页,是大屠杀的真实记录——一组冗长的名单、他们
的出生日以及推测的死亡日期与地点,赤裸的物证,如山的铁证。
最后,第四个主题——本雅明的《单行道》(*Einbahnstrasse*),李伯
斯金运用"城市的大动乱"来称呼该书,作为贯穿于博物馆 60 个展 205
览分区轨迹的节奏主线——"60"正是《单行道》的篇章数。

　　根据李伯斯金的陈述,设计的出发点是大卫之星,这是一种揭
露性的图像,上面不仅书写了这些犹太人的住址,而且也以护城河

(landwehrkanal)的走势以及柏林墙早先的轨迹勾勒出这一阵局。柏林墙组成了方案图中的水平支撑，而大卫之星的轮廓则由从柏林地图中截取的片段组成。通过这些图像元素的选取和糅合，一种图形被创造出来，即使不能一目了然，至少也大致构成了新建筑的平面布局。可以察觉到，柏林的历史闪烁在这个之字形的新建筑中：腓德烈城（Friedrichstadt）的古典形态，规则的街道布局，几何形的广场，流线型的运河，以及破碎而无耻的柏林墙——所有这些都被紧缩在了新博物馆断断续续的建筑形态之中。不同于古典的场地平面布局，这里涉及的，不是任何基于新建筑类型学特质的理性解释可以回应的，相反，它的目的意在显示，柏林有如此不同的侧面，至今仍然如此，无论是可见的还是不可见的，它们在新的剪辑中通过摹拟方式聚集，并嫁接到这个有机体上。这幅图表达了内在的联系，那种亲和（*Wahlverwandtschaft*），那种在一簇现存的结构元素与附加的城市形象之间有选择的亲近。

李伯斯金在其文章中提示，摩西与亚伦的主题关系到两线交集以形成建筑的外形。勋伯格的歌剧是未完成的：第二幕以摩西独自站在舞台中央为结束，表达他在与亚伦的关系破裂时、继而也与整个以色列民族切断时的惊愕。亚伦希望与民众交谈，并答应要把他们带到承诺过的地方，而摩西呢，上帝已形象地向他展现了可以获得民众的方法，可他却无法将此传达。"呵，言语，我那贫瘠的言语！"——这是歌剧的最后一句台词。摩西知道真理，上帝曾向他揭示，但他却不能将启示录的内容传播出来。他的真理确实存在，它是明确的，始终如一的，但它不能被转达，不可交流。摩西应对真理的唯一方式就是通过沉默，一种言语的缺席，一种虚空。

相反,他的兄弟亚伦涉入历史的曲折轨迹,亚伦为真理而另辟蹊径,视自己不断面对着不敢纵身跃入的深渊。因此,这部未完成的歌剧其音乐内容落入了永恒而无解的冲突之中,这是词语与音乐的冲突,法律与意象的冲突,神示与交流的冲突。这一内容通过线的交集,以摹拟的方式转译到了建筑的艺术形式中。

第三个主题是一份名单,名单中的历史令人恐惧。(图 93)它们并非抽象数字,而是一个个人,通过他们的名字、他们的出生地及出生日,可以寻找到他们。纪念册中隐含着这些缺席者的在场,这一悖论在建筑中被李伯斯金以空腔和展场间复杂的互动关系表现出来。这里还关涉的是,如何使不可见变为可见,以让人们感受到什么被压抑了。大屠杀是历史的黑洞,一个吞噬了所有进步话语的黑洞,而这又是肉眼不可见的。在这里,这种不可见被转化为一种不可理喻但又难以逃避的体验。经过这一系列的空间体验,参观者仿佛身临其境:经过老建筑的入口和地下通道,倾斜的地下室和复杂的轴线,通往各个楼层的无止境的楼梯,因之字形平面而对方向感的丧失,还有不时穿越的空腔空间。反复的体验使人们回忆起那些不可思议的事件,很少有人会无动于衷,因为它们已交织在我们如今的文化特质之中。

对于第四个主题,即本雅明的《单行道》,李伯斯金没有给出确切的信息。他给的线索是让我们将大卫六角之星、勋伯格由十二音列谱成的歌剧以及本雅明由 60 个部分组成的书联系起来。这些不同的参照点相互强化,其作用是将博物馆中的关键节点,也就是多条蕴含能量之路径凝聚而成的要点标示出来,这些汇合的点——如主楼梯的尽端,或地下室的中心位置,都承载着特别的

图 93 丹尼尔·李伯斯金,犹太人博物馆(柏林博物馆扩建),名录。

图 94 丹尼尔·李伯斯金,犹太人博物馆(柏林博物馆扩建),虚空及虚空之桥。(照片:比特·布雷特)

意义。

德里达在对李伯斯金作品的评论中关注一个问题:设计的物质性实施是否有损李伯斯金的多重性和不可判定的特质,因为这种特质在他早期的设计图与模型中是十分典型的。一种虚空在一座建筑中被赋予一种真实可见的空间形式,这在一定意义上与人的精神空虚相比就不那么"空"了(图 94)。德里达指出,李伯斯金设计的空腔中充满了历史,充满了意义,也充满了体验,因此是与完全中立的、纯粹的、他以"chora"(空间)一词来描绘的虚空相区别的。德里达用这一柏拉图的术语来指涉一种非人类学的理念,一种应被理解为作为任何虚空存在之先决条件的非神学空间。[116]德里达在此暗示的是,李伯斯金的建筑是否为大屠杀建成了一座"纪念碑"——一座有清晰定义了预设意义的纪念碑,以能让我们的记忆从意义转换的无尽长链中解脱出来?

李伯斯金本人拒绝这种解释,我也倾向于认同设计者本人的意见。在此可以陈述两点理由:其一,该博物馆的建筑体验绝不是那种一目了然的,这是事实,如,灯光效果,不同空间形式的丰富性,倾斜地面带来的身体感受,之字形的建筑,都说明不能只有单一解释;其二,应理解空腔的特性是由多重心理因素决定的,它同时指涉被灭绝了的犹太人,指涉对不可思议的历史真相的揭露,指涉这些空腔是对柏林特征——柏林墙,大屠杀——的最深切的认同,指涉对每一种文化荒诞无理之处的对抗,还指涉对其他不可名状的事物的沉默。是多重因素影响了特征的形成,这就意味着,空腔的理解要摆脱所有的简单定义。即便人们意识到这种虚空与大屠杀有关,也并不是故事的结尾,因为更多的意义还在被不断发掘。只要参观仍在继续，我们就不能贸然轻率地认为，大屠杀已能固化成一座"纪念碑"了。

在我眼里，这种引来无尽共鸣的特质，与其摹拟的设计策略有着内在关联。摹拟引出被压抑的方面——它们不能用清晰的逻辑涵盖，也无法使自己嫁接到某种明确的意义之上。摹拟创造出不同名目间的转化，而这些转化也并非清楚明了。摹拟以"工作"到的那种程度，产生出一种意味深长的进程，一种无止境的进程。阿多诺认为，摹拟的冲动根植于一种消极的姿态，它没有一点积极的目标，而正是这种消极性才铸就了这无尽的意义之链。摹拟并未勾勒出任何积极的现实形象，更不用说描绘出积极的乌托邦景象，或可能的理想现实，相反，它只产生消极形象。因此，用于摹拟现实的消极一面时，艺术是最好、最合适的手段。

这些论述有助于理解李伯斯金柏林博物馆的扩建设计。作品没有为我们提供一个直接的乌托邦景象，而乌托邦的理念却得以保留，因为我们从中清楚地看到，我们身处的现实与乌托邦世界有着多么遥远的距离。设计中被切断的线表征破碎的现实，它们没有获得任何的缝合，因为现实不会让其自身痊愈和完整。因而，李伯斯金声称，柏林犹太博物馆应被看作在诸如此类"文化"问题上具有标志性，是自有其道理的。

一座巴别塔

209　　为使轮渡在英国与欧洲大陆间的海底隧道启用后仍能留存，操持跨海业务的轮渡公司提出设想：要使渡船渡海的过程更有趣味。因而不仅仅是渡船要变成一个漂浮海上的娱乐大世界，而且它们的目的地——码头——也要显现它们的使用特征，并成为一个吸引人的地方。原初的巴别塔是雄心、混乱以及终将失败的象征。这架机器宣布为一座正在运行的巴别塔：毫不费力地吞吐、娱乐和转运着来来往往的芸芸众生。这一主题折射出欧洲世界的新的抱负：不同的"部落人"——码头的使用者——正着手建立一个统一的未来。[117]

这段话出自雷姆·库哈斯（Rem Koolhaas）的书《小，中，大，特大》（*S M L XL*）中介绍 OMA 泽布勒赫海运码头（a Sea Terminal in Zeebrugge）的项目（图 95），从中可见用摹拟方式聚集于该设计中的多样性要素：海洋与陆地，起航与抵达的诗意，一个人类傲慢与神性力量的旧式偶像，对技术的幻想，以及对未来的投资（图 96）。该设计是在响应比利时泽布勒赫新港口综合委员会要求的过程中发展出来的。在争取连接海峡两岸主导权的激烈竞争中，作为一项启动措施，由港口公司与承包商组成的国际财团策划，用全新而有震撼力的、并且足以扮演欧洲桥头堡角色的建筑形式，使泽布勒赫更加精彩纷呈。该多功能项目的意图是，让乘客与交通组织、办公设施及会议中心服务结合在一起。这种理念从来都是到此为止，充其量成为一次成功的公共性噱头，但它的确由此产生了一批引人注目的方案，包括 OMA 的这个设计。

　　OMA 方案外表看起来是一个老式科幻电影中特大号圆盔式的空间。依托这一外在形象——库哈斯称是介于半球形与圆锥形之间的形象——该项目的所有部分都以垂直切分和水平分层的基 210

图 95　OMA，泽布勒赫海运码头项目，1989 年。（照片：汉斯·韦勒曼（Hans Werlemann））

图 96　OMA，泽布勒赫海运码头项目，总图设计中可见植入的巴别塔。

本方式组织在了一起(图 97)。底下几层全部留给交通车辆:两层用来装货卸货,一层用于行人出入,并通过旋转上升可达上两层停车空间(图 98),这部分的最后是给卡车司机提供相应设施的一层。然后就到一个两层楼高的开放夹层,其中有一公共大厅是人们可从地面层直接乘电梯到达的(图 99)。在大厅的各个方向,人们都可以看到大海与繁忙的码头(图 100)。在这一层高很高且有中心大厅的空间上面,是一设备层,可过渡到上面盖有玻璃穹隆的那一半空间。上半部分空间按垂直向合理分隔——空间分为梯形办公建筑,一个沿着圆盔外沿布置的半圆形旅馆,展览及商业推介区占据之间的各个空间。这些区域,尤其以倾斜层、空腔以及眼窗(peepholes)等手法处理,为建筑内外提供了奇观景象。项目中要求的赌场与会议室被安排在巨型穹隆之下,办公部分的屋顶上有一泳池(图 101)。这些区域都在穹隆下以人们的视线能一览海洋 214
全景的方式组织(图 102),而另一方面,中间的空腔又将人们的视线直至玻璃地板以下的楼层,那是卡车与小汽车驶进驶出、货物装上卸下的地方。

在传统意义上,巴别塔是一种口音混杂与迷乱的象征(图 103)。我们从圣经中读到,上帝惩罚了那些傲慢自大试建通天高塔的人们,他将人类通用的语言转化成多种难以理解的方言,从而迫使他们这一亵渎神灵的工程无法竣工。OMA 将巴别塔颠倒过来(见图 96)——正如我们在设计图中看到的,圆盔形的空间是老勃鲁盖尔(Pieter Brueghel the Elder)笔下的巴别塔的摹拟式解读。方言的混杂与困惑仍是主题,只是在这里,不同的语言已不再是建成"巴别塔"的障碍。差异在此被整合在一架机器中,它运行

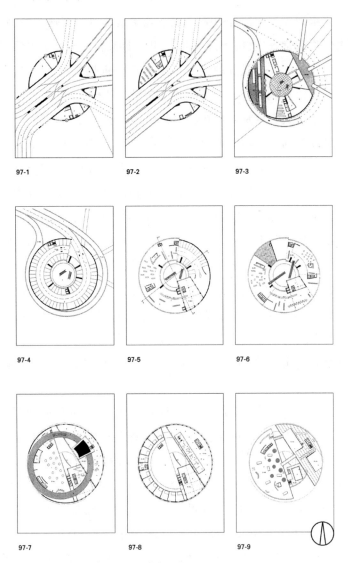

图 97　OMA，泽布勒赫海运码头项目，平面图。

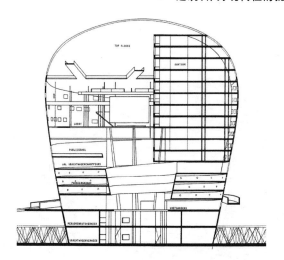

图 98　OMA,泽布勒赫海运码头项目,剖面图。

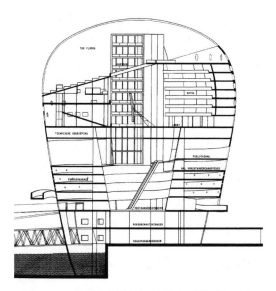

图 99　OMA,泽布勒赫海运码头项目,剖面图。

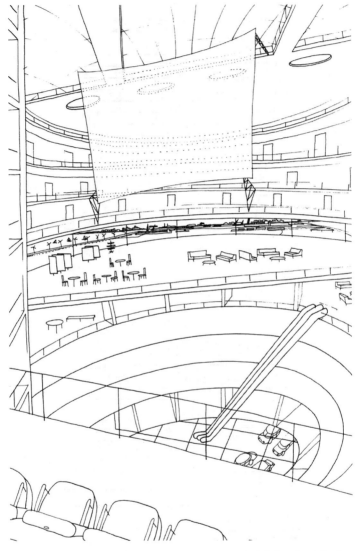

图 100　OMA,泽布勒赫海运码头项目,从夹层看公共空间的草图。

图 101　OMA,泽布勒赫海运码头项目,带透明穹隆的设计模型。(照片:
汉斯·韦勒曼)

图 102　OMA,泽布勒赫海运码头项目,拼贴。

图 103　老彼得·勃鲁盖尔,巴别塔。(鹿特丹布尼根博物馆收藏)

起来有极大的灵活性,组织和安排各种事物,提供娱乐活动,并再将所有事物泻出。人类的自大在此不再等同于难以容忍的无礼以及对神灵的亵渎,但它转变成一种超然一切的理性,通过在光、奇观和运动汇成的剧目中编成的差异协奏曲,理性可以战胜部落内部的任何争斗。

码头建筑就像一架精密调适的机器,切切实实地符合任务要求:使不同交通系统间的转换最流畅地运行,兴奋点与消遣处目不暇接,以使本难避免的时间耽搁减至最少。拥挤文化似一万花筒般呈现给我们,在其中,公众将自己编入剧情,充满激情地使用着这里的娱乐道具。而另一方面,旋转的舞步也有瞬间驻足,即,圆盔空间的轮廓形成稳定而静止的形象,一种停泊的姿态,稳住了整个综合体。这座70米高的建筑无可争议地成为港区码头设施的制高点,在比利时平淡无奇的海岸线上鹤立鸡群。它切切实实既来自海洋又着陆大地,如此特性使它成为的地标,独一无二。它的形状,看似经海水洗礼的鹅卵石,[118]完美地镶嵌在永恒互动的海与岸之间。

215

　　从很多层面都可看出,该项目为一种模糊关系落实了具体形式。它类似于一个分拣机,在交通汇集之处发挥作用。因此,网络的主导性与日俱增,而空间的同质化日益显现。在应对这一总体趋势上,该设计的贡献不言而喻。[119]然而同时,它呈现了独一无二的场所感,以至于其网络系统中的特殊交集有别于任何的其他建筑;它赋予了无叙述性、无内聚性的区域以独特品质,使泽布勒赫仍旧在场,不离不弃。通过赋予机器以住屋的氛围,这种效果得以实现。这里涉及一种工具化与控制性的逻辑,但逻辑被引入叙事,而叙事又包含了其他元素:光与云的游戏,海与风的迫力,以及每个交叉口迎面而来的允诺。

　　正如弗雷德里克·詹姆逊(Fredric Jameson)指出,库哈斯在这里用了封装(envelope)的策略:[120]它是一个多样性的混合物,有计划地或以其他途径封装在一个固化的、非功能需要而定的形式中。这一形式提供了一种结构性环境,专业化的和即兴的都可在此自由表演。其结果是,拥挤得以促进,而边缘也被廓出,其中无法预见的可能性还会产生。身处泽布勒赫海运码头,这就意味着,完全不同的公众团体被带到这里——从卡车司机到赌场游客，从办公人员到参会者，所有人被纳入同一且同样的脉络中；在其中，他们可以选择面对面交流，也可独处，他们可领略快餐店的大众氛围，也可体味旅馆大堂的时尚环境。通过各种差异在此空间环境中的汇聚，这个码头获得了一种"城市化"特质，一种拥挤文化，这种文化不需缩小差异，即能作为一种社会压缩器产生功效，以此指向更远大的目标：欧洲共同体。

海运码头合理而完美的形式承袭了康斯坦特新巴比伦计划的原型：提供超大尺度的基础设施，使四处流浪的人们能在其中游荡，以探觅险境，激发氛围。正如康斯坦特的"空间体"（spatio-vores），圆盔空间在一个本已统一的网络中形成意外。不过，在康斯坦特的作品中，乌托邦与现实间的张力只能在草图与绘画的图形调适中显现，而在 OMA 的项目中，这种张力却被赋予了一种建筑的连接方式，转变为外壳与内容间的休止符。建筑所涉的繁多名目不能相互磨合，休止符即是这一事实的结果：外表形式看起来是一个已预设的统一、稳固的形象，而内部自身为项目的各种特殊需要又形成一个"外部"，为不同的基础设施与建筑提供前提（pre-text）。这意味着，一边是车水马龙的交通，一边是乘客步步升华的体验，形式即能使两者不期而遇。该方案再现了一个奇观与诗的星座，而星星却在一颗与另一颗之间没有明确差异。人们无法辨别任何"原真性"（authenticity）的时刻，这种"原真性"本来是可以在整体中从娱乐价值里分离出来的。从这点上看，它与库哈斯在《小，中，大，特大》中引用哈贝马斯的话所说明的原真性是相符的："原真的作品完全与它涌现的瞬间连在一起：它在真实中消费自己，它能将琐碎平庸的泛滥停滞，它能打破平凡，它还能片刻地满足对永恒的美的追求——这片刻，永恒与真实获得短暂的相遇。"[121]

库哈斯将潜在于"原真性"母题中的模糊不定做进一步演绎。像是开诚布公地对现代性作反讽式改编，他让该项目中两种可能运用的建造技术展开相互较量：

> 第一种由速度主导，意指最初的基础建成后，迅速装配预制构件，最后它们被埋入一个浇捣钢筋混凝土的容器中，掩于喷涂钢丝网模板下。第二种情况是，建筑成为有超然价值的对象，因为它由少数人工花费大量时间用钢筋混凝土建造而成。
>
> 在第一种情形中，建筑迅速拔地而起，可能成为壮丽奇观。而在第二种情形中，建造进程几乎难以察觉，成为一种潜在的悬而未定的资源：在建设过程中，工人明显老去，孩子长大成人，而建筑仍固执地停留在未建成状态。最令人不安的是，第一种建筑是速成的，无足轻重，而第二种尽管缓慢建成，但却是"原真的"：两者看似相互对立，却都显然基于同样的平面和剖面，同样的建筑学原则。[122]

在此，库哈斯故意将奇观的与原真的时刻区分开，以此说明它们不可避免地相互牵涉。现代性将计划之物与瞬间之物间各种相互矛盾的维度统一了起来：它既与一个旨在为未来自由解放而设计的方案有关，也与一种促进与融合的体验有关。矛盾冲突是通过速度与物质的较量、人为物与原真性的较量中走向极端的。然而，它在本质上却是同一设计不同的物化方式。通过模糊不定的游戏，库哈斯触及了现代的独特品质，它们不折不扣地隐藏在各种矛盾维度的相互交织中。这个方案的非同寻常之处在于，所有元素都被固结到一种态势中，而它们之间的裂缝仍旧依稀可辨。

　　海运码头，一个由交通与交流的网络引发的去地方化（deter-ritorializtion）连接系统。这种连接是非建构的（atectonic）：建造并非与设计完全吻合，因为圆盔外形本应竭尽坚固之能事，但它又因一个个洞口的开启被反复地镂空并弱化。不过，它却成功地与这个地方产生了独一无二的共鸣。去地方化一般涉及空间的均质化以及对不同空间差异性的消除，相对而言，码头方案的网络认同与组织不属于这一倾向，这是因为，码头被赋予的形式趋向于无形式，趋向于一种社会"熵"。这里所关涉的，是在拉库－拉巴特的印刷术（typography）意义上的摹拟行为：一种排布形式被链接、镌刻并打印在正当的交汇处，而恰恰就是这一排布形式，让一种休止符得以创造，为人与物的川流不息提供短暂的停歇。在这一休止中，这一短暂的停歇间，文化获得机遇，以超越纯粹的消遣娱乐而发展。休止符说明，边缘已被预留，另类事物的发生是可能的。这就是该项目的成功摹拟。

我们仅在
我们宣告其
不适居住时
身居大都市，
否则
我们就是
寄宿的过客。

让－弗朗索瓦·利奥塔

后续:栖居、摹拟、文化

"文化"再也不是一种毫不含糊的统一体,从中可以清晰地定义现在、过去和将来之间的关系。可以设想,如果这样一种统一体及其"传统"中的固有观念确曾存在过,那么现代性则以打破与过去的连续引来了第一道裂痕。而奥斯维辛就是第二道裂痕,因为它已经与未来断裂,它意味着彻底违背了以建造新的"家园"作为现代性目标的诺言。

正如本雅明在纪实影片《浩劫》(Shoah)的完整叙述之前就已声明,没有一部文明的纪实同时不是一部野蛮的纪实。[1]这的确是事实,以往的历史如此,而今日的纪实亦然。文化并非纯真无邪,只要它在基于偏见和压制的复杂社会形构(social constellation)中仍占一席之地,它就无法保持纯真。因而,今日的文化都是在难以缓解的张力中呈现的。

对栖居问题的反思将我们引向同一结论。据海德格尔这位从
未直面奥斯维辛[2]的哲学家的观点,栖居代表了一种与四重整体的关系,但这种关系在现代状况中已再不可能。然而对阿多诺来说,海德格尔对待栖居问题的方式,恰是其哲学中错误的征兆。海德格尔试图将栖居理念回归到一种原始的本质中,但这种本体论的途径却对具体的人具体的居住问题不闻不问,也忽视了由社会状

况引发的、既是老生常谈却是又最实在的住房需求问题。因而，海德格尔的途径是无法推动任何变化的，相反，它还意味着对各种历史决定状况的欣然接受，仿佛它们内含着"永恒的人性"，以阿多诺的观点："没有一种人类概念的高度，在真正落入一堆实际问题时，还会显现任何力量。仅可能的帮助就在于改变各种状况，因为正是这些状况将事物带入了这般困境，并还在更大范围里不间断地复制漫延。"[3]

　　然而，不论阿多诺坚守怎样的思想，他却从不放弃启蒙计划。他在此指涉的危险是：反现代的思想模式太易退化到一种神秘的神灵符咒中去。在他看来，哲学总会在某种意义上卷入为解放与自由的社会变革之战中，但哲学层面的反思却永远不能用来掩盖社会问题和社会弊病。无论怎样，阿多诺仍要面对同样的问题：世界为何变得不可居住。对他来说，这归根结底与奥斯维辛有关：这个回响在绝望中的名字，让人看到启蒙的理性已坠入高效毒气室的邪恶深渊，绝望正是由此而来。面对这难以避免的严酷现实，现代性需要重新书写。

　　然而，为重写现代性，仅仅呼吁人文主义价值观是不够充分的。阿多诺写到，艺术只能通过毫不留情的方式忠实于人性。[4]那些拥有人文主义成熟心智的人认为，我们为创造未来需做的一切，就是要回应每一个人的理性和愿望，但这种成熟心智作为投射未来的基石，却是完全不够格的。有关"人类价值"的呼吁日渐式微，它已见证了在遏制残酷暴行上的无能为力。根据利奥塔的观点，对于制度中真正的非人性状况，尽管人文主义观念并非一种理想的伪装，但仍应提出这样问题：难道我们就不该提供另一种思考，一种不再将其自身禁锢于理性和美好愿望中的思维模式吗？利奥塔指出，任何人都因非人性的行为而成了无家可归者：在人类个体中，总有某些特征在其成长为一个个体之前就已呈现。两种类型的非人性——制度的非人性和深藏在个体中的非人性——都几乎是人文主义无法想象的，两者都呼唤一种超越美好愿望的思想，一种去探索文化深壑的思想。对此，利奥塔引出了一种思考方式，这种方式是在舒缓既往焦虑症的过程中逐渐为人熟悉的，就是说，它没有任何急切的企图，要通过解释学或辩证法的操作，将每一样事物都编入一部井然有序的和谐乐章中。[5]

对这种既往症的思考，在利奥塔的文章"宅与大都会"（Domus and the Megalopolis）中就尝试过，他将房舍描述为一种当今不再可能的状况：栖居之处就是一个司空见惯的地方，人们在此获得欲望的满足并有归属感。家园般的社区已成往事，因为世界已然成为一个大都会，"自维吉尔（Virgil）身后，自住屋消失之后，在豪门世家终结之时"，人类就已如此。今天，由交换原则精心设计的现行制度，对人们的生活习性、叙事方式和日常节奏视而不见，它的历史记存充斥着理性，而传统却被无情抛弃。不过，房舍仍在系统后隐藏，仍旧显露蛛丝马迹，这为我们筑起了一座海市蜃楼，一处不可能的栖居之地。试图抵抗与大都会（megalopolis）共舞的思想，呈现在"无法栖居"的各种论述之中："波德莱尔、阿多诺、本雅明试问，如何在超大城市中居住？是忍气吞声地面对难以持续的工作，还是不停地叹息消逝的房舍？恐怕痛苦地承受才是非要正视不可的，当然包括因语言交流带来的困境。在大都市中，我们仅在我们宣告其不适居住时，才身居于此，否则我们就是寄宿的过客。"[6]这个不可能的概念，在利奥塔看来，正是思考、写作以及艺术作品中的藩篱，而在我看来，这也正是建筑学的藩篱。柏林犹太博物馆是"奥斯维辛之后"建筑学如何能够重写现代性意义的一种探试。奥斯维辛代表了现代性归根结底的不可居性（the ultimate uninhabitability of modernity），栖居的无法实现，现代性关于"新家园（a new Heimat）"诺言的破灭，构成了李伯斯金建筑空间中寒冷、阴郁而虚空的深度：以两条线的相互交织，空间、光和材质的操作一一展现。但除此之外还能看出，这里不仅包含了绝望和哀悼，也有对未来的希望，一种只有通过对眼前绝望的清醒与把握才能获得的希望。这正是李伯斯金对启蒙遗产的批判性重塑。所谓重写现代性，就是意味着同它的失败和堕落作面对面的较量。无论选择怎样的途径，一份既往的病例就是步入未来的起点。

　　库哈斯并不迫切地想要重写过去。然而，从他海运码头方案的摹拟策略中，却让我们看到这一作品"不可避免地向文化商品的转化"，它见证了利奥塔的"作品的不可能性"。[7]这一设计方案拒绝在平庸的商业逻辑和艺术创作灵感间做出选择，而这两者毫无疑义都是需要面对的问题。两个问题虽不完全纠缠一起，却也难以分离，彼此牵制，从它们间的裂隙中，可以明确无误地看到其"边缘"的存在，所形成设计的张力。库哈斯的设计既与现有系统相互缠绕，又欲抵抗落入固有系统的平庸，现代性的重写正是由此形成。

　　"以宣告大都市的不可居住而身居于此"，这是重写本雅明方案的一种途径，本雅明的方案呼唤一种新的栖居类型，一种适用于当下"匆忙现实"的居住形式。除了安全和隔离这些由来已久的问

223 题，这一居住形式还提升到了某种与渗透性和透明性、适应性和灵活性相关的新的意义上。作为一个过渡性词语，居住在为其自身创造环境和令自身感到舒适以外有更多积极的意义。"栖居"必然关系到"围合自身"，但在现代环境中，它需要具备一种不断更新的姿态。栖居意味着始终更新"围合"的持续要求，因为当下的居所无一不是暂时的：栖居总是不断地被其对立面所侵入。因此，栖居既要代表家园般的田园意境，又要代表现代状况中无法回避的瞬时属性。

　　"围合自我"的重复行动，与对身份认同和自我实现的诉求相伴而行，构成了现代性的基本特征。现代性必须不断地重新定义和改写，以应对各种矛盾与不和谐。同样，栖居并不简单，也非一成不变，而是必须持续地适当更新。这就意味着，现代性和栖居并非像某些作家如海德格尔或诺伯格－舒尔茨所称的，是对立的两极。通过对这两个概念多层面和矛盾性的考察，笔者希望澄清，现代性和栖居是以某些复杂的方式相互关联的，如果建筑学一定要以在现代性经验和栖居的愿望间达成妥协作为己任，那么首先要关心的，就是两者之间是如何盘根错节地纠缠在一起的。

　　弗洛伊德将栖居作为关键性的隐喻，用于思考离奇状况，这自有他的道理。[8] 按弗洛伊德所述，最离奇的经历发生在我们最熟悉的环境中，因为那些经历通常关系到海姆利克操作法（heimlich）（这里指属于住屋但同时又被隐藏的事物）和非海姆利克操作法（unheimlich）（这里指不属于住屋、实际隐藏但却以一种陌生的方式被披露的事物）之间的相互纠结。弗洛伊德振振有词地让人相信，事实上这种离奇是何等可怕，因为它既指涉某个事物"自身"，却又必须保持隐而不显。因此，它不得不与那些被压抑的东西联系起来。这暗示了被抑制的特征归属于人的栖居，也就像其他事物，既不能被彻底遗弃，也无法获得完全修复。

建筑引发摹拟，或许会有微小的偏离和屈曲，通过这种途径，我们便能感觉到那种存在于常规或预设之外的、被压抑的东西。为栖居的永恒需求，建筑学的方式可用来作为一种引导，但这种引导并非像海德格尔曾尝试的、某种直接意义上的具体呈现，[9]而是要在现代性上构架而成。比起任何其他事物，这个构架最直接关系到建筑为日常生活提供关联性的方式。在笔者看来，这样的理解正是先锋派推动建筑学进程的最意味深长的贡献之一：建筑并不仅是一门高深莫测的学科，用来偶尔隆重推出有声望的作品，相反，它的根本志向应与一个日常生活环境的建构密切相关。

因此，人们应当接受这样的既定事实，即，建筑在其被最广泛表达的意义上形成了生活结构。但在接受这个事实作为起点时，224也应该认识到还可能有更多的东西。路斯让我们相信建筑为日常生活提供舒适和便利，却不是建筑的唯一目标。路斯断定建筑与艺术无关，但这种看法不应被视作理所当然，因为事情总比这要复杂一些。如艺术和文学一样，建筑有能力使一种持续的常态悬置起来，并触发一个自明性彻底受到颠覆的紧张时刻。不能否认，建筑的特殊性在于它和日常生活的紧密关系，而这与那些引起永久不安的事物达成一致谈何容易。正因如此，摹拟由此开始。摹拟可使一个设计项目充分满足正常的期望，并同时提供一些别的东西。摹拟使计划、场所和形式之间的透明关系变得复杂，形成多个层次，避免单向理解，从而会将某些破坏性的东西隐藏在一种貌似日常生活之需求完美适应的状态之后。因此，通过依赖恰当和便利的事物，摹拟绝对可以带来某些不必依靠海姆利克操作法的经验。[10]

这样，摹拟能在一些没有立即脱离文脉和公众期望的项目中得到最有效的操作，但这也很有可能已包含着一个双关语，并仅在缓慢进程中对用户和访客产生影响。正是这一双关语和它暗示的矛盾，充实了今日美的复杂本质。

的确应该承认，一个建筑项目的关键性作用，与被顺利编入国际性杂志的事不可同日而语，它如何与环境相互作用，又如何通过摹拟在一种环境条件和一个项目计划之间建立对话形式，才是更具决定性作用的。在笔者看来，阿多诺的观点在任何情况下仍坚实有效："如今，美已完全无从衡量，仅能通过作品解决矛盾的深度来权衡。一件作品必须穿透矛盾，并通过顺势行进而不是将其掩盖，来克服矛盾。"[11]相互冲突的解释和相互对立的利益不可避免地在每一个建筑的实现过程中产生作用。一项设计方案的最终意义，只能凭借这个以摹拟手段打造的方案是否成功地迎解了矛盾，才能做出评判，而不是以简单地忽略或弱化矛盾间的紧张关系，来中和它们的影响作用。

注　释

导言

1. 关于我使用的术语"现代性""现代化"和"现代主义",根据的是马歇尔·伯曼(Marshall Berman)《一切坚固的东西都烟消云散了:现代性体验》(*All That is Solid Melts into Air: The Experience of Modernity*)(1982;London:Verso,1985)。

2. 我比较宽松地使用了"批判性理论"这一术语。大致参照的是来自法兰克福学派的作者的理论,例如霍克海默(Horkheimer)、阿多诺(Adorno)、勒文塔尔(Löwenthal)、波洛克(Pollock)或者马尔库塞(Marcuse)。我使用这一术语的方法包含了来自不同背景的相关理论例如瓦尔特·本雅明(Walter Benjamin)、恩斯特·布洛赫(Ernst Bloch)或者曼弗雷多·塔夫里(Manfredo Tafuri)。

3. "新法兰克福"一词是梅(May)所出版的期刊的名字,该期刊旨在获得公众对其工作的支持。而该词也被用来指代梅在法兰克福办公室工作期间的成果的总和。

1　建筑学面对现代性

引言:引自 1918 年 11 月西奥·凡·陶斯伯致 J. J. P. 奥德的一封信,出版于埃弗特·凡·斯塔腾(Evert van Straaten)编写的《泰奥·凡·杜斯堡 1883－1931》(*Theo van Doesburg* 1883－1931)(The Hague:Staatsuitgeverij,1983),第 9 页:"De mens moet zieh telkens weer opnieuw vernietigen om zich weder opnieuw te kunnen opbouwen."

1. 这种词源性的说法基于贡布雷希特(H. U. Gumbrecht)的文章"现代的、现代性、现代"(Modern,Modernitat,Moderne),及布伦纳(O. Brunner),

康策（W. Conze）和科塞雷克（R. Kosseleck）主编的《历史基本概念—德国政治和社会语言历史辞典》（*Geschichtliche Grundbegriffe. Historisches Lexikon zur politisch-sozialen Sprache in Deutschland*），第四卷，（Stuttgart：Klett-Cotta,1978），第 93 – 131 页。虽然贡布雷希特主要专注于德语语言的研究，英语的众多语义与德语确有相似之处，不信的话可翻阅任何一本字典，我们便可确信。

2. 奥克塔维奥·帕斯（Octavio Paz），《泥沼中的孩子：从浪漫主义到先锋派的现代诗学》（*The Children of the Mire：Modern Poetry from Romanticism to the Avant-Garde*），（Cambridge：Harvard University Press, 1974），第 23 页。

3. 见贡布雷希特，"现代的、现代性、现代"；马泰·卡林耐斯库（Matei Calinescu），《现代性的五副面孔：现代主义、先锋派、颓废、媚俗艺术、后现代主义》（*Five Faces of Modernity：Modernism, Avant-Garde, Decadence, Kitsch, Postmodernism*），（Durham：Duke University Press,1987），第 23 – 35 页；凡·赖耶恩（Willem van Reijen）的"附言"（Postscriptum），收录于韦恩·赫德森（Wayne Hudson）和凡·赖耶恩主编的《现代与后现代》（*Modernen versus postmodernen*）（Utrecht：HES,1986），第 9 – 55 页。

4. Paz, The Children of The Mire, p. 26.

5. Marshall Berman, *All That Is Solid Melts into Air：The Experience of Modernity*,（1982；London：Verso, 1985），p. 16.

6. 通常现代主义这个术语对于各个独立的学科有其更特定的意义。这个意义可能包含风格的特征以及某一时期的规范。此处使用的马歇尔·伯曼的定义更加广泛，尤为有趣，因为它提供了一个总体的框架，能为特定的学科对"现代主义"的解释带来新的认识。

7. Calinescu, *Five Faces of Modernity*, p. 41.

8. 尤尔根·哈贝马斯（Jurgen Habermas），"现代性———一项未竟的事业"（Modernity – an Incomplete Project），收录于豪福斯特（Hal Foster），《反美学：后现代文化文集》（*The Anti-Aesthetic：Essays on Postmodern Culture*）（1983；Seattle：Bay Press,1991），第 9 页；翻译自"现代性———一项未竟的事业"（Die Modernein unvollendetes projekt）（1980），收录于哈贝马

斯的《政治著作集 I - IV》(*Kieine politische Schrifen I - IV*)(Frankfurt: Sunrkamp,1981),第 453 页:"Das Projekt der Moderne,das im 18. Jahrhundert von den Philosophen der Aufklärung formuliert worden ist, besteht nun darin, die objektivierende Wissenschaften, die universalistischen Grundlagen der Moral und Recht und die autonome Kunst unbeirrt in ihrem jeweiligen Eigensinn zu entwickeln, aber gleichzeitig auch die kognitiven Potentiale, die sich so ansammeln, aus ihren esoterischen Hochformen zu entbinden und für die Praxis, d. h. für eine vernünftige Gestaltung der Lebensverhaltnisse zu nützen."

9. 英语翻译引自卡林耐斯库的《现代性的五副面孔》,第 48 页。法语原文是:"La modernité,c'est le transitoire, le fugitif, le contingent, la moitié de l'art, dont l'autre moitié est l'éternel et l'immuable"(Charles Baudelaire, *Oeuvres complètes* [Paris:Seuil, n.d.], p. 553).

10. 鲍德里亚,"现代性"(Modernité),收录于《现代性或时代精神》(*La modernité ou l'esprit du temps*),巴黎双年展建筑部,1982 年(Paris:L' Equerre, 1982),第 28 页:"un mode de civilisation caractéristique qui s' oppose au mode de la tradition."

11. 同上,第 29 页:"La modernité va susciter à tous les niveaux une esthétique de rupture, de créativité individulle, d'innovation partout marquée par le phénomène sociologique de l'avant-garde... et par la destruction toujours plus poussée des formes traditionelles... En se radicalisant ainsi dans un changement à vue, dans un travelling continuel, la modernité change de sens. Elle perd peu à peu toute valeur substantielle, tout idéologie morale et philosophique de progrès que la sous-tendait au détpart, pour devenir une esthétttique de changement pour le changement...A la limite, elle rejoint ici purement et simplement la mode, qui est en mème temps la fin de la modernitétt."

12. Bart verschaffel, "Post-moderniteit," in Verschaffel, *De glans der dingen*(Mechelen:Vlees en Beton, 1989), pp. 43 - 60; J. F. Lyotard, "Rewriting Modernity," in Lyotard, *The inhuman : Reflections on Time*

(Cambridge：Polity Press，1991)，pp. 24 – 35("Réécrire la modernité," in Lyotard，*L'inhumain*. *Causeries sur le temps* [Paris：Galilée，1988]，pp. 33 – 44)；J. F. Lyotard，"Note on the Meaning of 'Post-,'" in Lyotard，*The Postmodern Explained*：*Correspondence* 1982 – 1985(Minneapolis：University of Minnesota Press，1992)，pp. 75 – 80("Note sur les sens de 'post-,'" in Lyotard，*Le postmoderne expliqué aux enfants*. *Correspondance* 1982 – 1985 [Paris：Galilée，1986]，pp. 117 – 126).

13. 我引用了马歇尔·伯曼(Marshall Berman)评论夏尔·波德莱尔(Charles Baudelaire)作品时使用的这对概念。Berman，*All That Is Solid Melts into Air*，pp. 134 – 141.

14. Le Corbusier，*Towards a New Architecture*(London：Architectural Press，1976)，p. 82. 翻译自 *Vers Une architecture*，1923。

15. "Situationists：International Manifesto"(1960)，in Ulrich conrads，ed.，*Programs and Manifestoes on* 20*th Century Architecture*(Cambridge：MIT Press，1990)，p. 172.

16. Berman，*All That Is Solid Melts into Air*，p. 15.

17. Peter L. Berger，Brigitte Berger，and Hansfried Kellner，*The Homeless Mind*：*Modernization and Consciousness*(New York：Vintage Books，1974).

18. 同上，第 184 页。

19. 马丁·海德格尔，"筑，居，思"(Building，Dwelling，Thinking)，收录于海德格尔的《诗歌、语言、思想》(*Poetry*，*Language*，*Thought*)(New York：Haper and Row，1971)，第 143 – 162 页；翻译自 "Bauen Wohnen Denken"，收录于海德格尔的《演讲和论文集》(*Vorträge und Aufsätze*)(Pfullingen：Neske，1954)，第 145 – 162 页。达姆施特研讨会的记录最近已经出版，题为《人与空间. 1951 年达姆施特研讨会》(*Mensch und Raum*. *Das Darmstädter Gespräch* 1951)，Bauwelt Fundamente 94(Braunschweig：Vieweg，1991)。

20. 马丁·海德格尔，"艺术作品的起源"(The Origin of the Work of Art)，收录于海德格尔的《诗歌、语言、思想》(*Poetry*，*Language*，*Thought*)，第

15－88 页；德语文本选自马丁·海德格尔的《艺术作品的起源》(*Der Ursprung des Kunstwerkes*)(1960；Stuttgart：Reclam，1978)。

21. Heidegger，"Building, Dwelling, Thinking," p. 160.

22. 同上，第 161 页；德语原文："... wie steht es mit dem Wohnen in unserer bedenklichen Zeit? Man spricht allenthalben und mit Grund von der Wohnungsnot... So hart und bitter, so hemmend und bedrohlich der Mangel an Wohnungen bleibt, die *eigentliche* Not des *Wohnens* bestehlt nicht erst im Fehlen von Wohnungen... Die eigentliche Not des Wohnens beruht darin, dass die Sterblichen das Wesen des Wohnens immer erst wieder suchen, das sie *das Wohnen noch Lernen mussen*."(《演讲和论文集》,第 162 页)。

23. 马丁·海德格尔，"诗意的栖居"(Poetically Man Dwells)，出自海德格尔的《诗歌、语言、思想》，第 227 页；翻译自"... dichterisch wohnet der Mensch...,"出自《演讲和论文集》，第 202 页："Wohnen *wir* dichterisch? Vermutlich wohnen wir durchaus undichterisch."

24. 同上，第 228，229 页；德语原文："Das Dichten is das Grundvermögen des menschlichen Wohnens... Ereignet sich das Dichterische, dann wohnet der Mensch menschlich auf dieser Erde, dann ist, wie Hölderlin in seinem letztem Gedicht sagt, 'das leben des Menschen' ein 'wohnend Leben.'"(《演讲和论文集》,第 203，204 页)。

25. Massimo Cacciari, "Eupalinos or Architecture," Oppositions, no. 21 (1980),p. 112.

26. Theodor W. Adorno, *Minima Moralia：Reflections from Damaged Life* (1951；London：Verso, 1991), pp. 38－39；翻译自 *Minima Moralia. Reflexionen aus dem beschädigten Leben* (1951；Frankfurt：Suhrkamp, 1987), pp. 40－41："Eigentlich kann man überhaupt nicht mehr wohnen... Das Haus ist vergangen."

27. 同上；德语原文："es gehört zur Moral, nicht bei sich selber zu Hause zu sein."德语的含义比翻译所指的更宽泛，因为"bei sich selber"也可以被翻译成"自己一个人"而不只是"在家里"。

28. Christian Norberg-Schulz，*The Concept of Dwelling*（New York：Electa/ Rizzoli，1985），p. 7.

29. 同上，第 30 页。

30. 同上，第 66 页。

31. Cacciari，"Eupalinos or Architecture，" p. 108.

32. 同上，第 115 页。

33. "建筑学中和谐概念的比较"（Contrasting Concepts of Harmony in Ar-chitecture），克里斯多弗·亚历山大与彼得·艾森曼之间的辩论。载于《莲花国际》（*Lotus International*），第 40 期（1983），第 60－68 页。

34. 同上，第 65 页。

35. 参阅克里斯多弗·亚历山大，《建筑的永恒之道》（*The Timeless Way of Building*）（NewYork：Oxford University Press，1979）。也可以参阅乔治·特索（Georges Teyssot）在《莲花国际》杂志上关于上述辩论的介绍。

36. Emmanuel Levinas，"Heidegger，Gagarin and Us"（1961），in Levinas，*Difficult Freedom：Essays on Judaism*（London：Athlone，1990），pp. 231－241.

2　建构现代运动

引言：选自希格弗莱德·吉迪恩（Sigfried Giedion）的《空间、时间与建筑：一种新传统的成长》（*Space，Time and Architecture：The Growth of a New Tradition*）（1941；Cambridge：Harvard University Press，1980），p. vi.

1. 关于"媚俗艺术"（kitsch）的解释，可参见马泰·卡林内斯库的《现代性的五副面孔：现代主义、先锋派、颓废、媚俗艺术、后现代主义》（Durham：Duke University Press，1987），第 223－262 页。

2. 阿道夫·路斯（Aldof Loos），"乡土艺术"（Heimatkunst），选自路斯的文集《尽管如此. 1900－1930》（*Trotzdem. 1900－1930*）（1931；Vienna：Prach-ner，1981），第 122－133 页；也可参见阿道夫·贝内（Adolf Behne）的"Kunst，Handwerk，Technik"，收录于《新展望》（*Die neue Rundschau*），1922 年第 33 期，第 1021－1037 页，译为"艺术、工艺、技术"，收录于弗朗切斯科·达尔科（Francesco Dal Co）的 *Figwres of Architecture and*

Thought：German Architecture Culture 1880－1920(New York：Rizzoli.
1990)，第 324－338 页。

3. 克莱门特・格林伯格(Clement Greenberg)，"先锋派与大众文化"(1939)，
选自格林伯格的《批评文集》(*The Collected Essays and Criticism*)，卷一：感
知与评判 1939－1944(Perceptions and Judgements 1939－1944)(Chica-
go：University of Chicago Press，1986)，第 5－22 页。

4. 先锋派与现代派的区分差不多是最近才出现的。如阿多诺(Adorno)、波
吉奥利(Poggioli)、韦特曼(Weightman)这些作家过去常常将这两个术语
互相替换使用。然而，近几年对先锋派这一术语的定义逐渐严格起来，现
仅用于形容那些最为激进的艺术家分子。可参阅彼得・比尔格(perter
Bürger)《先锋派理论》(*Theory of the Avant-Garde*)(Minneapolis：Univer-
sity of Minnesota Press，1984)一书中 Jochen Schultesasse 写的"前言：现代
主义理论与先锋派理论的对决"(Foreword：Theory of Modernism versus
Theory of Avant-Garde)；翻译自 *Theorie der Avant-Garde*(Frankfurt：Su-
hrkamp，1974)，pp. vii－xlvii.

5. Renato Poggioli，*The Theory of the Avant-garde*(Cambridge：Harvard
University Press，1982)；翻译自 *Teoria dell' arte d' avanguardia*(Bolo-
gna：II Mulino，1962).

6. Calinescu，*Five Faces of Modernity*，p. 124.

7. 彼得・比尔格将他对先锋派理论的解释置于历史演进的脉络之中。他认
为，西方社会的艺术史发展所呈现出的特点是艺术的自主性不断增强，整
体上成为一种社会体制或系统。这一自主性随着 19 世纪美学主义的到
来，即，为艺术而艺术(L'art pour L'art)的思想趋势，而达到顶峰。艺术
家们再也不把自己当成是为统治者服务的艺匠，或是更高的理想，如宗教
的诠释者。从现在开始，艺术忠于自己，只回应艺术本身。比尔格认为，先
锋派就是对这种思想的不同回应。艺术成为一种自主性体系，从而，也使
它变得与社会隔离：退入一个只属于它自己的世界——有自己的价值体系
与传播方式——它已经丧失了与社会事件的一切联系，同时也失去了它的
影响力。先锋派正是想打破这一禁锢，冲破历史的束缚，使其从深陷的体
制框架当中挣脱出来。

8. Bürger, *Theory of the Avant-Garde*, p. 49 ;德语原文:"Die Avantgardisten intendieren also eine Aufhebung der Kunst—Aufhebung im Hegelschen Sinn des Wortes:Die Kunst soll nich einfach zerstört, sondern in Lebenspraxis überführt werden, wo sie, wenngleich in verwandelter Gestalt,aufbewahrt wäre... Was sie ... unterscheidet, ist der Versuch von der Kunst aus eine *neue* Lebenspraxis zu organisieren." (*Theorie der Avantgarde* , p. 67.)

9. Miriam Gusevich, "Purity and Transgression:Reflection on the Architectural Avantgarde's Rejection of Kitsch," *Discourse* 10, no. 1(Fall-Winter 1987 – 1988), pp. 90 – 115.

10. 这一用于指代现代建筑的术语,在不同的语言里表达不同的意义;但所有这些不同的含义都指向这个概念。荷兰语的新建筑(Dutch Nieuwe Bouwen)与德语的新建筑(German Neues Bauen)都明确地回避采用 Architecture 这一术语(两种语言中都有这一单词);也就是说,"建筑"这一术语不仅表达建筑物(buildings),还应该包含建造与栖居的整个范畴。但在法语的"现代建筑"(architecture moderne)以及英语的"现代建筑"(modern architecture)的表达中,并没有如此宽泛的内涵意义。为了能够达到在德语以及荷兰语当中所表达出来的这种更加广义的思想,我更偏向于使用"新建筑"(New Building)一词。

11. Michael Müller,"Architektur als ästhetische Form oder ästhetische Form als lebenspraktische Architektur?" in Müller, *Architektur und Avantgarde. Ein vergessenes Projekt der Moderne?* (Frankfurt:Suhrkamp, 1984), pp. 33 – 92.

12. Charles Jencks, *Modern Movements in Architecture* (Harmondsworth:Pelican, 1973); Giorgio Ciucci, "The Invention of the Modern Movement," *Oppositions*, no. 24(1981), pp. 69 – 91.

13. K. Michael Hays, *Modernism and the Posthumanist Subject:The Architecture of Hannes Meyer and Ludwig Hilberseimer* (Cambridge:MIT Press, 1992).

14. 关于吉迪恩的生平可详见 Sokratis Georgiadis, *Sigfried Giedion:An In-*

tellectual Biography(Edinburgh：Edinburgh University Press，1994)，翻译
自 *Sigfried Giedion*，*eine intellektuele Biographie*（Zurich：Ammann，
1989）.

15. "Sigfried Giedion，eine autobiographische Skizze," in Giedion，*Wege in die Öffentlichkeit*，*Aufsätze und unveröffentliche Schriften aus den Jahren* 1926 – 1956(Zurich：Ammann，1987)，p. 9.

16. Manfredo Tafuri，*Theories and History of Architecture*(London：Granada，1980)，pp. 141 – 170.

17. Sigfried Giediont，*Building in France*，*Building in Iron*，*Building in Ferroconcrete*，J. Duncan Berry 翻译，Sokratis Georgiadis 写序（Santa Monica：Getty Center for the History of Art and the Humanities，1995)，p.87；翻译自 *Bauen in Frankreich*，*Bauen in Eisen*，*Bauen in Eisenbeton*（Leipzig：Klinkhardt & Biermann，1928），p. 3："Was an der Architektur dieses Zeitraumes unverwelkt bleibt，sind vorab jene seltenen Stellen，an denen die Konstruktion durchbricht.—Die durchaus auf Zeitlichkeit，Dienst，Veränderung，gestellte Konstruktion folgt als einziger Teil im Gebiet des Bauens einer unbeirrbaren Entwicklung. Die Konstruktion hat im 19. Jahrhundert die Rolle des Unterbewusstseins. Nach aussen führt es，auftrumpfend，das alte Pathos weiter；unterirdisch，hinter Fassaden verborgen，bildet sich die Basis unseres ganzen heutigen Seins."

18. Giedion，*Bauen in Frankreich*，pp. 39 ff；Giedion，*Space*，*Time and Architecture*，pp. 281 ff.

19. Giedion，*Bauen in Frankreich*，p. 6；Giedion，*Space*，*Time and Architecture*，pp. 288 – 289.

20. Giedion，*Building in France*，p. 91；德语原文："In den luftumspülten Stiegen des Eiffelturms，besser noch in den Stahlschenkeln eines Pont Transbordeur，stösst man auf das ästhetische Grunderlebnis des heutigen Bauens：Durch das dünne Eissennetz，das in dem Luftraum gespannt bleibt，strömen die Dinge，Schiffe，Meer，Häuser，Maste，Landschaft，

Hafen. Verlieren ihre abgegrenzte Gestalt; kreisen im Abwärtsschreiten ineinander, vermischen sich simultan."(*Bauen in Frankreich*, pp. 7 - 8.)

21. 在《空间、时间与建筑》一书中,吉迪恩对渗透这一概念做出了更加详尽地解释,书中还收录了水晶宫(图 148)和德劳内的埃菲尔铁塔(1909 - 1919)(图 173)等图片。由水晶宫引发的一系列讨论可参见 Marshall Berman, *All That Is Solid Melts into Air; The Experience of Modernity* (London; Verso, 1985), pp. 235 - 248.

22. Giedion, *Bauen in Frankreich*, p. 61.

23. 同上,第 94 - 95 页。

24. 吉迪恩对马莱·史提文斯(Mallet-Stevens)拍摄的一张住宅照片的评论,可以证实空间渗透(Durchdringung)在他理论中的核心地位。他认为,即使建筑师在设计中采用了新建筑的外表特征(如,没有任何装饰的立面、平屋顶及悬臂梁),却未能通过空间渗透,成功地传达形式和传统的典型特征;"住宅的传统体块感并没有消除。各种体块……相互碰撞,毫无渗透。"《法国建筑》,第 192 页;德语原文:"Die angestammte Massivität des Hauses ist nicht überwunden. Die verscheidenen Körper... stossen aneinander, ohne sich zu durchdringen." (*Bauen in Frankreich*, p. 108.)

25. Lászió Moholy-Nagy, *Von Material bis Architektur* (1929; Berlin; Kupferberg, 1968), p. 236; "aus zwei übereinanderkopierten fotos (negativ) entsteht die illusion räumlicher durchdringung, wie die nächste generation sie erst—als glasarchitektur—in der wirklichkeit vielleicht erleben wird."

26. 关于这一话题,更广泛的讨论可参阅; Walter Prigge, "Durchdringung," in Volker Fischer and Rosemarie Höpfner, eds., *Ernst May und Das Neue Frankfurt* 1925 - 1930(Frankfurt; Deutsches Architektur Museum, 1986), pp. 65 - 71.

27. Giedion, *Building in France*, p. 90; 德语原文:"Es scheint uns fraglich, ob der beschränkte Begriff "Architektur" überhaupt bestehen bleiben wird. Wo beginnt sie, wo endet sie? Die Gebiete durchdringen sich. Die

Wände umstehen nicht mehr starr die Strasse. Die Strasse wird in einem Bewegungsstrom umgewandelt. Gleise und Zug bilden mit dem Bahnhof eine einzige Grösse. "(*Bauen in Frankreich*, p. 6.)

28. 索克拉蒂斯·乔治亚迪斯(Sokratis Georgiadis)在《法国建筑》的引言(49 及以下诸页)中,对这一话题的讨论做过评述。

29. Georgiadis, *Sigfried Giedion, eine intellektuele Biographie*, p. 57. "设计 (Gestaltung)"至关重要这一观点并不是最近才有。早在 1925 年,阿多 夫·贝内(Adolf Behne)出版过一本名为《从艺术到设计》(*Vom Kunst zur Gestaltung*)(Arbeiterjugend Verlag, Berlin)的书,介绍现代绘画。他 也认为,与社会建立更加广泛的联系是艺术的核心价值。他在书的结尾 写到(第 86 页):"Die alte Kunst trennte, die neue Gestaltung verbindet. Die Grenze des Rahmens wurde gesprengt, die ästhetische Isolation durchbrochen. Der Wille zur Gestaltung nimmt nun alle Kräfte in sich auf. Er verbindet sich mit der Maschine, mit der Technik, nicht um ih- nen dienstbar zu werden. Nein, um auch sie als Mittel für sein Ziel zu verwenden: die Ordnung unserer Welt als ein Gemeinschaft aller in Freiheit Arbeitenden. "("旧的艺术习惯割裂;而新的设计旨在联合。条 条框框的边界瓦解了,美学的孤岛被冲破了。设计的雄心囊括一切力量, 为之所用。它与机器,与技术联合起来,但决非服务于它们,不,而是通过 它们实现自己的目标:建立我们共同的自由世界的秩序。")

30. 吉迪恩无疑对住宅的那些新的实用性想法有所保留。例如,他曾写到: "人们并不完全希望将从未经历过的生活方式带回家中。但是新建筑的 设计却播下了这样的种子:一个偌大的不可分割的空间,在这里,有的只 是相互联系和渗透,而不是设定边界。" *Building in France*, pp. 91 - 93; 德语原文:"Man wird diese absolute Erlebnis, das keine Zeit vorher gek- annt hat, nicht auf Häuser übertragen wollen. Keimhaft aber liegt in jeder Gestaltung des neuen Bauens: Es gibt nur einen grossen, unteilba- ren Raum, in dem Beziehungen und Durchdringungen herrschen, an Stelle von Abgrenzungen. "(*Bauen in Frankreich*, p. 8.)

31. Sigfried Giedion, *Befreites Wohnen* (1929; Frankfurt: Syndikat, 1985),

p. 8："Das Haus ist ein Gebrauchswert. Es soll in absehbare Zeit abge-
schrieben und amortisiert werden."

32. Giedion, *Befreites Wohnen*, p. 8："Wir brauchen heute ein Haus, das
sich in seiner ganzen Struktur im Gleichklang mit einem durch Sport,
Gymnastik, sinngemässe Lebensweise befreiten Körpergefühl befindet:
leicht, lichtdurchlassend, beweglich. Es ist nur eine selbstverständliche
Folge, dass dieses geöffnete Haus auch eine Widerspiegelung des heuti-
gen seelischen Zustandes bedeutet:Es gibt keine isolierten Angelegenhe-
iten mehr. Die Dinge durchdringen sich."

33. Antonio Sant' Elia and Filippo Tommaso Marinetti, "Futurist Architec-
ture"(1914),in Ulrich Conrads, ed., *Programs and Manifestoes on* 20*th*
Century Architecture(Cambridge:MIT Press, 1990), pp. 34 – 38.

34. Giedion, *Building in France*, p. 92；德语原文："Die verschiedenen
Niveaudifferenzen der Verkehrswege, das nur durch Notwendigkeit
bestimmte Nebeneinander der Objeckte, enthält doch-gleichsam unbe-
wusst und im Rohstoff-Möglichkeiten, wie wir später unsere Städte of-
fen und ohne Zwang starren Niveaubeibehaltung gestalten werden."
(*Bauen in Frankreich*, p. 8.)

35. 比尔格认为艺术先锋派作品的特点可以概括为对"蒙太奇"的原理的依
赖。他认为,在传统的美学观念中,创作艺术品被视为建构有机统一体：
不论是作品整体还是局部,都必须基于平衡和谐的原则,并表现出一种不
言自明的互相关联性。先锋派作品的另一特征即是无机的(nonorgan-
ic):它的确表现出一种整体性,但这一整体性并未自明地呈现出来。由
于先锋派作品是建构于蒙太奇的碎片基础之上,自身仍包含了许多的差
异与不协调:元素之间从一种脉络的整体性之中分离开来,然后以一种全
新的关联性组织在了一起。立体画派的代表人物毕加索(Picasso)与布拉
克(Braque)的作品,以及约翰·哈特费尔德(John Heartfield)的蒙太奇
照片都是这一类型的典型案例。文学领域的这一发展,可以参阅路易
斯·阿拉根(Louis Aragon)的《巴黎农民》(*Le paysan de Paris*)与安德·
布雷顿(André Breton)的《纳吉阿》(*Nadja*)。

36. Giedion, *Space, Time and Architecture*, p. vi. 我引用了该书第五版 (1967)的"第九印象"(the ninth impression)(1980)。该书经历过数次修订；每次在内容以及素材上都有扩充。尽管如此，本书的结构以及其字里行间论述的观点仍然如一。为便于对照阅读，此处我也引用了荷兰语译文："Ruimte, tijd en bouwkunst"(Amsterdam: Wereldbibliotheek, 1954)。后者基于该书第一版。

37. 吉迪恩不是第一位，也不是唯一一位对此类关联性产生浓厚兴趣的学者。对这一课题的详细研究可参见：Linda Dairymple-Henderson, *The Fourth Dimension and Non-Euclidean Geometry in Modern Art*(Princeton: Princeton University Press, 1983)。

38. Giedion, *Space, Time and Architecture*, p. 14.

39. 同上，第 13 页。

40. 同上，第 495 – 496 页。吉迪恩这一最为著名的类比论遭到后人猛烈的抨击与批评。比如柯林·罗(Colin Rowe)与罗伯特·斯卢茨基(Robert Slutzky)通过对不同的"透明性"模式的分析，衍生出一套对吉迪恩时空观言论的批评论。详见：Colin Rowe and Robert Slutzky, "Transparency: Literal and Phenomental," in Colin Rowe, *The Mathematics of the Ideal Villa and Other Essays*(Cambridge: MIT Press, 1976), pp. 159 – 183.

41. 关于密斯的内容增补于 1954 年第三版的《空间、时间与建筑》中；关于阿尔托的内容增补于 1949 年的第二版；关于伍重(Utzon)的部分增补于 1967 年第五版。

42. Giedion, *Space, Time and Architecture*, pp. 496 – 497.

43. 同上，第 880 页。

44. Giedion, *Building in France*, pp. 190 – 191: "这是历史上第一次，要求最低的下层阶级，而非要求最高的上层阶级，成为风格创造的关键因素。"德语原文："Zum erstenmal in der Geschichte wirkt nicht die Schicht mit den grössten Ansprüchen, sondern die Schicht mit den geringsten Ansprüchen als stilbildender Faktor."(*Bauen in Frankreich*, p. 107.)

45. 哈罗德·罗森堡(Harold Rosenberg)在描述现代艺术时创造了"新事物的传统"这一表达方式。可参阅马泰·卡林内斯库的《现代性的五副面孔》,第 225 页。

46. Giedion, *Space*, *Time and Architecture*, pp. xxxii – xxxiii.

47. 我们在吉迪恩的《格罗皮乌斯:作品及合作作品》(*Gropius*:*Work and Teamwork*)(New York:Reinhold,1954)第 36 页中,可以发现吉迪恩对这些论述的精辟概括(在其后来的著作中也经常回顾):"原因还是在于,思考与感觉之间存在的巨大鸿沟。它影响着社会的各个层面,绝不可小觑。一种是到处受到认可的高度成熟的思考方法(科学),与之相对的,则是另一种在感觉的国度所具有的态度(艺术)。'引导品味'的艺术,正如这个术语所指,已经成为了民众理想世界的一部分,是他们的代表。如此,它继续存活着,给怀旧意向的兴起提供了一丝生机,他们无力的、傲慢的反对着、厌恶着真正的创造性的艺术表现,其原因植根于过去的岁月。"

48. 对于现代建筑的发展,吉迪恩在他 1934 年的一篇文章"生活与建造"(Leben und Bauen)中,描绘了一幅非常具有建设性的蓝图。(重印于 Giedion, *Wege in die Öffentlichkeit*,pp. 118 - 121.)他描述到,"先锋派"只不过是现代运动业已超越的早期阶段。他认为,"新建筑"始于时代背景下对住宅以及新技术的关注(莱特与托尼·嘎涅(Tony Garnier))。第二阶段的标志是与形式相关的语汇的出现,部分是受视觉艺术的影响:勒·柯布西耶、格罗皮乌斯、奥德(Oud)等人都成功地为新思想赋予了合理的形式。在第三阶段,建筑的社会维度成为关注的首要内容,而"美学问题"则被搁置了。马特·斯坦(Mart Stam)和汉斯·舒密特(Hans Schmidt)是该阶段的代表人物。CIAM 在第二第三阶段之间引发了一场对抗,促使建筑走向成熟。而当 1934 年城市规划问题得到关注,则可以认为发展已经进入第四阶段。不同思想之间的辩证联系和不同趋势之间的协调,是吉迪恩关于现代运动的代表性观点,这些观点也是他田园牧歌般的纲领性的典型理论方法。

49. Giedion, *Space*, *Time and Architecture*,pp. 11 - 17,875 - 881. 同时可参阅:Giedion,"Art Means Reality," in Gyorgy Kepes, *Language of Vision* (Chicago:Theobaid,1944), pp. 6 - 7.

50. Giedion, *Building in France*,p. 87;德语原文:"Wir werden in einen Lebensprozess getrieben, der nicht tellbar ist. Wir sehen das Leben immer

mehr als ein bewegliches, aber unteilbares Ganzes... Die Gebiete durchdringen sich, befruchten sich, indem sie sich durchdringen... Wir werten die Gebiete gar nicht untereinander, sie sind uns gleichberechtigte Ausflüsse eines obersten Impulses: LEBEN! Das Leben als Gesamtkomplex zu erfassen, keine Trennungen zuzulassen, gehört zu den wichtigsten Bemühungen der Zeit." (*Bauen in Frankreich*, p. 3.)

51. Giedion, *Space, Time and Architecture*, p. 880.

52. 根据梅自己所提供的信息(*Das Neue Frankfurt* 1/1930),这一数据通常在 15,000。然而这一数据也有可能并不完全精确。可参阅 D. W. Dreysse, *May-Siedlungen. Architekturführer durch acht Siedlungen des neuen Frankfurts* 1926 – 1930(Frankfurt: Fricks, 1987), p. 5.

53. 这本杂志的副标题多年来有所不同:"大城市设计问题月刊"(Monatsschrift für die Fragen der Grosstadtgestaltung)(1926 – 1927),"现代设计问题月刊"(Monatsschrift für die Probleme moderner Gestaltung)(1928 – 1929),和"文化的新设计问题国际月刊"(Internationale Monatsschrift für die Probleme kultureller Neugestaltung)(1930 – 1931)。

54. Ernst May, "Das Neue Frankfurt"(*Das Neue Frankfurt* 1/1926 – 27), in Heinz Hirdina, ed., *Neues Bauen Neues Gestalten. Das neue Frankfurt/die neue Stadt. Eine Zeitschrift zwischen* 1926 *und* 1933(Berlin: Elefanten Press, 1984), pp. 62 – 70; 也可参阅 Christian Mohr 和 Michael Müller, *Funktionalität und Moderne. Das neue Frankfurt und seine Bauten* 1925 – 1933 (Cologne: Rudolf Müller Verlag, 1984), pp. 14 – 15.

55. Hirdina, ed., *Neues Bauen, Neues Gestalten*, pp. 62 – 64: "Wie drängen Erkenntnisse heutiger Gestaltung gleichsam nach homogener Zusammenfassung!... schon strömen aus hunderten und tausenden von Quellen, Bächlein und Bäche zusammen, um einst einen neuen, in breitem Bette sicher dahinfliessenden Strom geschlossener Kultur zubilden. Überall stossen wir auf das Bestreben zur Ausmerzung des Schwächlichen, Imitatorischen, Scheinhaften, Unwahren, überall be-

merken wir zielbewussten Kampf um Kräftigung, kühne Neugestaltung,
Materialgerechtheit und Wahrheit."

56. 同上,第 68 - 70 页："Menschlicher Wille allein wird nie eine Entwicklung
heraufbeschwören. Zielbewusste Massnahmen können ihr aber diese
Weg ebnen, ihr Tempo beschleunigen. Die... Monatzeitschrift 'Das
Neue Frankfurt' verfolgt diese Ziel. Ausgehend von der städtebaulichen
Gestaltung der Grosstadtorganismus, basierend auf seinen wirtschaftli-
chen Grundlagen, wird sie ihr Arbeitsgebiet aufdehnen auf alle Gebiete,
die für die Formung einer neuen, geschlossenen Grosstadtkultur von Be-
deutung sind."

57. 参阅 Mohr 和 Müller, *Funktionalität und Moderne*, pp. 163 - 204.

58. 参阅 Ernst May, "Mechanisierung der Wohnungsbau" (*Das Neue frank-
furt* 2/1926 - 27), in Hirdina, ed. , *Neues Bauen*, *Neues Gestalten*, pp.
105 - 112; Grethe Lihotzky, "Rationalisierung in Haushalt" (*Das Neue
frankfurt* 5/1926 - 27), 同前, pp. 179 - 183; Mart Stam, "Das Mass, das
richtige Mass, das Minimummass" (*Das Neue frankfurt* 2/1929), 同前,
pp. 215 - 216; Ernst May, "Die Wohnung für das Existenzminimum"
(1929), in Martin Steinmann, ed. , *CIMA*. *Dokumente* 1928 - 1939 (Ba-
sel: Birkhäuser, 1979), pp. 6 - 12; Ferdinand Kramer, "*Die Form*."
Stimme des Deutschen Werkbundes 1925 - 1934 (Gütersloh: Bertelsmann,
1969), pp. 148 - 151.

59. Franz Schuster (*Das Neue Frankfurt* 5/1926 - 27), in Hirdina. ed. ,
Neues Bauen, *Neues Gestalten*, p. 174: "Angesichts der Errungen-
schaften des XX. Jahrhunderts, die uns täglich umgeben, die unser Leb-
en ganz neu geformt haben und unser Denken und Tun neu bestimmten,
wird es breiten Kreise klar, dass auch das Haus in seinem Aufbau und
seiner Konstruktion dieselbe Wandlung durchmachen muss wie etwa die
Postkutsche zur Eisenbahn, Auto und Luftschiff, der Spiegeltelegraf zur
Radio, die alte Handwerkstatt zur Fabrik und das ganze Arbeits-und
Wirtschaftsleben vergangener Zeiten zu dem unseres Jahrhunderts."

60. Marcel Breuer, "metallmöbel und moderne räumlichkeit" (*Das Neue Frankfurt* 1/1928), in Hirdina, ed. , *Neues Bauen* , *Neues Gestalten* , p. 210 : "da die aussenwelt heute mit den intensivsten und verschiedensten ausdrücken auf uns wirkt, verändern wir unsere lebensformen in rascherer folge, als in früheren Zeiten. Es ist nur selbstverständlich dass auch unsere Umgebung entsprechende Veränderungen unterliegen muss. Wir kommen also zu einrichtungen, zu räumen, zu bauten, welche in möglichst allen ihren teilen veränderlich, beweglich und verschieden kombinierbar sind. "

61. 凯塞勒伯爵(Count Kessler)对罗姆斯塔特住区(Römerstadt)的评论就是这样一种有关"新文化"观念的观点。凯塞勒伯爵是一位拥护艺术与建筑的现代主义运动的德国外交官:"对生活新的感知的另一种表现就是新建筑与新的居家生活方式……新建筑只不过是一种活力的外显,同样也是这种活力驱使年轻人热衷于运动和裸体……我们无法真正理解德国建筑,除非把它可视为"崭新世界观"的一部分。"In C. Kessler, ed. , *The Diaries of a Cosmopolitan : Count Harry Kessler* 1918 – 37 (London, 1971), p. 390,引自 Nicholas Bullock, "Housing in Frankfurt 1925 to 1931 and the 'neue Wohnkultur,'" *Architectural Review* 163, no. 976 (June 1978), p. 335.

62. Stam, "Das Mass, das richtige Mass, das Minimum-Mass," in Hirdina, ed. , *Neues Bauen* , *Neues Gestalten* , pp. 215 – 216 : "Die richtigen Masse sind diejenigen, die unseren Ansprüchen genügen, die ohne jede repräsentative Absicht den Bedürfnissen entsprechen, die nicht mehr scheinen wollen als sie sind. Die richtigen Masse sind die Masse, die mit einem Minimum an Aufwand genügen. Jedes Mehr wäre Ballast... So ist der Kampf der modernen Architektur ein Kampf gegen die Repräsentation, gegen das Übermass und für das Menschenmass. "

63. 见 Giulio Carlo Argan, *Gropius und das Bauhaus*(1962;Braunschweig: Vieweg,1983),pp. 54 – 55. 尽管如此,阿尔甘仍极端地将格罗皮厄斯发展的保障最低生活权利的住宅项目排除在美学范畴之外。在某种程度上说，这一曲解的结论当然也不与《新法兰克福》杂志的完全一致。

64. *Das Neue Frankfurt*，1/1928 和 11/1929.

65. Joseph Grantner，"Die Situation"（*Das Neue Frankfurt* 6/1931），in Hirdina，ed.，*Neues Bauen*，*Neues Gestalten*，pp. 79 – 81.

66. Ernst May，"Die Wohnung für das Existenzminimum"（1929），in Steinmann，ed.，*CIAM*，p. 6："Wir befragen im Geiste das Heer des Entrechteten, die sehnsüchtig einer menschenwürdigen Unterkunft harren. Wären sie damit einverstanden, dass eine geringe Zahl von ihnen grosse Wohnungen bekommt, während die Masse dafür Jahre und Jahrzehnte lang ihre Elend zu tragen verurteilt wird, oder nähmen sie lieber mit einer kleinen Wohnung vorlieb, die trotz räumlicher Beschränkung den Anforderungen genügt, die wir an eine neuzeitliche Wohnung zu stellen haben, wenn dafür in kurzer Zeit das Übel der Wohnungsnot ausgerottet werden kann?"

67. 参阅 Giorgio Grassi，"Das Neue Frankfurt et L'architecture du Nouveau Francfort," in Grassi, *L'architecture comme métier et autres écrits* (Liège：Mardaga，1983)，pp. 89 – 124.

68. 参阅 Ernst May，"Stadsuitbreiding met satellieten," in Henk Engel and Endry van Velzen，eds.，*Architectuur van de stadsrand*. *Frankfurt am Main* 1925 – 1930（Delft：Technische Universiteit Delft，1987），pp. 23 – 31.

69. 居住区（Siedlungen）项目绝不仅限于住宅建设；相关配套设施，如托儿所、学校、邻里中心、商店以及洗衣房等也在规划当中。然而，资金方面的短缺影响了其中不少配套设施的建设。

70. 在梅短暂的在任期间（1925 – 1930），他主要关注的就是住房问题。然而，一旦最急迫的住房短缺问题得以缓解，他也有计划的进行城市基础设施建设。在城市的周边建设居住区，部分也是因为良好的道路与铁路很快能与城市中心相通。

71. Manfredo Tafuri，"Sozialpolitik and the City in Weimar Germany," in Tafuri，*The Sphere and the Labyrinth*（Cambridge：MIT Press，1987），

pp. 197 – 233.

72. 见 Grassi，"Das Neue Frankfurt et L'architecture du Nouveau Francfort"；and Gerhard Fehl，"The Niddatal Project：The Unfinished Satellite Town on the Outskirts of Frankfurt，" *Built Environment* 9，no.3/4(1983)，pp. 185 – 197.

73. 梅曾经在恩温的工作室工作过一段时间，这段经历使他熟悉了恩温的想法，得到具体建设的直接经验。

74. 最初的构想是建一条道路，连接市中心与哈德良大街(见 Dreysse，*May-Sielungen*，p. 14.)。然而，这一点未能如愿。现在的罗姆斯塔特住区被一条宽阔的高速公路割成两部分，与哈德良大街成直角相接。

75. 尽管从功能和场地来看，这个小建筑都不是为此目的而建，但它如今确已成为住区居民的集会场所。参阅 Dreysse，*May-Siedlungen*，p. 21.

76. 参阅 J. Castex，J. C. Depaule 和 P. Panerai，*De rationele stad. Van bouwblok tot wooneenheid*(Nijmegen：SUN，1984)，pp. 147 – 174；G. Uhlig，"Sozialräumliche Konzeption der Frankfurter Siedlungen，" in V. Fischer 和 Rosemarie Höpfner，eds. ，*Ernst May und das Neue Frankfurt* 1925 – 1930(Frankfurt：Deutsches Architektur Museum，1986).

77. 考虑到今后的发展，设计师在低层公寓的平面设计中考虑了将上下两个小公寓单元合并成一个家庭公寓单元的可能性。在 20 世纪 80 年代末，人们热火朝天的进行此类改造。参阅 Dreysse，*May-Siedlungen*，p. 21.

78. 60 年之后，"单调乏味"的问题已然不存在了——居住者为其带来了或多或少的变化，不断扩大的花园与草坪形成更加丰富的小区风景。在魏斯豪森住宅区，小区会组织一系列有趣的活动，因而很少有人会选择搬家。同时德瑞斯(Dreysse)还告诉我们，魏斯豪森住宅区是属于工人阶级的小区(如此低廉的房租可以获得如此品质的居住条件!)，这便是它最具社会意义的地方。这也让它在纳粹时期成为抵抗的中坚。参阅 Dreysse，*May-Siedlungen*，p. 20.

79. 恩斯特·梅："我们努力塑造一个宁静且清晰的街道空间，根据街道的总体效果设计单个的建筑立面。"(Wir bemühen uns，ruhige，klare Strassenräume zu gestalten，die einzelne Fassade der Gesamtwirkung des

Strassenzuges einzuordnen.) *Das Neue Frankfurt*, 5/1926 - 27;重新印刷
于 Hirdina, ed. , *Neues Bauen*, *Neues Gestalten*, p. 123.

80. W. Boesiger and H. Girsberger, eds. , *Le Corbusier* 1910 - 1965(Zur-
ich:Editions d'architecture, 1967), pp. 44 - 46.

81. 参阅 Christian Mohr, "Das Neue Frankfurt und die Farbe," *Bauwelt*,
no. 28(July 25, 1986), pp. 1059 - 1061.

82. 参阅 Uhlig, "Sozialräumliche Konzeption." 也可参阅卢斯·迪埃尔
(Ruth Diehl)的结论,即:就艺术史范畴来说,梅在法兰克福所取得的成
就可说是:"第二等级的国际风格建筑。"Diehl, "Die Tätigkeit Ernst Mays
in Frankfurt am Main in den Jahren 1925 - 1930 unter besonderer
Berücksichtigung der Siedlungbaus"(dissertation, Goether-Universität,
Frankfurt, 1976), p. 119.

83. 吉迪恩极少讨论梅在法兰克福的项目的任何细节。《解放的居住》(*Bef-
reites Wohnen*)一书中收录了一系列梅在法兰克福的项目的照片,但是在
《时间,空间与建筑》一书中,他却未涉及这一话题,连一张相关照片也
没有。

84. 在吉迪恩的《法兰克福建筑》(*Bauen in Frankreich*)中详细讨论了贝莎住
宅区(Pessac),第 86 - 92 页。

85. 参阅 Joseph Gantner, "Bericht über den II. Internationalen Kongress für
Neues Bauen, Frankfurt-M. , bis 26. Oktober 1929,"in Hirdina, ed. ,
Neues Bauen, *Neues Gestalten*, pp. 90 - 93.

86. Hirdina, ed. , *Neues Bauen*, *Neues Gestalten*, p. 70:"Wenn auch die
Formung der Stadt Frankfurt am Main der Hauptgegenstand unserer Be-
trachtung sein wird, so soll das nicht gleichbedeutend sind mit der
Beschränkung des Mitarbeiterkreises auf unsere Stadt. Wir beabsichtigen
vielmehr, führende Köpfe aus allen Teilen unseres Landes wie des Aus-
landes zu Worte kommen zu lassen, deren Denken und Handeln ver-
wandten Zielen zustrebt. Sie werden unser Schaffen anregen
und ergänzen."

87. *Das Neue Frankfurt* 1/1926 - 27, in Mohr and Müller, *Funktionalität*

und Moderne，p. 15："Wir wollen stolz sein auf die Traditionen unserer herrlichen Stadt am Main，auf ihr Aufblühen durch schwere und frohe Tage. Wir lehnen es aber ab，diese Traditionen dadurch zu ehren，dass wir ihre Schöpfungen kopieren. Wir wollen im Gegenteil uns dadurch ihrer würdig zeigen，dass wir mit festen Füssen in der heutigen Welt stehen und aus den lebendigen Lebensbedingungen unserer Zeit heraus entschlossen Neues gestalten."

88. 参阅迈克·穆勒（Michael Müller）对比尔格的文章"先锋派的理论"（Theory of the Anant-Garde）的解说："Architektur als ästhetische Form oder Form als lebenspraktische Architektur?" in Müller，*Architektur und Avantgarde*，pp. 33－92.

89. 这一术语是借用自格奥尔格·西美尔（Georg Simmel）。西美尔将现代性描述为"客体精神"与个体"主体"意识之间不断加剧的矛盾。"客体精神"——基于一切客观的知识与技能，通过艺术与科学的发展，从语言到法律等各个文化领域皆可获得；而个体，越来越难以融入这种不断兴起的"客体"文化所提供的环境。Simmel，"The Metropolis and Mental Life"（1903），in Richard Sennett，ed.，*Classic Essays on the Culture of Cities*（Englewood Cliffs：Prentice Hall，1969），pp. 47－60. 这篇论文在引言和接下来的第三章当中有所讨论。

90. 在为《新法兰克福》（*Das Neue Frankfurt*）的撰稿中，穆勒（Müller）与莫尔（Mohr）这样阐述他们的基本思想："建立新文化的关键在于，有这样一种希望，能够达到文化世界和物质世界的无阶级差别的融合，随着时间推移，让生活的主体性向生活的客体性越来越靠近。这不仅要求一个西美尔所说的'事物与权力的庞大组织'，也离不开大众及大众文化。如果之前的'都市个体主义'大行其道——在家中、在运动、在办公室，或是在都市的繁忙交通和景象中——形成一种清晰可见的同质性，并将与生活中客体的一面相融合。"*Funktionalität und Moderne*，p. 189："Das Kernstück dieser Kulturgestaltung ist die Hoffnung，dass die von ihr zustande gebrachte klassenlose Gleichzeitigkeit der kulturellen und materiellen Wirklichkeit mit der Zeit die subjektive Seite des Lebens an die

objektive Seite des Lebens heranführen könnte. Diese wäre dann nicht mehr nur von den' ungeheuren Organisationen von Dingen und Mächten' erfüllt, wie Simmel es noch beschrieben hatte, sondern in gleicher Weise von den sich als Masse erfahrenden Menschen und deren Kulturellen Bedürfnisse und Forderungen. Gelänge es dem vormaligen 'Typus der grossstädtischen individualität', in diese überall—ob zuhause, beim Sport, in den Büros, in dem Bewegungsfluss der Stadt und ihren Bildern – sichtbar gestaltete Homogenität einzugehen, so sollte er sich mit der objektiven Seite des Lebens versöhnen können."

91. 参阅 May, "Die Wohnung für das Existenzminimum"(1929), in Mohr and Müller, *Funktionalität und Moderne*, pp. 147 – 148.

92. 可参阅, 如 Karin Wilhelm, "Von der Phantastik zur Phantasie. Ketzerische Gedanken zur 'Funktionalistischen' Architektur," in Jürgen Kleindienst, ed., *Wem gehört die Welt? Kunst und Gesellschaft in der Weimarer Republik* (Berlin: Neue Gesellschaft für Bildende Kunst, 1977), pp. 72 – 86; L. Murard and P. Zylberman, "Ästhetik des Taylorismus. Die rationelle Wohnung in Deutschland(1924 – 1933)," in *Paris-Berlin* 1900 – 1933(Munich: Prestel, 1979), pp. 384 – 391.

93. J. Rodríguez-Lores und G. Uhlig, "Einleitende Bemerkungen zur Problematik der Zeitschrift Das Neue Frankfurt," in Rodríguez-Lores and Uhlig, eds., *Reprint aus: Das Neue Frankfurt / die neue stadt* (1926 – 1934) (Aachen: Lehrstuhl für Planungstheorie der RWTH Aachen, 1977), pp. xi – xliv.

3　镜中映像

引言：瓦尔特·本雅明（Walter Benjamin），"经验与贫乏（Erfahrung und Armut）"，收录于本雅明的《启迪. 文选》（*Illuminationen. Ausgewählte Schriften*）（Frankfurt: Suhrkamp, 1977），第 293 页，原文如下："Ganzliche Illusionlosigkeit über das Zeitalter und dennoch ein rückhaltloses Bekenntnis zu ihm..."

1. Hermann Bahr, "The Modern" (1890), in Francesco Dal Co, *Figures of Architecture and Thought: German Architectural Culture 1880 – 1920* (New York: Rizzoli, 1990), p. 288; 翻译自 "Die Moderne," in Bahr, *Zur Überwindung des Naturalismus. Theoretische Schriften 1887 – 1904* (Stuttgart: Kohlhammer, 1968), p. 35: "Es geht eine wilde Pein durch diese Zeit und der Schmerz ist nicht mehr erträglich. Der Schrei nach dem Heiland ist gemein und Gedreuzigte sind überall. Ist es das grosses Sterben, das über die Welt gekommen? ... Dass aus dem Leide das Heil kommen wird und die Gnade aus der Verzweiflung, dass es tagen wird nach dieser entsetzlichen Finsternis und dass die Kunst einkehren wird bei den Menschen—an dieser Auferstehung, glorreich und selig, das ist der Glaube der Moderne."

2. 同上, 第 290 – 291 页。德语原文: "der Einzug des auswärtigen Lebens in den innern Geist, das ist die neue Kunst... Wir haben kein anderen Gesetz als die Wahrheit, wie jeder sie empfindet... Dieses wird die neue Kunst sein, welches wir so schaffen. Und es wird die neue Religion sein. Denn Kunst, Wissenschaft und Religion sind dasselbe." (*Zur Überwindung des Naturalismus*, pp. 37 – 38.)

3. Bahr, *Secession* (Vienna, 1900), pp. 33 ff., quoted in E. F. Sekler, *Josef Hoffmann* (Vienna: Residenz, 1982). p. 33: "Über dem Thore wäre ein Vers aufgeschrieben: der Vers meines Wesens, und das, was dieser Vers in Worten ist, dasselbe müssten alle Farben und Linien sein, und jeder Stuhl, jede Tapete, jede Lampe wären immer wieder derselbe Vers. In einem solchen Haus würde ich überall meine Seele wie in einem Speigel sehen."

4. Georg Simmel, "The Metropolis and Mental Life" (1903), in Richard Sennett, ed., *Classic Essays on the Culture of Cities* (Engelwood Cliffs: Prentice Hall, 1969), p. 48, translated from Georg Simmel, "Die Grossstadt und das Geistesleben," in Simmel, Brücke und Tür. Essays (Stuttgart: K. F. Koehler, 1957), p. 228: "So schafft der Typus des Grossstädters—

der natürlich von tausend individuellen Modifikationen umspielt ist—sich ein Schutzorgan gegen die Entwurzelung, mit der die Strömungen und Discrepanzen seines äusseren Milieus ihn bedrohen；statt mit dem Gemüte reagiert er auf diese im wesentlichen mit dem Verstande."

5. 齐美尔在文章最后，引述了自己的《货币哲学》(*Philosophie des Geldes*)一书，该书最早出版于 1900 年。

6. Simmel,"The Metropolis and Mental Life," p. 49；德语原文："Denn das Geld fragt nur nach dem, was ihnen allen gemainsam ist, nach dem Tauschwert, der alle Qualität und Eigenart auf die Frage nach dem blossen wieviel nivelliert. Alle Gemütsbeziehungen zwischen Personen gründen sich auf deren Individualität, während die verstandesmässigen mit den Menschen wie mit Zahlen rechnen."(*Brücke und Tür*, p. 229)

7. 关于路斯所处的维也纳世纪之交的文化背景，请参阅 Allan Janik and Stephen Toulmin, *Wittgenstein's Vienna* (New York；Simon and Schuster, 1973)；Carl Schorske, *Fin-de-siècle Vienna*；*Politics and Culture* (London；Weidenfeld and Nicholson, 1979)；Jean Clair, ed., *Vienne 1880-1983. L'apocalypse joyeuse* (Paris；Centre Pompidou, 1986)；Bart Verschaffel, "Het Grote Sterven," in Verschaffei, *De glans der dingen* (Mechelen：Vlees en Beton, 1989), pp. 25-42.

8. 参阅 "Die überflüssigen," in Adolf Loos, *Trotzdem*. 1900-1930 (1931；Vienna；Prachner, 1982), pp. 71-73.

9. Adolf Loos, *Spoken into the Void*；*Collected Essays* 1897-1900 (Cambridge；MIT Press,1982),p. 49；翻译自 *Ins Leere gesprochen*. 1897-1900 (1921；Vienna；Prachner,1981),p.107："Die hebung des wasserverbrauches ist eine der dringendsten kulturaufgaben." 路斯的德语写作在文法上是有错误的：其名词的首字母不大写。当然，也有些编辑不认同他的做法。此处，我遵照了所引用的原文。

10. 1903 年，路斯出版了两期他办的杂志：*Das Andere. Ein blatt zur Einführung abendländischer Kultur in Österreich*.

11. 参阅 J. J. P. Oud,B. Taut, and G. A. Platz in B. Rukschcio, ed.,*Für*

Adolf Loos（Vienna：Löcker，1985）；A. Roth，*Begegnungen mit Pionieren*（Stuttgart：Birkhäuser，1973）.

12. 该文于 1913 年首次发表于法国。1921 年，奥赞方（Ozenfant）和柯布西耶将其重新发表于《新精神》（*L'Esprit Nouveau*）杂志。1929 年法兰克福 CIAM 国际建筑师大会前夕，在费迪南德·克拉默（Ferdinand Kramer）的安排下，该文又刊登在德文报《法兰克福日报》（*Die Frankfurter Zeitung*）上。参阅 Christian Mohr and Michael Müller，*Funktionalistät und Moderne. Das neue Frankfurt und seine Bauten* 1925－1933（Cologne：Rudolf Müller，1984），p. 63.

13. Adolf Loos，"The Poor Little Rich Man," in Loos，*Spoken into the Void*，p. 127；翻译自 "Von einem armen，reichen manne," in Loos，*Ins Leere gesprochen*，p. 203："Er fühlte：Jetzt heisst es lernen，mit seinem eigenen Leichnam herumzugehen. Jawohl! Er ist fertig! Er ist komplett!"

14. Loos，*Spoken into the Void*，pp. 23－24；德语原文："Ich bin gott sei dank noch in keiner stilvollen wohnung aufgewachsen. Damals kennte man das noch nicht. Jetzt ist es leider auch in meine familie anders geworden . Aber damals! Hier der tisch，ein ganz verrücktes krauses möbel，ein ausziehtisch，mit einer fürchterlichen schlosserarbeit. Aber unser tisch，unser tisch! Wisst ihr，was das heisst? Wisst ihr，welche herrlichen Stunden wir da erlebt haben?... Jedes möbel，jedes ding，jeder gegenstand erzählt eine geschichte，die geschichte der familie. Die wohnung war nie fertig，sie entwickelt sich mit uns un wir in ihr."（*Ins Leere gesprochen*，pp. 76－77.）

15. Adolf Loos，"Vernacular Art," in Yehuda Safran and Wilfried Wang，eds.，*The Architecture of Adolf Loos：An Arts Council Exhibition*（London，1987），pp. 110－113；翻译自 Loos，*Trotzdem*，p. 129："Das haus sei nach aussen verschwiegen，im inneren offenbare es seinen ganzen reichtum."

16. Loos，*Spoken into the Void*，p. 67；德语原文："Dieses gesetz lautet also：

Die möglichkeit, das bekleidete material mit der bekleidung verwechseln zu können, soll auf alle fälle ausgeschlossen sein." (*Ins Leere gesprochen* ,p. 142.)

17 . Adolf Loos, *Die Potemkinsche Stadt* (Vienna：Prachner, 1983), p. 206： "Der moderne intelligente mensch muss für die menschen eine maske haben. Diese maske ist die bestimmte, allen menschen gemeinsame form der kleider. Individuelle kleider haben nur geistig beschränkte. Diese haben das bedürfnis, in alle weit hinauszuschreien, was sie sind und wie sie eigentlich sind."（面对民众，有才智的现代人必定戴着面具。这副面具是明确的，其样式对所有人都普遍适用。而只有精神受到压抑的人才会选择特殊的穿戴，因为他们需要对世界叫嚣：他们是谁，他们到底是怎样的。)

18. Adolf Loos, "Architecture," in Safran and Wang, eds. , *The Architecture of Adolf Loos* ,p. 104；翻译自 Loos, *Trotzdem* , p. 91："jene ausgeglichenheit des inneren und äusseren menschen, die allein ein vernünftiges denken und handeln verbürgt."

19. Adolf Loos, "Cultural Degeneration," in Safran and Wang, eds. , *The Architecture of Adolf Loos* , pp. 98 – 99；翻译自 Loos, *Trotzdem* , p. 75.

20. Loos, *Trotzdem* , p.75："Den stil unserer zeit haben wir ja. Wir haben ihn überall dort, wo der künstler, also das mitglied jenes bundes bisher seine nase noch nicht hineingesteckt hat."

21. Adolf Loos, "Ornament and Crime," in Safran and Wang, eds. , *The Architecture of Adolf Loos* , p. 100；翻译自 Trotzdem, p. 79："Evolution der kultur ist gleichbedeutend mit dem entfernen des ornaments aus den gebrauchgegenstande."

22. Loos, *Trotzdem* , p. 86.

23. 同上，第 23, 56 页。

24. Loos, *Die Potemkinsche Stadt* , p. 213："Was ich vom Architekten will, ist nur eines：dass er in seinem Bau Anstand zeige."关于得体性的讨论，也可参阅 Miriam Gusevich, "Decoration and Decorum：Adolf Loos's

Critique of Kitsch," *New German Critique*, no. 43(Winter 1988), pp. 97-124.

25. Loos,*Trotzdem*, p. 99.

26. 对该主题的讨论请参阅 Loos,*Trotzdem*,pp. 122-130. 英语翻译为："Vernacular Art", in Safran and Wang, eds., *The Architecture of Adolf Loos*, pp. 110-113.

27. Loos, "Architecture",p. 108. 德语原文："Das haus hat allen zu gefallen. Zum unterschiede vom kunst werk,das niemandem zu gefallen hat. Das kunstwerk ist eine privatangelegenheit des künstlers. Das haus ist es nicht. Das kunstwerk wird in die weit gesetzt, ohne dass ein bedürfnis dafür vorhanden wäre. Das haus deckt ein bedürfnis. Das kunstwerk ist niemandem verantwortlich, das haus einem jeden. Das kunstwerk will die menschen aus ihrer bequemlichkeit reissen. Das haus hat der bequemlichkeit zu dienen. Das kunstwerk ist revolutionär, das haus konservativ. Das kunstwerk weist der menschheit neue wege und denkt an die zukunft. Das haus denkt an der gegenwart. Der mensch liebt alles, was seiner bequemlichkeit dient. Er hasst alles, was ihn aus seiner gewonnen und gesicherten position reissen will und belästigt. Und so liebt er das haus und hasst die kunst. *So hätte also das haus nichts mit kunst zu tun und wäre die architektur nicht unter die kunste einzureihen? Es ist so.* Nur ein ganz kleiner teil der architektur gehört der kunst an：das grabmal und das denkmal. Alles andere, was einem zweck dient, ist aus dem reiche der kunst auszuschliessen."(*Trotzdem*, p. 101.)

28. 在萨夫兰(Safran)和王(Wang)编的《阿道夫·路斯的建筑》(*The Architecture of Adolf Loos*)第 42 页中,引用了卡尔·克劳斯的名言:"阿道夫·路斯和我,他写我说,我们没做什么更进一步的事情,不过是阐明了骨灰盒和夜壶之间有所区别。正是在这种差异之中,文化才有了回旋的空间。而其他人,那些乐观的人们,却分为两类,一类把骨灰盒当做夜壶来用,另一类则把夜壶当做骨灰盒来用。"德语原文出自鲁克屈奇奥(Rukschcio)编著的《致阿道夫·路斯》(*Für Adolf Loos*),第 27 页:"Ad-

354　建筑与现代性:批判

olf Loos und ich,er wörtlich,ich sprachlich, haben nichts weiter getan als gezeigt, dass zwischen einer Urne und einem Nachttopf ein Unterschied ist und dass in diesem Unterschied erst die Kultur Speilraum hat. Die andern aber, die Positiven, teilen sich in solche, die den Urne als Nachttopf, und die den Nachttopf als Urne gebrauchen. "

29. 关于路斯作品更详细的讨论,参阅 Benedetto Gravagnuolo, *Adolf Loos*: *Theory and Works*(Milan: Idea Books, 1982); B. Rukschcio and R. Schachel, *Adolf Loos*. *Leben und Werk*(Salzburg: Residenz, 1982).

30. Francesco Dal Co,"Notities over de fenomenologie van de grens in de architectuur," in *Oase*, no. 16(1987),pp. 24 – 30. 也可参阅 Massimo Cacciari, *Architecture and Nihilism*: *On the Philosophy of Modern Architecture* 中关于路斯的章节,trans. Stephen Sartarelli(New Haven: Yale University Press, 1993).

31. Loos, *Trotzdem*, pp. 214 – 215.

32. Arnold Schoenberg in Rukschcio, ed. , *Für Adolf Loos*, pp. 59 – 60: "Wenn ich einem Bauwerk von Adolf Loos gegenüberstehe... sehe ich... unzusammengesetzte, unmittelbare, *dreidimensionale* Konzeption, der volkommen zu folgen vielleicht nur vermag, wer gleichartig begabt ist. Hier ist im Raum gedacht, erfunden, komponiert, gestaltet... unmittelbar, so als ob alle Körper durchsichtig wären; so, wie das geistige Auge den Raum in allen seinen Teilen und gleichzeitig als Ganzes vor sich hat. "

33. Beatriz Colomina,"The Split Wall: Domestic Voyeurism," in Colomina, ed. , *Sexuality and Space* (New York: Princeton Architectural Press, 1992),p. 85.

34. 同上,第 74 页。

35. 同上,第 86 页。

36. 详细分析可参阅 Johan van de Beek, "Adolf Loos' Patronen stadswoonhuizen," in Max Risselada,ed. ,*Raumplan versus plan libre*(Delft: Delft University Press, 1987), pp. 25 – 45. English edition: Max Risselada,

ed., *Raumplan versus plan libre: Adolf Loos and Le Corbusier* (New York: Rizzoli, 1988).

37. Loos, *Die Potemkinsche Stadt*, p. 122: "Um beim Haus auf dem Michaelerplatz Geschäftshaus und Wohnhaus zu trennen, wurde die Ausbildung der Fassade differenziert. Mit den beiden Hauptpfeilern und den schmäleren Stützen wollte ich den Rythmus betonen, ohne den es keine Architektur gibt. Die Nichtübereinstimmung der Achsen unterstützt die Trennung. Um dem Bauwerk die schwere Monumentalität zu nehmen und um zu zeigen dass ein Schneider, wenn auch ein vornehmer, sein Geschäft darin aufgeschlagen hat, gab ich den Fenstern die Form englischer Bowwindows, die durch die kleine Scheibenteilung die intime Wirkung im Innern verbürgen."

38. Cacciari, *Architecture and Nihilism*, pp. 179 ff.

39. Loos, *Trotzdem*, p. 43.

40. Theodor W. Adorno, "A l'écart de tous les courants," in Adorno, *Über Walter Benjamin* (Frankfurt: Suhrkamp, 1970), pp. 96 – 99.

41. 本雅明于 1919 年在伯尔尼获得博士学位。为了能在德国大学教书,还必须另外取得在大学授课的资格。

42. 社会研究所(The Institut für Sozialforschung)由霍克海默和阿多诺,还有赫伯特·马尔库塞共同创立。纳粹时期迁至日内瓦,后又迁至纽约,战后又回到法兰克福。对该研究所历史的详细研究,可参阅马丁·杰伊(Martin Jay),《辩证的想象:法兰克福学派和社会研究所的历史,1923 – 1950》,(*The Dialectical Imagination: A History of the Frankfurt School and the Institute of Social Research*, 1923 – 1950)(Boston: Little, Brown, 1973),以及罗尔夫·魏格豪斯(Rolf Wiggershaus),《法兰克福学派:其历史、理论和政治意义》(*The Frankfurt School: Its History, Theories and Political Significance*)(Cambridge: Polity Press, 1995)。

43. 本雅明被誉为左翼激进派作家,其代表作有"作为生产者的作家(Der Antor als Produzent)",收录于本雅明的《反思集》(*Reflections: Essays, Aphorisms, Autobiographical Writings*)(1978; New York: Schocken,

1986)，和"机械复制时代的艺术作品（Das Kunstwerk in Zeitalter seiner technischen Reproduzierbarkeit)"，收录于《启迪：本雅明文选》(*Illuminations：Essays and Reflections*)(1968；New York：Schocken，1969)。

44. 参阅 Reinhard Markner and Thomas Weber, eds. , *Literatur über Walter Benjamin. Kommentierte Bibliographie* 1983 − 1992 (Hamburg：Argument，1993).

45. Lieven de Cauter，*De dwerg in de Schaakautomaat. Benjamins verborgen leer*(Nijmegen：SUN, in press).

46. 参阅迈克・穆勒（Michael Müller)，《建筑与先锋》(*Architektur und Avant-garde. Ein vergessenes Projekt der Moderne*?)(1984；Frankfurt：Athenäum，1987)，特别是其中的文章"建筑，为了'糟糕的新'(Architektur für das 'schlechte Neue')"，第 93 − 148 页。本雅明的作品无疑是威尼斯学派学者们（如塔夫里、达尔科、卡奇亚里）的重要参考书。也可参阅 K.迈克尔・海耶斯（K. Michael Heys)的《现代主义及后人文主义的主体》(*Modernism and the Posthumanist Subject*：The Architecture of Hannes Meyer and Ludwig Hilberseimer)(Cambridge：MIT Press，1992)和贝崔斯・科罗米纳（Beatriz Colomina)的《私密与公共：作为大众传媒的现代建筑》(*Privacy and Publicity*：Modern Architecture as Mass Media)(Cambridge：MIT Press，1994)。

47. 本雅明的三篇文章与此相关：早期作品"语言本论和人类语言（Über Sprache überhaupt und über die Sprache der Menschen)"，写于 1916 年，收录于《反思集》，第 314 − 322 页，和之后的两篇与其内涵一致的短文："相似论（Lehre vom Ähnlichen)"和"论模仿能力（Über das mimetische Vermogen)"，后者已被译为英文"On the Mimetic Faculty"出版。（收录于《反思集》，第 333 − 336 页）。

48. 术语"unsinnlich Ähnlichkeit"有几种译法：苏珊・巴克－摩尔斯（Susan Buck-Morss)在《否定辩证法的起源》(*The Origin of Negative Dialectics*)(Brighton：Harvester，1978)，第 88 页中，将其译为"非具象对应（nonrepresentational correspondence)"；《反思集》英文版的译者，埃德蒙德・杰夫科特（Edmund Jephcott)，将其译为"非感官相似（nonsensuous simi-

larity)"。

49. Cyrille Offermans, *Nacht als trauma*. *Eassys over het werk van Theodor W*. *Adorno*, *Walter Benjamin*, *Herbert Marcuse and Jürgen Habermas* (Amsterdam:De Bezige Bij, 1982), p. 109:"Een tekst is voor Benjamin (en voor Adorno)een soort semantisch krachtveld:er vindt in de woorden een uitwisseling plaats van semantische energie. Bewust taalgebruik... komt neer op het construeren van zo'n krachtveld... Naarmate een tekst nu bewuster geconstrueerd is, en de woorden dus beter gemotiveerd zijn,neemt het arbitraire karakter van de woorden – hun abstracte en toevallige relatie tot de dingen—af. De ervaring van die dingen wordt in de tekst als het ware tastbaar, ofschoon geen enkel *afzonderlijk* woord voor die presentie verantwoordelijk kan gesteld worden."

50. "Die Ähnlichkeit [ist] das Organon der Erfahrung":Walter Benjamin, *Das Passagenwerk*, 2 vols.(Frankfurt:Suhrkamp, 1983), p. 1038.

51. 关于这一主题的精彩讨论,可参阅 John McCole, *Walter Benjamin and the Antinomies of Tradition*(Ithaca:Cornell University Press, 1993), pp. 2 ff.

52. Walter Benjamin, "On Some Motifs in Baudelaire," in *Illuminations*, p. 157;翻译自 Benjamin, *Illuminationen*,p. 186:"In der Tat ist die Erfahrung eine Sache der Tradition im kollektiven wie im privaten Leben. Sie bildet sich weniger aus einzelnen in der Erinnerung streng fixierten Gegebenheiten denn aus gehäuften, oft nicht bewussten Daten, die im Gedächtnis zusammenfliessen."

53. 此处,本雅明所提到的与普鲁斯特《追忆似水年华》(*A la recherché du temps perdu*)中的著名篇章有关。普鲁斯特在其中描述了,马德琳蛋糕的味道和香味是如何突然引发对孔布赖(Combray)的味道和氛围的无意识记忆的。他幼年时曾在这个城市待过一阵,但对其并没有留下什么有意识的记忆。

54. Walter Benjamin, *Gesammelte Schriften*, 12 vols. (Frankfurt:Suhrka-

mp,1980),vol. 3. p. 198.

55. Benjamin, *Illuminations*, p. 221;德语原文: "was im Zeitalter der tech-nischen Reproduzierbarkeit des Kunstwerks verkümmert, das ist sein Aura. Der Vorgang ist symptomatisch; seine Bedeutung weisst über den Bereich der Kunst hinaus. Die Reproduktionstechnik, so liesse sich allgemein formulieren, löst das Reproduzierte aus dem Bereich der Tra-dition ab. Indem sie die Reproduktion vervielfältigt, setzt sie an die Stelle seines einmaligen Vorkommens sein massenweises." (*Illumina-tionen*, p. 141.)

56. 同上,第 222 页。德语原文: "einmalige Erscheinung einer Ferne, so nah sie sein mag" (*Illuminationen*, p. 142.)

57. 这种趋势,从他的文章中可以印证:如,关于鲍德里亚的文章和文章"讲述者(Der Erzähler)"(收录于《启迪》(*Illuminations*),第 83 – 110 页。)

58. Benjamin, " *Erfahrung und Armut*," p. 293: "Ganzliche Illusion-slosigkeit über das Zeitalter und dennoch ein rückhaltloses Bekenntnis zu ihm ist ihr Kennzeichen."

59. Walter Benjamin, "Theses on the Philosophy of History," in *Illumina-tions*, pp. 257 – 258;翻译自 *Illuminationen*, p.255: "Es gibt ein Bild von Klee, das Angelus Novus heisst. Ein Engel ist darauf dargestellt, der aussieht,als wäre er im Begriff, sich von etwas zu entfernen,worauf er starrt. Seine Augen sind aufgerissen,sein Mund steht offen und seine Flügel sind ausgespannt. Der Engel der Geschichte muss so aussehen. Er hat das Antlitz der Vergangenheit zugewendet. Wo eine Kette von Be-gebenheiten vor *uns* erscheint, da sieht *er* eine einzige Katastrophe, die unablässig Trümmer auf Trümmer häuft und sie ihm vor die Füsse schleudert. Er möchte wohl verweilen, die Toten wecken und das Zer-schlagene zusammenfugen. Aber ein Sturm weht vom Paradiese her, der sich in seinen Flügeln verfangen hat und so stark ist, dass der Engel sie nicht mehr schliessen kann. Dieser Sturm treibt ihn unaufhaltsam in der Zukunft, der er den Rücken kehrt, während der Trümmenhaufen vor

ihm zum Himmel wächst. Das, was wir den Fortschritt nennen, ist *dieser* Sturm."

60. 同上,第 257 页;德语原文:"die Geschichte gegen den Strich zu bürsten"（*Illuminationen*, p.254）.

61. 同上,第 262－263 页;德语原文:"Wo das Denken in einer von Spannungen gesättigten Konstellation plötzlich einhält, da erteilt es derselben einen Chock, durch den es sich als Monade kristallisiert. Der historischen Materialist geht an einen geschichtlichen Gegenstand einzig und allein da heran, wo er ihm als Monade entgegentritt. In dieser Struktur erkennt er das Zeichen einer messianischen Stillstellung des Geschehens, anders gesagt, einer revolutionären Chance im Kampfe für die unterdrückte Vergangenheit. Er nimmt sie wahr, um eine bestimmte Epoche aus dem homogenen Verlauf der Geschichte herauszusprengen."（*Illuminationen*, p. 260）.

本雅明所谓的"单子(monad)"源于莱布尼茨(Leibniz)(1646－1716)和他的哲学思想:宇宙由无数被其称为"单子"的能量点组成。每个单子个体本身反映并包含着宇宙;这些单子没有向外的开口,因此,它们相互之间也就没有直接的联系。而对本雅明而言,重要的是:一个单子,虽然是不完整的碎片,却已把整个宇宙包含其中。

62. 同上,第 264 页;德语原文:"Den Juden wurde die Zukunft aber darum doch nicht zur homogenen und leeren Zeit. Denn in ihr war jede Sekunde die kleine Pforte, durch die der Messias treten konnte."（*Illuminationen*,p.261）.

63. De Cauter, *De dwerg in de schaakautomaat*.

64. Benjamin, *Das Passagenwerk*, p. 1002.

65. Richard Sieburth,"Benjamin the Scrivener," in Gary Smith,ed. ,*Benjamin: Philosophy, History, Aesthetics*（Chicago: University of Chicago Press, 1989）, pp. 13－37.

66. Beniamin, *Das Passagenwerk*, p. 1006.

67. 同上,第 1051－1052 页:"Strassen sind die Wohnung des Kollektivs. Das

Kollektivum ist ein ewig waches, ewig bewegtes Wesen, das zwischen Häuserwänden soviel erlebt, ertährt, erkennt und ersinnt wie Individuen im Schutze ihrer vier Wände. Diesem Kollektivum sind die glänzenden emaillierten Firmenschilder so gut und besser ein Wandschmuck wie im Salon dem Bürger ein Ölgenmälde, Mauern mit der 'Défense d'Afficher' sind sein Schreibpult, Zeitungskioske seine Bibliotheken, Briefkästen seine Bronzen, Bänke sein Schlafzimmermobiliar und die Café-Terrasse der Erker, von dem er auf sein Hauswesen heruntersieht. Wo am Gitter Asphaltarbeiter den Rock hängen haben, da ist das Vestibül, und die Torfahrt, die aus der Flucht von Höfen ins Freie leitet, der lange Korridor, der den Bürger schreckt, ihnen der Zugang in die Kammern der Stadt. Von denen war die Passage der Salon. Mehr als an jeder andern Stelle gibt die Strasse sich in ihr als das möblierte, ausgewohnte Interieur der Massen zu erkennen. "

68. Walter Benjamin, "Paris, Capital of the Nineteenth Century," in *Reflections*, p. 151.

69. Benjamin, *Das Passagenwerk*, p. 1045.

70. Benjamin, *Reflections*, p. 153.

71. 同上,第 148 页;德语原文:"In dem Traum, in dem jeder Epoche die ihr folgende in Bildern vor Augen tritt, erscheint die letztere vermählt mit Elementen der Urgeschichte, das heisst einer klassenlose Gesellschaft." (*Das Passagenwerk*, p. 47).

72. "Die rauschhafte Druchdringung van Strasse und Wohnung, die sich im Paris des 19ten Jahrhundert vollzieht – und zumal in der Erfahrung des Flaneurs – hat prophetischen Wert. Denn diese Durchdringung lässt die neue Baukunst nüchterne Wirklichkeit werden." Benjamin, *Das Passagenwerk*, p. 534.

73. Rolf Tiedemann, "Einleitung des Herausgebers," in Benjamin, *Das Passagenwerk*, pp. 9 – 41. English translation: Rolf Tiedemann, "Dialectics at a Standstill: Approaches to the Passagenwerk," in Gary Smith, ed.,

On Walter Benjamin(Cambridge:MIT Press, 1988), pp. 260－291.

74. Benjamin, *Gesammelte Schriften*, vol. 1, p. 1049:"Der Automobilist, der mit seinen Gedanken 'ganz wo anders' z. B. bei seinem schadhaften Motor ist, wird sich an die moderne Form der Garage besser gewöhnen, als der Kunsthistoriker, der sich vor ihr anstrengt, nur ihren Stil zu ergründen."

75. Benjamin, *Illuminations*, p. 240;德语原文:"Die Aufgaben, welche in geschichtlichen Wendezeiten dem menschlichen Wahrnehmungsapparat gestellt werden, sind auf dem Wege der blossen Optik, also der Kontemplation, gar nicht zu lösen. Sie werden allmählich nach Anleitung der taktilen Rezeption, durch Gewöhnung, bewähltigt."(*Illuminationen*, pp. 166－167).

76. Benjamin, *Das Passagenwerk*, p. 292.

77. Walter Benjamin, *Die Ursprung des deutschen Trauerspiels*(1928;Frankfurt:Suhrkamp, 1990);译为 *The Origin of German Tragic Drama*(London:NLB,1977). 参阅 McCole, *Walter Benjamin*, p. 115.

78. 参阅阿西娅·拉齐丝(Asja Lacis)的回忆录,苏珊·巴克－摩尔斯将其引用于《观看的辩证法:本雅明与拱廊计划》(*The Dialectics of Seeing: Walter Benjamin and the Arcades Project*)(Cambridge:MIT Press, 1990),第 15 页。

79. Benjamin, *Die Ursprung des deutschen Trauerspiels*, p. 139. 也可参阅 McCole, *Walter Benjamin*, p. 131.

80. Benjamin, *Die Ursprung des deutschen Trauerspiels*, p. 164.

81. McCole, *Walter Benjamin*, p. 138.

82. Rainer Nägele, *Theater*, *Theory*, *Speculation*: *Walter Benjamin and the Scenes of Modernity*(Baltimore:Johns Hopkins University Press, 1991), p. 93.

83. 同上,第 92 页。

84. Benjamin, *Reflections*, p. 302;德语原文:"Einige überliefern die Dinge, indem sie unantastbar machen und konservieren, andere die Situ-

ationene,indem sie sie handlich machen und liquidieren. Dieser nennt man die Destruktiven."(*Illuminationen*,p. 290).

欧文·沃尔法思(Irving Wohlfarth)在论文"无人之境：论瓦尔特·本雅明之'破坏特性'"中,对该文做出了有趣的评论。欧文的这篇论文收录于安德鲁·本雅明(Andrew Benjamin)和彼得·奥斯本(Peter Osborn)编著的《瓦尔特·本雅明的哲学：破坏与经验》(*Walter Benjamin's Philosophy: Destruction and Experience*)(London:Routledge, 1994),第 155－182 页。

85. Benjamin,*Reflections*,p. 272. 德语原文："Wenn die menschliche Arbeit nur aus der Zerstörung besteht, dann ist es wirklich menschliche natürliche,edle Arbeit"(*Illuminationen*, p. 383);引自 Adolf Loos, *Trotzdem*, p. 184.

86. Benjamin, *Reflections*, pp. 272 － 273;德语原文："Der Durchschnittseuropäer hat sein Leben mit der Technik nicht zu vereinen vermocht, weil er am Fetisch schöpferrischen Daseins festhielt. Man muss schon Loos im Kampf mit dem Drache 'Ornament' verfolgt,muss das stellare Esperanto Scheerbartscher Geschöpfe vernommen oder Klees 'Neuen Engel', welcher die Menschen lieber befreite,indem er ihnen nähme, als beglückte, indem er ihnen gäbe, gesichtet haben, um eine Humanität zu fassen, die sich an der Zerstörung bewährt."(*Illuminationen*, p. 384.)

87. 同上,第 271 页;德语原文："Erst der Verzweifelnde entdeckte im Zitat die Kraft:nicht zu bewahren, sondern zu reinigen, aus dem Zusammenhang zu reissen, zu zerstören; die einzige,in der noch Hoffnung liegt, dass einiges aus diesem Zeitraum überdauert － weil man es nämlich aus ihm herausschlug."(*Illuminationen*, p. 382.)

88. McCole, *Walter Benjamin*, p. 171.

89. Benjamin,*Reflections*, p. 303;德语原文："Der destruktive Charakter ist der Feind des Etui-Menschen. Der Etui-Mensch sucht seine Bequemlichkeit, und das Gehäuse ist ihr Inbegriff. Das innere des Gehäuses ist die

mit Samt ausgeschlagene Spur, die er in die Welt gedrückt hat. Der destruktive Charakter verwischt sogar die Spuren der Zerstörung."(*Illuminationen*, p. 290.)

90. Benjamin, *Das Passagenwerk*, pp. 291 – 292: "Die Urform allen Wohnens ist das Dasein nicht im Haus sondern im Gehäuse. Dieses trägt den Abdruck seines Bewohners. Wohnung wird im extremsten Falle zum Gehäuse. Das neunzehnten Jahrhundert war wie kein ander wohnsüchtig. Es begriff die Wohnung als Futteral des Menschen und bettete ihn mit all seinem Zubehör so tief in sie ein, dass man ans Innere eines Zirkelkastens denken könnte, wo das Instrument mit allen Ersatzteilen in tiefe, meistens violette Sammelhöhlen gebettet, daliegt."

91. 同上,第 53 页;翻译在《反思集》(*Reflections*),第 155 页中。

92. Benjamin, *Reflections*, p. 154;德语原文:"Die Erschütterung des Interieurs vollzieht sich um die Jahrhundertwende im Jugendstil. Allerdings scheint er, seiner Ideologie nach, die Vollendung des Interieurs mit sich zu bringen. Die Verklärung der einsamen Seele erscheint als sein Ziel. Der Individualismus ist seine Theorie. Bei Van de Velde erscheint das Haus als Ausdruck der Persönlichkeit. Das Ornament ist diesem Hause was de Gemälde die Signatur."(*Das Passagenwerk*, p. 52.)

93. Benjamin, *Das Passagenwerk*, p. 684.

94. 同上,第 298 页。

95. 同上,第 282 页。

96. 同上,第 681, 695 页。

97. Benjamin, *Reflections*,p. 155;德语原文:"der Versuch des Individuums, auf Grund seiner Innerlichkeit mit der Technik es aufzunehmen,führt zu seinem Untergang"(*Das Passagenwerk*, p. 53).

98. Benjamin, *Gesammelte Schriften*, vol. 3, p. 310.

99. Benjamin, *Das Passagenwerk*, p. 292: "Das zwanzigste Jahrhundert machte mit seiner Porosität, Transparenz, seinem Freilicht-und Freiluftwesen dem Wohnen im alten Sinne ein ende... Der Jugendstil

erschütterte das Gehäusewesen aufs tiefste. Heut ist es abgestorben und das Wohnen hat sich vermindert:für die Lebendem durch Hotelzimmer, für die Toten durch Krematorien. "

100. Benjamin, *Gesammelte Schriften*, vol. 8, pp. 196 – 197: "Denn in der Signatur dieser Zeitwende steht, dass dem Wohnen im alten Sinne, dem die Geborgenheit an erster Stelle stand, die Stunde geschlagen hat. Giedion, Mendelsohn, Corbusier machen dem Aufenthaltsort vom Menschen vor allem zum Durchgangsraum aller erdenklichen Kräfte und Wellen von Licht und Luft. Was kommt, steht im Zeichen der Transparenz:Nicht nur der Räume, sondern, wenn wir den Russen glauben, die jetzt die Abschaffung des Sonntags zugunsten von beweglichen Feierschichten vorhaben, sogar die Wochen. "

101. Walter Benjamin, "Surrealism," in *Reflections*, p. 180;翻译自 *Gesammelte Schriften*, vol. 2, p. 298: "Im Glashaus zu leben ist eine revolutionäre Tugend par excellence. Auch das ist ein Rausch, ist ein moralischer Exhibitionismus, den wir sehr nötig haben. Die Diskretion in Sachane eigener Existenz ist aus einer aristokratischen Tugen mehr und mehr zu einer Angelegenheit arrivierter Kleinbürger geworden. "

102. Benjamin, *Illuminationen*, p. 294: "in verschiebbaren beweglichen Glashäusern wie Loos und Le Corbusier sie inzwischen aufführten. Glas ist nicht umsonst ein so hartes und glattes Material, an dem sich nichts festsetzt. Auch ein kaltes und nüchternes. Die Dinge aus Glas haben keine 'Aura'. Das Glas ist überhaupt der Feind der Geheimnisses. Es ist auch der Feind des Besitzes. "
在更细致地观察路斯的建筑之后，就会发现，在"可调节的灵活的玻璃房子"这一点上，本雅明把路斯和柯布西耶并置，略显轻率，因为路斯很少因为透明性而使用玻璃，他更倾向于强调玻璃的反射特性。详见该章节前面的探讨。

103. 参阅本雅明,《启迪》(*Illuminationen*),第 360 页;《反思集》(*Reflections*),第 247 页:"我们建造房屋时,逐步发展出玻璃做的围墙,并通过

院子的引入,使客厅不再是简单的客厅。在这样的社会环境中,为确保
私密性,与侵犯家庭与性、经济与物质存在的政治透视去对抗,对抗这种
道德观和社会性——这种想法将是最保守的……"

104. 在 1929 年的一篇评论稿中,他明确提到这本书,并将其描述为"非同寻
常的作品"。本雅明,《作品全集》(*Gesammelte Schriften*),第 8 卷,第
170 页。《拱廊计划》对其有大量的引用和参考。

105. Adolf Behne, *Neues Wohnen – Neues Bauen*(Leipzig: Prometheus-
Bücher, 1927); Le Corbusier, *Urbanisme*(Paris:G. Crès, 1925).

106. 参阅 Hays, *Modernism and the posthumanist Subject*.

107. 参阅 Benjamin, *Berliner Kindheit um* 1900(Frankfrut: Suhrkamp,
1970).

108. Ernst Bloch, *The Principle of Hope*, trans. Neville Plaice, Stephen
Plaice,and Paul Knight(Oxford:Basil Blackwell,1986). p. 6;翻译自
Das Prinzip Hoffnung (Frankfurt:Suhrkamp, 1959), p. 4: "besonders
ausgedehnt ist in diesem Buch der Versuch gemacht, an die Hoffnung,
als eine Weltstelle, die bewohnt ist wie das beste Kulturland und uner-
forscht wie die Antarktis, Philosophie zu bringen."

109. 同上,第 9 页;德语原文:"die noch ungewordene,noch ungelungene He-
imat, wie sie im dialektisch-materialistischen Kampf des Neuen mit
dem Alten sich herausbildet, heraufbildet"(*Das Prinzip Hoffnung*, p.
8).

110. 同上,第 1376 页:"就这样,世上产生了这样东西,它照耀着所有人的童
年,却无法抵达,那就是:故乡。"德语原文:"so entsteht in der Welt et-
was, das allen in die Kindheit scheint und worin noch niemand war:
Heimat"(*Das Prinzip Hoffnung*, p. 1628).

111. 同上,第 15 页;德语原文:"Utopisches auf die Thomas Morus-Weise zu
beschränken oder auch nur schlechthin zu orientieren, das wäre, als
wollte man die Elektrizität auf den Bernstein reduzeiren, von dem sie
ihren griechischen Namen hat und an dem sie zuerst bemerkt worden
ist."(*Das Prinzip Hoffnung*, p. 14.)

112. 参阅"Something's Missing：A Discussion between Ernst Bloch and The-odor W. Adorno on the Contradiction of Utopian Longing,'' in Ernst Bloch, *The Utopian Function of Art and Literature：Selected Essays*, trans. Jack Zipes and Frank Mecklenburg（Cambridge：MIT Press, 1988）,pp. 1-17.

113. Wayne Hudson, *The Marxist Philosophy of Ernst Bloch*（London：Mac-millan, 1982）.

114. Ernst Bloch, *Erbschaft dieser Zeit*, foreword to the first edition（Zur-ich：Oprecht & Helbling, 1935）, pp. 15-20.

115. Bloch, *The Principle of Hope*,p. 744；德语原文："ein Produktionversuch menschlicher Heimat"（*Das Prinzip Hoffnung*, p. 870）.

116. 同上，第 745 页；德语原文："Das Umschliessende gibt Heimat oder berührt sie：sämtliche grossen Bauwerke waren sui generis in die Utopie, die Antizipation eines menschadäquaten Raums hineinge-baut... Die bessere Welt, welche der grosse Baustil ausprägt und antiz-ipierend abbildet, besteht so ganz unmytisch, als reale Aufgabe vivis ex lapidibus, aus den Steinen des Lebens."（*Das Prinzip Hoffnung*, p. 872.）

117. 同上，第 714-721 页。

118. 该段引自 1923 年版布洛赫（Bloch)的《艺术与文学的乌托邦功能》（*The Utopian Function of Art and Literature*),第 79 页；德语原文："Sie ver-stand es,die Maschine,alles so leblos und untermenschlich in einzelnen zu machen, wie es unsere, neuen Viertal im ganzen sind. Ihr eigentli-ches Ziel ist das Badezimmer und Klosett, die fragelosesten und origi-nalsten Leistungen dieser Zeit... Jetzt aber regiert die Abwasch-barkeit, irgendwie fliesst überall das Wasser von den Wanden herab." *Geist der Utopie*, revised version from the 1923 2d ed.（Frankfurt：Su-hrkamp, 1985）, p. 21.

119. Bloch, *The Utopian Function of Art and Literature*, p. 78；德语原文："Zuerst zwar sieht uns fast alles hohl entgegen. Wie könnte das freilich

anders sein, und woher sollte das lebendige, schön geartete Gerät kommen, nachdem niemand mehr das dauernde Wohnen kennt, sein Haus warm und stark zu machen?"(*Geist der Utopie*, p. 20.)

120. 布洛赫,《希望的原则》(*The Principle of Hope*),第 733 页,引自他自己的作品。德语原文:"eine Geburtszange muss glatt sein, eine Zuckerzange mitnichten"(*Geist der Utopie*, p. 23).

121. Bloch, *The Utopian Function of Art and Literature*, pp. 85 - 86;德语原文:"So lebt noch dieses Dritte zwischen Stuhl und Statue, wohl gar über der Statue: ein 'Kunstgewerbe' höherer Ordnung, in dem sich, statt des behaglichen, gleichsam abgestandenen, aus Ruheständen zusammengesetzten, rein luxuriösen Gebrauchssteppichs, ein echter, ein hinüberweisender Teppich der reinen abstrakten Form ausstreckt." (*Geist der Utopie*, p. 29.)

122. 也可参阅 Rainer Traub and Harald Wieser, eds., *Gespräche mit Ernst Bloch*(Frankfurt: Suhrkamp, 1977), p. 35.

123. Bloch, *Erbschaft dieser Zeit*, expanded edition(Frankfurt: Suhrkamp, 1985), p. 220: " Selbstverständlich ist kommunistische Sachlichkeit nicht nur die spätkapitalistische minus Ausbeutung; vielmehr: fällt die Ausbeutung weg... so erhalten die kalkweissen Mietsblöcke, worin heute Arbeitstiere minderer Grösse hausen, Farbe und ganz andere Geometrie, nämlich von einem wirklich Kollektiv."

124. 这篇文章的英语翻译有两个版本。除了我从《希望的原则》中引用的这一版外,在《艺术与文学的乌托邦功能》中还有一版最新的。

125. Bloch, *The Principle of Hope*, p. 733;德语原文:"Heute sehen die Häuser vielerorts wie reisefertig drein. Obwohl sie schmucklos sind oder eben deshalb, drückt sich in ihnen Abschied aus. Im Innern sind sie hell und kahl wie Krankenzimmer, in äusseren wirken sie wie Schachteln auf bewegbaren Stangen, aber auch wie Schiffe." (*Das Prinzip Hoffnung*, p. 858.)

126. 同上,第 734 页;德语原文:"Das breite Fenster voll lauter Aussenwelt

braucht ein Draussen voll anziehender Fremdlinge, nicht voll Nazis; die Glastüre bis zum Boden setzt wirklich Sonnenschein voraus, der hereinblickt und eindringt, keine Gestapo."(*Das Prinzip Hoffnung*, p. 859.)

127. 同上，第 734 页；德语原文：“Die Entinnerlichung wurde Hohlheit, die südliche Lust zur Aussenwelt wurde, beim gegenwärtigen Anblick der kapitalistischen Aussenwelt, kein Glück." (*Das Prinzip Hoffnung*, p. 859.)

128. 同上，第 736 页；德语原文：“Auch die Stadtplanung dieser unentwegten Funktionalisten ist privat, abstrakt; vor lauter 'être humain' werden die wirklichen Menschen in diesen Häusern und Städten zu genormten Termiten oder, innerhalb einer 'Wohnmaschine' zu Fremdkörpern, noch allzu organischen; so abgehoben ist das alles von wirklichen Menschen, von Heim, Behagen, Heimat." (*Das Prinzip Hoffnung*, p. 861.)

129. 同上，第 737 页；德语原文：“Eben weil diese [die Baukunst] weit mehr als die anderen bildenden Künste eine soziale Schöpfung ist und bleibt, kann sie im spätkapitalistischen Hohlraum überhaupt nicht blühen. Erst die Anfänge einer anderen Gesellschaft ermöglichen wieder echten Architektur, eine aus eigenem Kunstwollen Konstruktiv und ornamental zugleich durchdrungene." (*Das Prinzip Hoffnung*, p. 862.)

130. Ernst Bloch, "Bildung, Ingenieursform, Ornament," *Werk und Zeit*, no. 11/12(1965), p. 2; "Unbeschadet der Frage, ob der gesellschaftliche Habitus, der den faulen Zauber der Gründerzeit gesetzt halte, selber so viel ehrlicher geworden sei. Ob die ornamentfreie Ehrlichkeit aus reiner Zweckform nicht selber die Form eines Feigenblatts annehmen könnte, um eine nicht ganz so grosse Ehrlichkeit der sonstige Verhältnisse zu verdecken."

131. 同上，第 3 页：“'Graf dieser Mortimer starb auch sehr gelegen', heisst es in Maria Stuart, dergleichen gilt auch, mutatis mutandis, für den gar

noch bejubelten Ornamenttod, für eine auch noch synthetisch hergestellte Phantasielosigkeit."

132. 同上,第 3 页:"eine Architektur,die Flügel brauchte,und eine MalereiPlastik,der öfter eher Blei in die Sohlen zu giessen wäre."

133. Dennis Sharp, *Modern Architecture and Expressionism* (New York: George Braziller, 1966); Wolfgang Pehnt, *Expressionist Architecture* (London: Thames and Hudson, 1979); Iain Boyd Whyte, ed., *The Crystal Chain Letters* (Cambridge: MIT Press, 1985).

134. 参阅 the interview "Erbschaft aus Dekandenz?" in Taub and Wieser, eds., *Gespräche mit Ernst Bloch*, pp. 28 - 40.

135. 参阅 Ernst Bloch, "Discussing Expressionism"(1938), in Ernst Bloch et al., *Aesthetics and Politics*(London: Verso, 1980), pp. 16 - 27.

136. Bloch, "Discussing Expressionism", p. 23.

137. Bloch, *Erbschaft dieser Zeit*, p. 221: "In der technische und kulturellen Montage jedoch wird der Zusammenhang der alten Oberfläche zerfällt, ein neuer gebildet. Er kann als neuer gebildet werden, weil der alte Zusammenhang sich immer mehr als scheinhafter, brüchiger, als einer der Oberfläche enthüllt. Lenkte die Sachlichkeit mit glänzendem Anstrich ab, so macht manche Montage das Durcheinander dahinter reizvoll oder kühn verschlungen... Insofern zeigt die Montage weniger Fassade und mehr Hintergrund der Zeit als die Sachlichkeit."

138. 同上,第 228 页:"Dieser Art hat alles Negative der Leere,doch sie hat auch,mittelbar,als möglich Positives:dass die Trümmer in einen anderen Raum schafft—wider den gewohnten Zusammenhang. Montage im Spätbürgertum ist der Hohlraum seiner Welt, erfüllt mit Funken und Überschneidungen einer 'Erscheinungsgeschichte', die nicht die rechte ist, doch gegebenfalls ein Mischort der rechten. Eine Form auch, sich der altem Kultur zu vergewissern:erblickt aus Fahrt und Betroffenheit, nicht mehr aus Bildung."

139. 亚历山大·施瓦普,生于 1887 年,社会主义作家、记者。他在《建造之书》(*Das Buch vom Bauen*)中分析了建筑与栖居的各个方面,该书于1930 年出版。1933 年他被纳粹以"国家公敌"的名义逮捕,并于 1943 年在狱中辞世。而《建造之书》(*Düsseldorf:Bertelsmann*)则于 1973 年再版,由迪特哈特·克布斯(Diethart Kerbs)作序。

140. Ernst Bloch, *Spuren* (1930; Frankfurt:Suhrkamp, 1985), p. 163:"Ein höchst heiteres Kreisen ging fühlbar zwischen Drinnen und Draussen, Schein und Tiefe, Kraft und Oberfläche. 'Hören sie', sagte da mein Freund, 'wie gut das Haus in Gang ist'. Und man hörte dir Ruhe, das richtig Eingehängte, wie es läuft, die wohlbekannte Kameradschaft mit den Dingen, die jeder Gesunde fühlt, die Lebensluft um sie her und die taohafte Welt."

141. 参阅 Taub and Wieser,eds., *Gespräche mit Ernst Bloch*,p. 206.

142. 参阅《建筑设计简介》59(*Architectural Design Profile* 59)(《建筑设计》55 (*Architectural Design* 55)的增刊,no. 5/6 [1985]),也是由特约编辑卢西亚诺·塞梅拉尼(Luciano Semerani)执行出版的介绍威尼斯建筑学院(Istituto Universitario di Architettura)的特刊。关于塔夫里系里活动的研究,参阅保罗·莫拉切罗(Paolo Morachiello)的"建筑历史系:细述"(The Department of Architectural History:A Detailed Description),同上,第 70–71 页。

143. 参阅帕特里齐亚·隆巴多尔(Patrizia Lombardo)富于启发性的"前言:城市的哲学"(Introduction:The Philosophy of the City),卡奇亚里(Cacciari),《建筑与虚无主义》(*Architecture and Nihilism*),第 ix – lviii 页。

144. Dal Co, *Figures of Architecture and Thought*, p. 9.

145. Manfredo Tafuri, *Architecture and Utopia:Design and Capitalist Development*, trans. Barbara Luigia La Penta (Cambridge:MIT Press, 1976), p. vii;翻译自 *Progetto e utopia. Architettura e sviluppo capitalistico*(Bari:Laterza, 1973).

146. 同上,第 86,88 页。

147. 同上,第 88 页。

148. 同上，第 84 - 86 页："历史上，所有先锋运动的兴起和前赴后继，都遵循着工业生产这一经典法则，而其本质则是技术的不断革新。"(all the historical avant-garde movements arose and succeeded each other according to the typical law of industrial production，the essence of which is the continual technical revolution.)

149. 同上，第 89 页。

150. 同上，第 55 - 56 页。

151. 同上，第 56 页。

152. 同上，第 93 页。

153. 同上，第 95 页。

154. 同上。

155. 同上。塔夫里指的是 1922 年在魏玛举行的结构主义与达达主义者大会。与会者有泰奥和耐莉·凡·杜斯堡（Theo and Nelly van Doesburg）、库尔特·施威特斯（Kurt Schwitters）、特里斯唐·查拉（Tristan Tzara）、汉斯·阿尔普（Hans Arp）、拉斯洛和露西亚·莫霍里－纳吉（Lászlò and Lucia Moholy-Nagy）、埃尔·利西茨基（EI Lissitzky）、汉斯·里希特（Hans Richter）、汉娜·霍希（Hannah Höch）、科内利斯·范·伊斯特恩（Cornelis van Eestern）、卡雷尔·梅斯（Karel Maes）、阿尔弗雷德·凯梅尼（Alfréd Kemény）、维尔纳·格拉夫（Werner Gräff）、亚历克莎和彼得·勒尔（Alexa and Peter Röhl）及马克思和洛特·布沙兹（Max and Lotte Buchartz）。"融合"达达主义与风格派的代表人物当属泰奥·凡·杜斯堡，他以 I. K. 邦塞特（I. K. Bonset）为笔名写了不少达达主义的诗歌。

156. 同上，第 96 页。

157. 同上，第 98 页。

158. 同上，第 100 页。

159. 同上。

160. 同上，第 107 页。

161. 同上，第 119 页。"小城镇"与"大都市"之间的对恃关系涉及社区（Gemeinschaft）与社会（Gesellschaft）这对概念。德国保守 社会学家费迪南·滕尼斯(1855－1936)，在其 1887 年出版的《社区与社会》(*Gemein-schaft und Gesellschaft*)一书中最早提出这一概念。

162. 同上，第 124 页。

163. 同上，第 88 页。

164. Massimo Cacciari，"The Dialectics of the Negative and the Metropolis," in Cacciari，*Architecture and Nihilism*，pp. 1－96. 也可参阅 Massimo Cacciari，"Notes sur la dialectique du négative à l'époque de la metropole(essai sur Georg Simmel)." *VH* 101, no. 9(Autumn 1972)，pp. 58－72. 本雅明对波德莱尔的研究可参阅"On Some Motifs in Baudelaire," in Benjamin，*Illuminations*，pp. 155－201.

165. Cacciari，*Architecture and Nihilism*，p. 13. 也可参阅 Lombardo's introduction，p. xxv.

166. Cacciari，*Architecture and Nihilism*，p. 13.

167. 齐美尔认为，真正相关的是日趋理性化的人身关系与日益主导的商品系统之间的某种并存，而非两者随意的关联。

168. Cacciari，*Architecture and Nihilism*，p. 12.

169. 同上，第 19 页。

170. Letter from Benjamin to Scholem，June 12，1938，in Gershom Scholem，ed.，*Walter Benjamin/Gershom Scholem. Briefwechsel* (Frankfurt:Suhrkampf, 1985)，pp. 266－273.

171. Cacciari，*Architecture and Nihilism*，p. 64.

172. Tomás Llorens，"Manfredo Tafuri: Neo-Avant-Garde and History," *Architectural Design* 51, no. 6/7(1981)，p. 88.

173. Dal Co，*Figures of Architecture and Thought*，p. 19.

174. 同上，第 35 页。

175. 对这段文字的讨论，请参阅第一章。

176. Dal Co，*Figures of Architecture and Thought*，p. 42.

177. Manfredo Tafuri，*Theories and History of Architecture*，trans. Giorgio Verrecchia(London:Granada, 1980)，p. 141 ;翻译自 *Teorie e storia dell'architettura*(Bari:Laterza, 1968).

178. 塔夫里提出了许多异议,特别是对吉迪恩为十六世纪西斯都五世的罗马规划所做的解说。

Tafuri, *Theories and History of Architecture*, pp. 151 – 152; 参阅 Sigfried Giedion, *Space, Time and Architecture: The Growth of a New Tradition* (1941; Cambridge: Harvard University Press, 1980) pp. 75 – 106.

179. Tafuri, *Theories and History of Architecture*, p. 151.

180. 同上,第 172 页。

181. 同上,第 229 页。

182. 此外,塔夫里未去深究这种方式的批判是否具有思想性。

参阅 Llorens, "Manfredo Tafuri: Neo-Avant-Garde and History," p. 85.

183. Tafuri, *Architecture and Utopia*, p. ix.

184. Frederic Jameson, "Architecture and the Critique of Ideology," in Joan Ockman, ed., *Architecture, Criticism, Ideology* (Princeton: Princeton Architectural Press, 1985), p. 65.

185. 这一点,正是詹姆逊把塔夫里的作品与阿多诺和巴特的作品归于同一主题的理由。但我并不赞同这一观点,至少在塔夫里与阿多诺作品的关系密切这一说法上,有所异议。和帕特里齐亚·隆巴多尔(Patrizia Lombardo)一样,我认为,较之阿多诺,塔夫里更多地参考了本雅明的作品。关于这一点,不仅有文本为证(塔夫里参考本雅明的作品,较之阿多诺的要多得多);塔夫里自己在访谈中也对此有过陈述,如,与弗朗索瓦·韦里(Francoise Véry)的访谈。该访谈稿在 1976 年发表于《建筑—运动—连续性》(*Architecture – Mouvement – conttinuité*),并为埃莱娜·利普斯塔特(Hélène Lipstadt)和哈维·门德尔松(Harvey Mendelsohn)引用于,"哲学、历史与自传:曼弗雷多·塔夫里和柯布西耶'卓绝的一课'"(Philosophy, History and Autobiography: Manfredo Tafuri and the 'Unsurpassed Lesson' of Le Corbusier),《集合艺术》(*Assemblage*),1993 年 12 月,第 22 期,第 58 – 103 页。不容置疑,塔夫里也受到了卡奇亚里的潜在影响。此外,詹姆逊把卡奇亚里的"否定思想"与阿多诺的"否定辩证法"相提并论,也略显草率。卡奇亚里明确承认,他坚持"没有辩证法的马克思主义"，这使得他的立场从根本上不同于阿多诺。此外，他还认为，在资本主义的未来发展中，"否定思想"也同样实用；而阿多诺，正如我后文中所指出的那样，则一直希望——即使希望渺茫——他的否定辩证法能有一丝退路。同样，在《美学理论》(*Aesthetic Theory*)中，阿多诺始终相信，艺术能够为日益发展的一维体系提供可能而有效的批判。在这些方面，他的思想与塔夫里的也有所不同。

186. Carla Keyvanian,"Manfredo Tafuri's Notion of History and Its Methodological Sources"(master's thesis, MIT, Cambridge, Mass., 1992).

187. Manfredo Tafuri and Francesco Dal Co, *Modern Architecture*, trans. Robert Erich Wolf(New York: Abrams, 1979), p. 7;翻译自 *Architettura contemporanea*(Milan: Electa, 1976).

188. Llorens,"Manfredo Tafuri: Neo-Avant-Garde and History," p. 90.

189. Benjamin,"Theses on the Philosophy of History."

190. Manfredo Tafuri, "The Historical Project," in Tafuri, *The Sphere and the Labyrinth : Avant-Gardes and Architecture from Piranesi to the 1970s*, trans. Pellegrino D'Acierno and Robert Connolly(Cambridge: MIT Press, 1987), pp. 1 - 21;翻译自 *La sfera e il labirinto. Avanguardie e architettura da Piranesi agli anni '70*(Turin: Einaudi, 1980).

191. 关于塔夫里这一态度的有趣评论，详见 Joan Ockman,"Postscript: Critical History and the Labors of Sisyphus," in Ockman, ed., *Architecture, Criticism, Ideology*, pp. 182 - 189.

192. Tafuri, "The Historical Project," p. 16.

193. 同上，第 9 页。

4　建筑：作为现代性的批判

引言：Theodor W. Adorno, "Functionalism Today," *Oppositions*, no. 17 (1979), p. 41;翻译自"Funktionalismus heute"(1965), in Adorno, *Gesammelte Schriften*, vol. 10, pt. 1(Frankfurt: Suhrkamp, 1977), p. 395: "Schönheit heute hat kein anderes Mass als die Tiefe, in der die Gebilde die Widersprüche austragen, die sie durchfuhren und die sie bewältigen einzig, indem sie ihnen folgen, nicht indem sie sie verdecken."

1. Max Bill, "Education and Design," in Joan Ockman, ed., *Architecture Culture* 1943 – 1968(New York:Rizzoli, 1993), pp. 159 – 162.

2. Max Bill, ed., *Robert Maillart* (Erlenbach and Zurich:Verlag für Architektur, 1949).

3. 眼镜蛇小组,亦称哥布阿小组(Cobra 是哥本哈根 – 布鲁塞尔 – 阿姆斯特丹的英文首字母缩写)是由阿斯格·荣恩(Asger Jorn),克里斯托夫·托蒙(Dotremont)及康斯坦特(Constant)于 1948 年共同创建。这场运动源于这群艺术家对当时主掌先锋派艺术世界的超现实画派的不满。眼镜蛇小组的成员认为超现实主义者对人体无意识状态下的自觉行为依赖过多(这种类自动的创作手法源于潜意识的冲动)。而眼镜蛇小组恰恰相反,他们的创作代表了一种实验性的、即时的艺术理念。只有这样,才能使人获知真正的需要,满足感官的欲望。眼镜蛇小组代表性的艺术和文学作品透露出无限的自由和对常规的藐视。他们的艺术主题充满了魅力,其中很多取材于儿童画、神话以及民间艺术;他们的画作充满了各种动物、象征性主题和狂欢的人物。对荣恩和康斯坦特而言,这份热衷是与他们渴望的社会革命紧密联系的。他们俩在这一时期都共同捍卫着这一主旨,即,强调艺术家的创造性必须与解放社会的抗争结合在一起。事实是,这一"政治性"的观点并没有得到同社团其他人的认同,这也正是为何几年后,哥布阿社解散的原因。关于哥布阿运动的历史可参阅:Willemijn Stokvis, Cobra: *An International Movement in Art after the Second World War* (New York:Rizzoli, 1988).

4. Asger Jorn, "Notes on the Formation ofan Imaginist Bauhaus," in Ken Knabb, ed., *Situationist International Anthology* (Berkeley:Bureau of Public Secrets, 1981), pp. 16 – 17.

5. 康斯坦特的工作详见:Jean-Clarence Lambert, *Constant. Les trios espaces* (Paris:Cercle d'Art, 1992).

6. 关于"情境国际"组织的历史可参阅:Elisabeth Sussmann, ed., *On the Passage of a Few People through a Rather Brief Moment in Time:The Situationist International* 1957 – 1972(Cambridge:MIT Press, 1991);Sadie

Plant, *The Most Radical Gesture : The Situationist International in a Post-modern Age* (London: Routledge, 1992); R. J. Sanders, *Beweging tegen de schijn. De situationisten, een avant-garde* (Amsterdam: Huis aan de Drie Grachten, 1989). Also see Simon Sadler, *The Situationist City* (Cambridge: MIT Press, 1998); Libero Andreotti and Xavier Costa, eds., *Situationist : Art, Politics, Urbanism* (Barcelona: ACTAR, 1996).

7. Constant in an Interview with Fanny Kelk, in *Elsevier*, July 6, 1974, pp. 54 – 55.

8. Gilles Ivain, "Formulay for a New Urbanism," in Knabb, ed., *Situationist International Anthology*, p.2；翻译自"Formulaire pour un urbanisme nouveau," in *Internationale Situationniste*, no. 1(June 1958), pp. 15 – 20："Le complexe architectural sera modifiable. Son aspect changera en partie ou totalement suivant la volonté de ses habitants... l'entrée de la notion de relativité dans I'esprit moderne permet de soupçonner le côté EXPERIMENTALE de la prochaine civilisation... Sur les bases de cette civilization mobile, I'architecture sera—au moins à ses débuts—un moyen d'expérimenter les mille façons de modifier la vie, en vue d'une synthèse qui ne peut être que légendaire."

9. Guy Debord, "Théorie de la dérive," in *Internationale Situationniste*, no. 2(December 1958), pp. 19 – 23；英语翻译出自 Knabb, ed., *Situationist International Anthology*, pp. 50 – 54.

10. 参阅 Constant and Guy Debord, "Declaration of Amsterdam," in Ulrich Conrads, ed., *Programs and Manifestoes on 20 th Century Architecture* (Cambridge: MIT Press, 1990), pp. 161 – 162；翻译自 "La déclaration d'Amsterdam," *Internationale Situationniste*, no. 2(December 1958), pp. 31 – 32. "L'urbanisme unitaire se définit dans l'activité complexe et permanente qui consciemment recrée l'environment de l'homme selon les conceptions les plus évoluées dans tous les domaines."

11. 同上。

12. Constant, "New Babylon na tien jaren"(lecture at the Technical Univer-

sity of Delft，May 23，1980）:"La création d'ambiances favorables à ce développement est la tâche immédiate des créateurs d'aujourd'hui."

13. Constant，"Une autre ville pour une autre vie，" *Internationale Situationniste*，no. 3（December 1959），pp. 37－40,康斯坦特（Constant）译为,"A Different City for a Different Life，" *October*，no. 79（Winter 1997），pp. 109－112；Constant，"Description de la zone jaune，" *Internationale Situationniste*，no. 4（June 1960），pp. 23－26.

14. 参阅关于康斯坦特退出的报告，*Internationale Situationniste*，no. 5（December 1960），p. 10；也可参阅 Constant，"New Babylon na tien jaren."

15. 参阅"Critique de l'urbanisme，" *Internationale Situationniste*，no. 6（August 1961），pp. 5－11,编者按中翻译为,"Critique of Urbanism，" *October*，no. 79（Winter 1997），pp. 113－119.

16. 国际情境组织德国分部的艺术家（the SPUR group）是唯一的例外。例如,1963 年他们创造的"SPUR 建筑",被视为对未来世界的铺垫。参阅 Wolfgang Dressen，Dieter Kunzeimann，and Eckard Stepmann，eds.，*Nilpferd des höllischen Urwalds—Spuren in eine unbekannte Stadt—Situationisten*，*Gruppe SPUR*，*Kommune I*，catalogue of an exhibition at the Werkbund-Archiv，Berlin（Giessen:Anabas，1991）.

17. Attila Kotanyi and Raoul Vaneigem，"Programme élémentaire du bureau d'urbanisme unitaire，" *Internationale Situationniste*，no. 6（August 1961），pp. 16－19:"La participation devenue impossible est compensée sous forme de spectacle. Le spectacle se manifeste dans l'habitat et le déplacement（standing du logement et des véhicules personnels）. Car，en fait，on n'habite pas un quartier d'une ville,mais le pouvoir. On habite quelque part dans la hiérarchie." 英语译文改编自 Knabb，ed.，*Situationiste International Anthology*，pp. 65－67.

18. 同上:"L'urbanisme unitaire est le contraire d'une activité spécialisée;et reconnaître un domaine urbanistique séparé,c'est déjà reconnaître tout le mensonge urbanistque et le mensonge dans toute la vie."

19. 同上:"Nous avons inventé l'architecture et l'urbanisme qui ne peuvent

pas se réaliser sans la révolution de la vie quotidienne；c'est-à-dire l'appropriation du conditionnement par tous les hommes，son enrichissement indéfini，son accomplissement."

20. 范内哲姆（Vaneigem）在瑞士哥德堡（Göteborg）举行的国际情境组织代表大会上的发言报告，1961 年 8 月 28 - 30 日，摘自斯图尔特·霍姆（Stewart Home），*The Assault on Culture：Utopian Currents from Lettrisme to Class War*（Stirling：A. K. Press，1991），p. 38.

21. *Internationale Situationniste*，no. 9（August 1964），p. 25："Nous sommes des artistes par cela seulement que nous ne sommes plus des artistes；nous venons réaliser l'art." 英语译文改编自 Knabb，ed.，*Situationist International Anthology*，p. 139.

22. Guy Debord，*Society of the Spectacle*（Detroit：Black & Red，1983），p. 2；翻译自 *La société du spectacle*（1967；Paris：Lebovici，1989），p. 9："Toute la vie des sociétés dans lesquelles règnent les conditions modernes de production s'annonce comme une immense accumulation de *spectacles*. Tout ce qui était directement vécu s'est éloigné dans une représentation."

23. Henri Lefebvre，*Critique de la via quotidienne*，2d ed.（Paris：L'Arche，1958）.

24. Raoul Vaneigem，*The Revolution of Everyday Life*（London：Aldgate，1983），p. 183；翻译自 *Traité de savoir-vivre à l'usage des jeunes générations*（Paris：Gallimard，1967），p. 245："La société nouvelle，telle qu'elle s'élabore confusément dans la clandistinité，tend à se définir pratiquement comme une transparence de rapports humains favorisant la participation réelle de tous à la réalisation de chacun. —La passion de la création，la passion de l'amour，et la passion du jeu sont à la vie ce que le besoin de se nourrir et le besoin de se protéger sont à la survie."

25. 参阅 Virginie Mamadouh，*De stad in eigen hand. Provo's，kabouters en krakers als stedelijke sociale beweging*（Amsterdam：Sua，1992）.

26. Alexander Tzonis and Liane Lefaivre，"In de naam van het volk / In the

Name of the People," *Forum*, no. 3(1976), pp. 3 - 33.

27. Constant, "New Babylon, een schets voor een kultuur," in J. L. Locher, ed., *New Babylon*, *exhibition catalogue* (The Hague: Gemeentemsuseum, 1974), p. 60.

28. 康斯坦特(Constant)引用兰博(Rimbaud)的话: "Il s'agit d'arrive à l'inconnu par le dérèglement de tous les sens." 同上,第 57 页。

29. Constant, "Opkomst en ondergang van de avant-garde," in Constant, *Opstand van de homo ludens. Een bundle voordrachten en artikelen* (Bussum: Paul Brand, 1969), pp. 11 - 48.

30. Constant, "Overnormen in de cultuur," in *Opstand van de homo ludens*, pp. 111 - 141.

31. Constant, *Opstand van de homo ludens*, p. 73.

32. 亨利·列斐伏尔(Henri Lefebvre),《城市书写》(*Writings on Cifies*)(Oxford: Blackwell, 1996),第 158 页: "城市权(right to the city)并不能简单的视作一种访问权或者是对传统城市的回归。它只能被创制为一种经过转化和更新的都市生活的权利。郊区是否属于城市肌理,农耕生活幸存下什么,这些都不再重要,只要'都市',聚会的场所、实用价值的优先、时间——所有资源中至高无上的资源——在空间里留下的铭文,都能找到它们各自的形态学基础以及实现他们的现实材料。"翻译自 Lefebvre, *Le droit à la ville* (Paris: Anthropos, 1968), p. 132: "Le droit à la ville ne peut se concevoir comme un simple droit de visite ou de retour vers les villes traditionelles. Il ne peut se formuler comme droit à la vie urbaine, transformée, renouvelée. Que la tissue urbaine enserre la campagne et ce qui survit de vie paysanne, peu importe, pourvu que 'l'urbain', lieu de rencontre, priorité de la valeur d'usage, inscription dans l'espace d'un temps promu au rang de bien suprème parmi les biens, trouve sa base morphologique, sa réalization pratico-sensible."

　　关于列斐伏尔与情境主义者合作的回忆可以参阅 1983 年克里斯廷·露斯(Kristin Ross)的一篇访谈(其中有关康斯坦特与新巴比伦的部分并非完全可靠),近日出版为"列斐伏尔谈情境主义:一次访谈"(Lefeb-

vre on the Situationist:an interview),*October*,no. 79,(Winter 1997),
第 72 - 73 页。

33. Mamadouh,*De stad in eigen hand*,pp. 72 - 73.

34. Constant,"Description de la zone jaune."

35. Autodialoog,in the 1974 Hague catalogue *New Babylon*,pp. 71 - 72.

36. 参阅"New Babylon na tien jaren," p. 3:"Het bleek dat mijn maquettes
meer verwarring teweeg brachten dan begrip kweekten voor mijn stre-
ven een vereld te verbeelden die zo hartgrondig verschilde van de wereld
waarin we leven of de werelden waarvan we enige historische kennis
hebben. Tenslotte greep ik weer naar penseel en palet als net meest
doelmatige middel om het onbekende zichtbaar te maken."("显然,我的
设计模型并没有让大家进一步领会到我为认识这个世界所作的努力,反
之,更让大家感到困惑,我所想象的世界与我们生存或者是我们充满历史
故事的世界是完全不同的。最终,我诉诸于画笔和调色盘,它们是我用来
渲染这个未知世界,使其可视化的最好方式。")

37. 参阅 Jeroen Onstenk,"In het labyrint. Utopie en verlangen in het werk
van Constant," *Krisis*,no. 15(1984),pp. 4 - 21.

38. Debord,*Society of the Spectacle*,p. 178.

39. Bart Verschaffel,"'Architectuur is(als)een gebaar'. Over het 'echete'
als architecturaal criterium," in Hilde Heynen,ed.,*Wonen tussen ge-
meenplaats en poëzie. Opstellen over stad en architectuur*(Rotterdam:
010 Publishers,1993),pp. 67 - 80.

40. Theodor W. Adorno,*Aesthetic Theory*,trans. Robert Hullot-Kentor
(Minneapolis:University of Minnesota Press,1997),p. 32;翻译自
Adorno,*Ästhetische Theorie*(1970;Frankfurt:Suhrkamp,1973),p.
55:"Zentral unter den gegenwärtigen Antinomien ist,dass Kunst Utopie
sein muss und will und zwar desto entschiedener,je mehr der reale
Funktionszusammenhang Utopie verbaut;dass sie aber,um nicht Utopie
an Schein und Trost zu verraten,nicht Utopie sein darf."

41. 我参考了弗雷德里克·詹姆逊(Frederic Jameson)的论点,他认为阿多诺

作品对当今理论具有时效性，对于这个看法我完全赞同。参阅詹姆逊，《晚期马克思主义：阿多诺，或辩证法的韧性》(*Late Marxism：Adorno，or，The Persistence of the Dialectic*)(London：Verso，1990)，尤其是第227-261页："阿多诺之于后现代(Adorno in the Postmodern)。"

42. Martin Jay, *Adorno*(London：Fontana Paperbacks，1984)，pp. 11-23.

43. 因为阿多诺在纳粹早期就已经移居国外，与那些必须面对集中营的人的经历比起来，大屠杀(Holocaust)对他个人的影响是相对有限的。对他而言，最重要的原因是，理论上不可想象的事情真的发生了：因此，他才会提出哲学"在奥斯维辛集中营之后"是否仍然可行的问题。参阅西奥多·W.阿多诺(Theodor W. Adorno)，《否定的辩证法》(*Negative Dialectics*)(New York：Continuum，1983)，第361-365页。

44. 这种相应性也许不完全是巧合，因为本雅明在二十世纪三十年代与乔治·巴岱伊(Georges Bataille)和皮埃尔·克洛索斯基(Pierre Klossowski)的社交圈有联系，而德里达对这两个人的作品很熟悉。

45. 阿多诺深受瓦尔特·本雅明的影响。这一节的后面也谈到，在关于语言的想法和对"摹拟"(mimesis)概念的分析上，这种影响尤为深刻。对这两位思想家之间的关系的详细分析，可参阅苏珊·巴克-莫尔斯(Susan Buck-Morss)，《否定辩证法的起源》(*The Origins of Negative Dialectics*)(Brighton：Harvester，1978)。

46. Buck-Morss, *The Origins of Negative Dialectics*，p. 58.

47. 参阅，如，Theodor W. Adorno, *Notes to literature*，2 vols.(New York：Columbia Universtity Press，1991，1992).

48. 参阅西奥多·W.阿多诺(Theodor W. Adorno)，《否定的辩证法》(*Negative Dialectics*)，第 xx 页："否定的辩证法通过合乎逻辑的结果，而不是同一性原则或某个统领一切、至高无上的概念，来寻求这种统一性之外的可能性。"翻译自 Theodor W. Adorno, *Negative Dialektik*(1966；Frankfurt：Suhrkamp，1970)，p. 8："Mit konsequenzlogischen Mitteln trachtet sie [die Negative Dialektik], anstelle des Einheitsprinzip und des Allherrschaft der übergeordneten Begriffs die Idee dessen zu rücken，was ausserhalb des Banns solcher Einheit wäre."

49. 翻译改编自 Theodor W. Adorno, *Negative Dialectics*, p. 161；德语原文：“Was ist, ist mehr als es ist. Dies Mehr wird ihm nicht oktroyiert, sondern bleibt, als das aus ihm Verdrängte, ihm immanent. Insofern wäre das Nicht-identische die eigene Identität der Sache, gegen ihre Identifikationen.”(*Negative Dialektik*, p. 162.)

50. 同上，第 163 页；德语原文：“Was am Nichtidentischen nicht in seinem Begriff sich definieren lässt, übersteigt sein Einzeldasein, in das es erst in der Polarität zum Begriff, auf diesen hinstarrend, sich zusammenzieht.”(*Negative Dialektik*, p. 163.)

51. 同上，第 162 页；德语原文：“Sie〔die Sprache〕bietet kein blosses Zeichensystem für Erkenntnisfunktionen. Wo sie wesentlich als Sprache auftritt, Darstellung wird, definiert sie nicht ihre Begriffe. Ihre Objektivtät verschafft sie ihnen durch das Verhältnis, in das sie die Begriffe, zentriert um eine Sache, setzt. Damit dient sie der Intention des Begriffs, das Gemeinte ganz auszudrücken. Konstellationen allein repräsentieren, von aussen, was der Begriff im Innern weggeschnitten hat, das Mehr, das er sein will so sehr, wie es nicht sein kann.” (*Negative Dialektik*, p. 162.)

52. Theodor W. Adorno, introduction to Adorno et al., *The Positivist Dispute in German Sociology* (London: Heinemann, 1976), p. 52；翻译自 “Einleitung zum Positivismusstreit in der deutschen Soziologie,” in Adorno, *Gesammelte Schriften*, vol. 8 (Frankfurt: Suhrkamp, 1972), p. 337：“Die Wittgensteinsche Formulierung dichtet ihren Horizont dagegen ab, das vermittelt, komplex, in Konstellationen auszusprechen, was klar, unmittelbar sich nicht aussprechen lässt.”

53. Theodor W. Adorno, *Negative Dialectics*, p. 146；德语原文：“Das Tauschprinzip, die Reduktion menschlicher Arbeit auf den abstrakten Allgemeinbegriff der durchschnittlichen Arbeitszeit, ist urverwandt mit dem Identifikationsprinzip. Am Tausch hat es sein gesellschaftliche Modell, und es wäre nicht ohne es; durch ihn werden nichtidentische Einzelwes-

en und Leistungen kommensurabel, identisch. Die Ausbreitung der Prinzip verhält die ganze Welt zum Identischen, zum Totalität."(*Negative Dialektik*, p. 147.)

54. Theodor W. Adorno,"The Essay as Form," in Adorno, *Notes to Literature*, vol. 1, pp. 3 – 23.

55. 阿多诺作品的英文译本没有考虑到阿多诺散文的这一特性。与德语原文不同,例如,《美学理论》(*Aesthetic Theory*)和《否定的辩证法》(*Negative Dialectics*)最早的翻译(1984 年)都被分成了短小的章节。对这个问题以及相关主题的有趣讨论参阅罗伯特·胡洛-肯特(Robert Hullot-Kentor),"译者序"(Translator's Introduction),阿多诺(Adorno),《美学理论》(*Aesthetic Theory*),第 xi – xxi 页。

56. Max Horkheimer and Theodor W. Adorno, *Dialectic of Enlightenment* (New York: Herder and Herder, 1972), p. xi; 翻译自 *Dialektik der Aufklärung. Philosophische Fragmente*, ed. G. Schmid Noerr (1947; Frankfurt: Fischer, 1987), p. 16: "Was wir uns vorgesetzt hatten, war tatsächlich nicht weniger als die Erkenntnis, warum die Menschheit anstatt in einer wahrhaft menschlichen Zustand einzutreten, in eine neue Art von Barbarei versinkt."

57. 霍克海默和阿多诺通过对奥德修斯神话(Odysseus myth)的有趣诠释阐明了这一形象。

58. 正是这种解读歪曲了诸如尤尔根·哈贝马斯(Jürgen Habermas)的解释。参阅"The Entwinement of Myth and Enlightenment: Horkheimer and Adorno," in Habermas, *The Philosophical Discourse of Modernity: Twelve Lectures* (Cambridge: Polity Press, 1987), pp. 106 – 130.

59. Horkheimer and Adorno, *Dialectic of Enlightenment*, p. 135; 德语原文: "Ernste Kunst hat jenen sich verweigert, denen Not und Druck des Daseins den Ernst zum Hohn macht und die froh sein müssen, wenn sie die Zeit, die sie nicht am Triebrad stehen, dazu benutzen können, sich treiben zu lassen. Leichte Kunst hat die autonome als Schatten begleitet. Sie ist das gesellschaftlich schlechte Gewissen der ernsten... Die Spal-

tung selbst ist die Wahrheit; sie spricht zumindest die Negativität der Kultur aus, zu der die Sphären sich addieren. Der Gegensatz lässt am wenigsten sich versöhnen, indem man die leichte in die ernste aufnimmt oder umgekehrt. Das aber versucht die Kulturindustrie." (*Dialektik der Aufklärung*, p. 160.)

60. 同上,第 xiii 页;德语原文: "Wir hegen keinen Zweifel—und darin liegt unsere petitio principii—, dass die Freiheit in der Gesellschaft vom aufklärenden Denken unabtrennbar ist. Jedoch glauben wir, genauso deutlich erkannt zu haben, dass der Begriff eben dieses Denkens, nicht weniger als die konkreten historischen Formen, die Institutionen der Gesellschaft in die es verflochten ist, schon der Keim zu jenem Rückschritt enthält, der heute überall sich ereignet." (*Dialektik der Aufklärung*, p. 18)

61. Jean-François Lyotard, *The Postmodern Explained; Correspondence 1982 – 1985* (Minneapolis; University of Minnesota Press, 1992), p. 65; 翻译自 *Le Postmoderne expliqué aux enfants. Correspondance 1982 – 1985* (Paris; Galilée, 1986), p. 103.

62. Adorno, *Minima Moralia; Reflections from Damaged Life* (London; Verso, 1991), p. 236; 翻译自 *Minima Moralia. Reflexionen aus dem beschädigten Leben* (Frankfurt; Suhrkamp, 1987), p. 318; "Das Neue, um seiner selbst willen gesucht, gewissermassen im Laboratorium hergestellt, zum begrifflichen Schema verhärtet, wird im jähen Erscheinen zur zwangshaften Rückkehr des Alten."

63. 同上,第 233 和 238 页;德语原文: "Im Kultus des Neuen und damit in der Idee der Moderne wird dagegen rebelliert, dass es nichts Neues mehr gebe... das Neue ist die heimliche Figur aller Ungeborenen." (*Minima Moralia*, p. 316.)

64. 对阿多诺作品中关于模仿概念的详细分析参阅约瑟夫·弗吕西特尔(Josef Früchtl), *Mimesis. Konstellation eines Zentralbegriffs bei Adorno* (Würzburg; Königshausn & Neumann, 1986).

65. Horkheimer and Adorno, *Dialectic of Enlightenment*, pp. 17－18;德语原文:"Als Zeichen kommt das Wort an die Wissenschaft; als Ton, als Bild, als eigentliches Wort wird es unter die verschiedenen Künste aufgeteilt, ohne dass es sich durch deren Addition, durch Synästhesie oder Gesamtkunst je wiederherstellen liesse. Als Zeichen soll Sprache zur Kalkulation resignieren, um Natur zu erkennen, den Anspruch ablegen, ihr ähnlich zu sein. Als Bild soll sie zum Abbild resignieren, um ganz Natur zu sein, den Anspruch ablegen, sie zu erkennen."(*Dialektik der Aufklärung*, p. 40.)

66. 同上,第 18 页;德语原文:"Die Trennung von Zeichen und Bild ist unabwendbar. Wird sie jedoch ahnungslos selbstzufrieden nochmals hypostasiert, so treibt jedes der beiden isolierten Prinzipien zur Zerstörung der Wahrheit hin."(*Dialektik der Aufklärung*, p. 40.)

67. Adorno, *Aesthetic Theory*, p. 54; *Ästhetische Theorie*, pp. 86－87.

68. 同上,第 54－55 页;*Ästhetische Theorie*, p. 87.

69. 同上,第 227 页;*Ästhetische Theorie*, pp. 336－337.

70. Adorno, *The Jargon of Authenticity*(Evanston; Northwestern University Press, 1973),p. 107;翻译自 *Jargon der Eigentlichkeit. Zur deutschen Ideologie*(Frankfurt: Suhrkamp, 1964), p. 91:"am Tausch geschulten Denken."

71. 阿多诺(Adorno),《美学理论》(*Aesthetic Theory*),第 104 页:"艺术作品的模仿是与它们自身的一种相似性。"德语原文:"Die Mimesis der Kunstwerke ist Ähnlichkeit mit sich selbst"(*Ästhetische Theorie*, p. 159.)

72. 同上,第 34 页;*Ästhetische Theorie*, p. 57.

73. 同上。

74. Michael Cahn, "Subversive Mimesis: T. W. Adorno and the Modern Impasse of Critique," in Mihai Spariosu, ed., *Mimesis in Contemporary Theory*, vol. 1(Philadelphia:J. Benjamins, 1984), p. 49.

75. Adorno, *Aesthetic Theory*, p. 133;德语原文:"Ohne Beimischung des Giftstoffs, virtuell die Negation des Lebendigen, wäre der Einspruch der

Kunst gegen die zivilisatorische Unterdrückung, tröstlich-hilflos. "
(*Ästhetische Theorie*, p. 201.)

76. 同上，第 133 页；德语原文："so zediert sich darin... die Mimesis der Kunst an ihr Widerspiel. Genötigt wird Kunst dazu durch die soziale Realität. Während sie der Gesellschaft opponiert, vermag sie doch keinen ihr jenseitigen Standpunkt zu beziehen; Opposition gelingt ihr einzig durch Identifikation mit dem, wogegen sie aufbegehrt. " (*Ästhetische Theorie*, p. 201.)

77. 同上，第 289 页；德文原文："Die Opposition der Kunstwerke gegen die Herrschaft ist Mimesis an diese. Sie müssen dem herrschaflichen Verhalten sich angleichen, um etwas von der Welt der Herrschaft qualitativ Verschiedenes zu produzieren. " (*Ästhetische Theorie*, p. 430.)

78. 同上，第 105 页；德语原文："Noch indem Kunst das verborgene Wesen, das sie zur Erscheinung verhält, als Unwesen verklagt, ist mit solcher Negation als deren Mass ein nicht gegenwärtiges Wesen, das der Möglichkeit, mitgesetzt; Sinn inhäriert noch die Leugnung des Sinns. " (*Ästhetische Theorie*, p. 161.)

79. 这一观点与犹太传统的图像禁忌有关。参阅 Gertrud Koch, "Mimesis und Bilderverbot in Adornos Ästhetik. Ästhetische Dauer als Revolte gegen den Tod, " *Babylon. Beiträge zur jüdischen Gegenwart*, no. 6(October 1989), pp. 36 – 45.

80. Adorno, in the discussion between Bloch and Adorno in Ernst Bloch, *The Utopian Function of Art and literature : Selected Essays*(Cambridge: MIT Press, 1987), p. 12.

81. 西奥多 · W. 阿多诺(Theodor W. Adorno)，《美学理论》(*Aesthetic Theory*)，第 154 页："最上乘的无意义或疏离意义的作品，远非完全丧失意义，因为，他们从意义的否定中获得了自身的内涵。"德语原文："Die sinnlosen oder sinnfremden Werke des obersten Formniveaus sind darum mehr als bloss sinnlos, weil ihnen Gehalt in der Negation des Sinns zuwächst. " (*Ästhetische Theorie*, p. 231.)

82. Theodor W. Adorno, *Aesthetic Theory*, p. 21；德语原文："Moderne ist Kunst durch Mimesis ans Verhärtete und Entfremdete；dadurch，nicht durch Verleugnung des Stummen wird sie beredt；dass sie kein Harmloses mehr duldet，entspringt darin."(*Ästhetische Theorie*，p. 39.)

83. Theodor W. Adorno, *Aesthetic Theory*, p. 321 ；德语原文："In bestimmter Negation rezipiert sie 'die Kunst' die membra disiecta der Empirie，in der sie ihre Stätte hat，und versammelt sie durch ihre Transformation zu dem Wesen，welches das Unwesen ist."(*Ästhetische Theorie*，p. 475)

84. Adorno, "Über den Fetischcharakter in der Musik," in Adorno, *Gesammelte Schriften*，vol. 14 (Frankfurt：Suhrkamp, 1973)，pp. 18 – 19："Die Verführungskraft des Reizes überlebt dort bloss，wo die Kräfte der Versagung am Stärksten sind：in der Dissonanz，die dem Trug der bestehenden Harmonie den Glauben verweigert... Schlug ehedem Askese den ästhetischen Anspruch reaktionär nieder，so ist sie heute zum Siegel der avancierten Kunst geworden：... Kunst verzeichnet negativ eben jene Glücksmöglichkeit，welcher die bloss partielle positive Vorwegnahme des Glücks heute verderblich entgegensteht."

85. Adorno, *Aesthetic Theory*, p. 12；*Ästhetische Theorie*，p. 26.

86. 同上，第 110 页；*Ästhetische Theorie*，p. 168.

87. Theodor W. Adorno, "Commitment," in Adorno, *Notes to Literature*，vol. 2，p. 89.

88. 同上，第 93 页。

89. 同上。

90. 本雅明和阿多诺之间的讨论被收录于恩斯特·布洛赫(Ernst Bloch)等人编著的《美学与政治》(*Aesthetics and Politics*)(London：Verso,1977)中，第 100 – 141 页。

91. 同上，第 122 页；翻译自 Theodor W. Adorno, *Über Walter Benjamin* (Frankfurt：Suhrkamp, 1970)，p. 128："das l'art pour l'art [ist] der Rettung bedürftig."

92. Bloch et al., *Aesthetics and Politics*, p. 123；德语原文："Beide tragen die Wundmale des Kapitalismus, beide enthalten Elemente der Veränderung ... beide sind die auseinandergerissenen Hälften der ganzen Freiheit, die doch aus ihnen nicht sich zusammenaddieren lässt." (Adorno, *Über Walter Benjamin*, p. 129.)

93. 也可参阅 Peter Osborne, "Adorno and the Metaphysics of Modernism: The Problem of a 'Postmodern' Art," in Andrew Benjamin, ed., *The Problems of Modernity: Adorno and Benjamin* (London: Routledge, 1991), pp. 23 - 48.

94. 也可参阅 Lambert Zuidervaart, *Adorno's Aesthetic Theory: The Redemption of Illusion* (Cambridge: MIT Press 1991), pp. 225 - 236.

95. Miriam Hansen, "Mass Culture as Hieroglyphic Writing: Adorno, Derrida, Kracauer," *New German Critique*, no. 56 (Spring-Summer 1992), pp. 43 - 75.

96. Peter Bürger, "Adorno's Anti-Avant-Gardism," *Telos*, no. 86 (Winter 1990 - 1991), pp. 49 - 60.

97. Martin Heidegger, "The Origin of the Work of Art", in Heidegger, *Poetry, Language, Thought* (New York: Harper and Row, 1975), p. 41；翻译自 *Der Ursprung des Kunstwerkes* (1960; Stuttgart: Reclam, 1978), pp. 40 - 41："Wir fragen jetzet die Wahrheitsfrage im Blick auf das Werk. Damit wir jedoch mit dem, was in der Frage steht, vertrauter werden, ist es nötig, das Geschehnis der Wahrheit im Werk sichtbar zu machen. Für diesen Versuch sei mit Absicht ein werk gewählt, das nicht zur darstellenden Kunst gerechnet wird. Ein Bauwerk, ein Griechischer Tempel, bildet nichts ab."

98. Philippe Lacoue-Labarthe, *L'imitation des Modernes* (*Typographies* 2) (Paris: Galilée, 1986), p. 10.

99. Philippe Lacoue-Labarthe, "Typographie," in Sylviane Agacinski et al., *Mimesis. Désarticulations* (Paris: Flammarion, 1975), pp. 165 - 270；英语翻译为："Typography", in Philippe Lacoue-Labarthe, *Typogra-*

phy: *Mimesis*, *Philosophy*, *Politics* (Cambridge: Harvard University Press, 1989), pp. 43 – 138.

100. Philippe Lacoue-Labarthe, "Typography", p. 95;法语原文:"Cela reste fragile. Et de fait, si toute l'opération consiste à surenchir sur la mimesis pour la maîtriser, s'il s'agit de *contourner* la mimesis, mais avec ses propres moyens(sans quoi, bien entendu, ce serait nul et nonavenu), comment serait-il possible d'avoir la moindre chance de réussir, puisque la mimesis est précisément l'absence de moyens appropriés—et que c'est même ce qu'il s'agit de *montrer*? Comment(s')approprier l'impropre? Comment(s')approprier l'impropre sans aggraver encore l'impropre?"("Typographie," p. 224.)

101. Lacoue-Labarthe, *L'imitation des Modernes*, p. 191.

102. Jacques Derrida, "White Mythology:Metaphor in the Text of Philosophy," in Derrida, *Margins of Philosophy*(Chicago:University of Chicago Press, 1982), p. 253; 翻译自 "La mythologie blanche. La métaphore dans le texte philosophique,"in Derrida, *Marges de la philosophie*(Paris:Minuit, 1972), p. 302:"C'est une métaphore de la métaphore; expropriation, être-hors-de-chez-soi, mais encore dans une demeure, hors de chez soi mais dans un chez-soi où l'on se retrouve, se reconnaît,se rassemble ou se ressemble,hors de soi en soi."

103. Mark Wigley, *The Architecture of Deconstruction : Derrida's Haunt* (Cambridge:MIT Press, 1993), p. 104.

104. Jacques Lacan,"Le stade du miroir comme formateur de la fonction du Je," in Lacan, *Ecrits* 1(Paris:Seuil, 1966), pp. 89 – 97.

105. Lacoue-Labarthe,"Typography," pp. 126 – 129; "Typographie," pp. 257 – 260.

106. Frederic Jameson, *Late Marxism : Adorno, or, The Persistence of the Dialectic*(London:Verso, 1990), pp. 242 – 245.

107. 参阅 Jean Baudrillard, *The Ecstasy of Communication*(New York:Semiotext(e),1988); Jean Baudrillard, *Fatal Strategies*(New York:Semio-

text(e),1990).

108. Jean-François Lyotard，"Rewriting Modernity," in Lyotard，*The In-human：Reflections on Time*(Cambridge：Polity Press，1988)，pp. 24 – 35；翻译自"Réécrire la modernité"，in Lyotard，*L'inhuman. Causeries sur le temps*(Paris：Galileé,1988)，pp. 33 – 44.

109. 利奥塔自己不这么使用"摹仿"这个词。在《海德格尔与犹太人》(*Heidegger and "the Jews"*)(Minneapolis：University of Minnesota Press，1990)中,他使用了该词,意在指出海德格尔思想中的"希腊"成分,同时,在不断更新的转译活动中,也把穿透(*Durcharbeitung*)和犹太思想联系起来。

110. 只有一篇文章与建筑明确相关。那是阿多诺在制造联盟 1965 年举行的题为"由设计来塑形"(*Bildung durch Gestalt*)的会议上做的演讲："今日的功能主义"(Funktionalismus heute),《文集》(*Gesammelte Schriften*)第 10 卷,第一部分,第 375 – 395 页；翻译为"Functionalism Today,"*Oppositions*,no. 17(1979),第 31 – 41 页。也可以参考阅读《美学理论》(*Ästhetische Theorie*)中的另一篇关于功能主义辩证法的文章(第 96 – 97 页；《美学理论》英文版(Aesthetic Theory),第 60 – 61 页)。

111. 我曾经借由汉纳斯·梅耶(Hannes Meyer)在巴塞尔设计的彼得学校(Petersschule),来阐明功能性和功能性的模仿(*Funktionalität* and *Mimesis an Funktionalität*)之间的差别。参阅 Hilde Heynen,"Architecture between Modernity and Dwelling：Reflections on Adorno's Aesthetic Theory,"*Assemblage*, no. 17(1992)，pp. 78 – 81.

112. Adorno,*Aesthetic Theory*,p. 61；德语原文："Die Antinomien der Sachlichkeit bezeugen jenes Stück Dialektik der Aufklärung, in dem Fortschritt und Regression ineinander sind. Das Barbarische ist das Buchstäbliche. Ganzlich versachlicht wird das Kunstwerk, kraft seiner puren Gesetzmässigkeit, zum blossen Faktum und damit als Kunst abgeschafft. Die Alternative, die in der Krisis sich öffnet, ist die, entweder aus der Kunst herauszufallen oder deren eigenen begriff zu veränderen."(*Ästhetische Theorie*, p. 97.)

113. Diane Ghirardo, introduction to Ghirardo, ed. , *Out of Site: A Social Criticism of Architecture* (Seattle: Bay Press, 1991), pp. 9 – 17.

114. Daniel Libeskind, *Erweiterung des Berlin Museums mit Abteilung Jüdisches Museum*, ed. Kristin Feireiss (Berlin: Ernst & Sohn, 1992).

115. Bernhard Schneider, "Daniel Libeskinds Architektur im Stadtraum", in Alois Martin Müller ed. , *Daniel Libeskind. Radix—Matrix* (Munich: Prestel, 1994), pp. 128 – 135.

116. "Jacques Derrida zu 'Between the Lines,'" in Ibid. , pp. 115 – 117.

117. Office for Metropolitan Architecture, *S M X XL* (Rotterdam: 010Publishers, 1995), p. 581.

118. Geert Bekaert, "Lessen in architectuur," in Bekaert, ed. , *Sea Trade Center Zeebrugge* (Antwerp: Standaard Uitgeverij, 1990), p. 21.

119. 关于网络系统对居住和城市影响的分析,详见巴尔特·费斯哈费尔 (Bart Verschaffei),"圈与网络"(De kring en het network),Verschaffei 著,《图/文》(*Figuren / Essays*)(Leuven: Van Halewijck, 1995),第 105 – 120 页。

120. Fredric Jameson, interview with Michael Speaks in *Assemblage*, no. 17 (1992),pp. 30 – 37.

121. Jürgen Habermas, "Modernity's Consciousness of Time," in Habermas, *The Philosophical Discourse of Modernity* (Cambridge: MIT Press, 1990); Office for Metropolitan Architecture 引用于 *S M X XL*, p. xxviii.

122. 大都会建筑事务所(Office for Metropolitan Architecture),《小,中,大,特大》(*S M X XL*),第 601 页。项目早期讨论实施可行性时,备选的施工方案之间差异很大。1990 年时,有两种建造穹顶的方案:传统的做法是钢构玻璃幕墙体系;而更具革命性的方案是,采用风动结构,上覆透明的纤维增强表皮,从而回应建筑内部产生的轻微应力,保持内凹的形态。参阅贝卡尔特(Bekaert)编著的《泽布勒赫海上贸易中心》(*Sea Trade Center Zeebrugge*),第 32 页。

后续：栖居、摹拟、文化

引言：Jean-François Lyotard，"Domus and the Megalopolis." in Lyotard，*The Inhuman*：*Reflections on Time*（Cambridge：Polity Press，1988），p. 200；翻译自 "Domus et la mégalopole，" in *L'inhumain*. *Causeries sur le temps*（Paris：Galilée. 1988），p. 212："On n'habite la mégapole qu'autant qu'on la désigne inhabitable. Sinon，on y est seulement domicilié."

1. Walter Benjamin，"Theses on the Philosophy of History"（1940），in Benjamin，*Illuminations*（New York：Schocken. 1968），p. 256；翻译自 "Über den Begriff der Geschichte，" in Benjamin. *Illuminationen*（Frankfurt：Surhrkamp,1977），p. 254："Es ist niemals ein Dokument der Kultur，ohne zugleich ein solches der Barbarei zu sein."

2. 海德格尔从不质疑自己对纳粹的支持——他在 1933 年至 1945 年间是纳粹党成员之一，并在 1933 年至 1934 年间担任弗莱堡大学的校长。尽管很多人一再对他施压，其中包括卡尔·洛维特（Karl Löwith）、保罗·策兰（Paul Celan）和赫伯特·马尔库斯（Herbert Marcuse），海德格尔都始终拒绝公开谴责大屠杀行为。更多相关的调查内容可参阅理查德·沃林（Richard Wolin）的《关于海德格尔的争论：批判性读本》（*The Heidegger Controversy*：*A Critical Reader*）（Cambridge：MIT Press,1993）。而维克多·法里亚斯（Victor Farias）写的 *Heidegger et le nazisme*（Paris：Verdier. Lagrasse,1987）在法国的出版，几乎成了众矢之的。该书被译为《海德格尔与纳粹主义》（*Heidegger and Nazism*）（Philadelphia：Temple University Press，1989）。

3. 狄奥多·阿多诺（Theodor W. Adorno），《真实性的隐语》（*The Jargon of Authenticity*）（Evanston：Northwestern University Press,1973），第 68 页；翻译自 *Jargon der Eigentlichkeit*（Frankfurt：Suhrkamp，1964），p. 59："Keine Erhöhung des Begriffs vom Menschen vermöchte etwas gegen seine tatsächliche Erniedrigung zum Funktionsbündel，sondern bloss die Änderung der Bedingungen，die es dahin brachten und die unablässig erweitert sich reproduzieren."

4. 狄奥多·阿多诺，《美学理论》（*Aesthetic Theory*），罗伯特·胡洛特－肯

（Robert Hullot-Kentor）译（Minneapolis：University of Minnesota Press，1997），p. 197；翻译自阿多诺，*Ästhetische Theorie*（1970；Frankfurt：Suhrkamp，1973），p. 293.

5. 让－弗朗索瓦·利奥塔（Jean-François Lyotard），"导言：关于人类"（Introduction：About the Human），出自让－弗朗索瓦·利奥塔，《非人性》（*The Inhuman*）（"Avant-propos：de l'humain." in *L'inhumain*）。

6. 利奥塔，《住屋与大都市》（*Domus and the Megalopolis*，），p. 200；法语原文："Baudelaire. Benjamin, Adorno. Comment habiter la mégapole? En témoignant de I'oeuvre impossible, en alléguant la *domus* perdue. Seule la qualité de la souffrance vaut témoignage. Y compris, bien sûr, la souffrance due à la langue. On n'habite la mégapole qu'autant qu'on la désigne inhabitable. Sinon, on y est seulement domicilié."（*L'inhumain*, p. 212.）

7. 利奥塔，同上，显然受到阿多诺的影响。

8. 西格蒙德·弗洛伊德（Sigmund Freud），"论怪熟"（The Uncanny）（1919），出自弗洛伊德，《论艺术与文学》（*Art and Literature*），The Pelican Freud Library，vol. 14（Harmondsworth：Penguin，1985），pp. 335－376；翻译自 "Das unheimliche," in Freud, *Gesammelte Werke*, vol. 12（Frankfurt：Fischer，1947），pp. 229－268；也可参阅安东尼·维德勒（Anthony Vidier）为 *The Architectural Uncanny：Essays in the Modern Unhomely*（Cambridge：MIT Press，1992）所写的引言，第 3－14 页。

9. Christian Norberg-Schulz, *The Concept of Dwelling*（New York：Electa/Rizzoli，1985）.

10. 建筑不应刻意强调其 *unheimliche* 的属性，在这一点上，路斯也许是正确的。刻意要产生怪熟性的建筑恐怕往往自视过高。因为，日常生活倾向于把这种怪熟效果归功于建筑追求"独创性"的结果，从而中和了其可能产生的其他影响。这使得雄心勃勃的"解构"建筑的追求降级为一种对公认的艺术的保留，也剥夺了其真正的社会的影响力。举例来说，如果不是 因为概念和形式之间存在一致性，李伯斯金设计的博物馆也有可能沦为此命运。作为一个博物馆，人们可能正希望弱化它日常生活的一面，而把新的未知的体验呈现给来访者。

11. Theodor W. Adorno，"Functionalism Today"，*Oppositions*，no. 17 (1979)，p. 41；翻译自"Funktionalismus heute"，in Adorno，*Gesammelte Schriften*，vol. 10，pt. 1（Frankfurt：Suhrkamp，1977），p. 395：

"Schönheit heute hat kein anderes Mass als die Tiefe in der die Gebilde die Widersprüche austragen，die sie durchfuhren und die sie bewältigen einzig，in dem sie ihnen folgen，nicht，indem sie sie verdecken."

索　引

译 者 鸣 谢

感谢同济大学人文学院院长孙周兴教授对于落实本书翻译出版工作的支持。

特别感谢同济大学建筑与城市规划学院闵晶、孙乐和周慧琳三位博士研究生对于前期翻译工作的重要贡献,虽然我们仍是依照原文逐字逐句完成书稿翻译,但她们的工作为我们奠定了重要基础。

还要感谢同济大学建筑与城市规划学院的老师和同学们的支持:王凯和王颖博士在翻译工作初始阶段的重要帮助;束林和徐静两位博士研究生的一部分辅助校对工作;李薇老师对书中一些德语翻译的帮助。

感谢中国美术学院姜俊博士研究生对本书趣分词汇翻译的帮助。

感谢商务印书馆编辑徐奕春先生和朱泱先生的耐心与支持。

本书的翻译工作得到了国家自然科学基金项目(批准号:51078278)的资助,在此也表示特别感谢。

译者

2014 年 8 月 28 日于同济大学

图书在版编目(CIP)数据

建筑与现代性:批判/(比)海嫩著;卢永毅,周鸣浩译. —
北京:商务印书馆,2015(2022.10 重印)
(现代性研究译丛)
ISBN 978 - 7 - 100 - 11044 - 0

Ⅰ.①建… Ⅱ.①海…②卢…③周… Ⅲ.①建筑学—
研究 Ⅳ.①TU - 0

中国版本图书馆 CIP 数据核字(2015)第 014014 号

现代性研究译丛
建筑与现代性:批判
〔比利时〕希尔德·海嫩 著
卢永毅 周鸣浩 译

商 务 印 书 馆 出 版
(北京王府井大街 36 号 邮政编码 100710)
商 务 印 书 馆 发 行
北京艺辉伊航图文有限公司印刷
ISBN 978 - 7 - 100 - 11044 - 0

2015 年 4 月第 1 版 开本 880×1230 1/32
2022 年 10 月北京第 2 次印刷 印张 13⅛
定价:69.00 元